国家林业局普通高等教育"十三五"规划教材

森林火灾扑救组织与指挥

张运生　舒立福　主编

中国林业出版社

图书在版编目（CIP）数据

森林火灾扑救组织与指挥/张运生，舒立福主编. 北京：中国林业出版社，2016.6
（2024.1重印）
国家林业局普通高等教育"十三五"规划教材
ISBN 978-7-5038-8590-7

Ⅰ.①森… Ⅱ.①张…②舒… Ⅲ.①森林灭火—高等学校—教材 Ⅳ.①S762.3

中国版本图书馆CIP数据核字（2016）第139676号

国家林业局生态文明教材及林业高校教材建设项目

中国林业出版社·教育出版分社

策划编辑：杨长峰　肖基浒	责任编辑：肖基浒
电　　话：(010) 83143555　83143561	传　　真：(010) 83143516

出版发行　中国林业出版社(100009　北京市西城区德内大街刘海胡同7号)
　　　　　E-mail:jiaocaipublic@163.com　电话:(010)83143500
　　　　　http://www.forestry.gov.cn/lycb.html
经　　销　新华书店
印　　刷　河北京平诚乾印刷有限公司
版　　次　2016年10月第1版
印　　次　2024年1月第3次印刷
开　　本　787mm×1092mm　1/16
印　　张　13.75
字　　数　343千字
定　　价　38.00元

未经许可，不得以任何方式复制或抄袭本书之部分或全部内容。
版权所有　侵权必究

南京森林警察学院系列规划教材
《森林火灾扑救组织与指挥》
编写人员

主　　编　张运生　舒立福

副 主 编　郑怀兵　胡志东

编写人员　（按姓氏笔画排序）
　　　　　丛静华　刘成林　张运生　张思玉
　　　　　郑怀兵　胡志东　彭徐剑　舒立福

主　　审　姚树人

前　言

森林火灾是世界八大自然灾害之一，不仅事关森林资源和人民群众生命财产安全，而且事关林区社会和谐稳定，始终是林业工作的重中之重，也是党中央、国务院高度重视和全社会普遍关注的重点问题。

一般而言，森林火灾是无法完全杜绝的，在积极预防的基础上，对已发生的森林火灾要采取科学正确的组织指挥方式，积极消灭森林火灾，减少灾害损失，降低火灾危害，保护人们生命财产安全和生物多样性，保卫森林资源和生态安全。

森林火灾扑救组织与指挥涉及地形、气象、植被、物理、化学、计算机、信息、管理、数学等多学科知识，它是数学、物理学、化学、地理科学、大气科学、电子信息科学、心理学、系统科学、管理科学、森林资源、公安技术、测绘、机械等学科相互交融与综合。

本教材贴近森林防火一线需求，从实用性出发，结合了最新的森林消防法律、法规和政策，并始终贯穿"以人为本、科学扑救"的思想，系统介绍了灭火原理、扑火机具、森林火灾扑救指导思想和原则、战术和扑火机构等，重点介绍了森林火灾扑救的具体过程，包括扑火预案制定、调动队伍、具体扑火技术（包括不同火蔓延方向的扑火技术、不同林火类型的扑火技术以及不同扑火机具和装备的扑火技术等）、火场清理和看守火场等，同时以单列一章介绍扑火安全，强调扑火安全的重要性，最后介绍目前国际上公认比较好的美国森林火灾扑救系统(ICS)的架构和功能及保障其运行的条件，为我国森林火灾扑救组织指挥提供一个很好的借鉴。

本教材以理论为基础，以实用为目的，结合了最新的法律、法规，增加了近年来的新手段、新方法和新技术。本书既可作为大学本科生的教材，又可作为全国森林防火培训的教材。

本教材承蒙南京森林警察学院丛静华教授、张思玉教授、刘成林教授指导并参编部分内容，感谢姚树人编审对本教材进行最终审定。在撰写过程中，参考和吸收了许多国内外有关文献的内容，这些文献均在书后列出，在此向表示感谢。彭徐剑老师参加了本教材的校对，在此一并表示衷心感谢！

另外，受编者水平所限，书中难免存在错误和不妥之处，敬请读者批评指正。

编　者
2016 年 8 月

目 录

前 言

第1章 绪 论 (1)
1.1 森林火灾扑救组织与指挥概述 (1)
1.1.1 森林火灾扑救组织与指挥的含义 (2)
1.1.2 森林火灾扑救组织与指挥的目的 (2)
1.1.3 森林火灾扑救组织与指挥的任务 (2)
1.2 国内外森林火灾扑救概述 (5)
1.2.1 我国森林火灾扑救概述 (5)
1.2.2 世界森林火灾扑救概述 (8)

第2章 灭火原理及常见扑火机具 (15)
2.1 灭火基本原理 (15)
2.1.1 森林燃烧的概念和特点 (15)
2.1.2 森林燃烧的过程 (16)
2.1.3 灭火的基本原理 (17)
2.2 林火行为 (18)
2.2.1 林火蔓延 (18)
2.2.2 林火强度 (21)
2.2.3 林火烈度 (22)
2.2.4 对流烟柱 (22)
2.2.5 高危险性火行为 (22)
2.3 常见的扑火机具和装备 (24)
2.3.1 手持工具和器材 (24)
2.3.2 灭火机械 (26)

第3章 森林火灾扑救的原则及类型 (32)
3.1 森林火灾扑救的原则 (32)
3.1.1 森林火灾扑救的指导思想 (32)
3.1.2 森林火灾扑救的基本原则 (33)

  3.1.3 森林火灾扑救的具体原则 …………………………………………………… (33)
 3.2 森林火灾扑救类型和特点 ………………………………………………………… (43)
  3.2.1 森林火灾扑救类型划分的原则和方法 ………………………………………… (43)
  3.2.2 各种森林火灾扑救类型的主要特点 …………………………………………… (44)

第4章 扑火组织与保障工作 ……………………………………………………………… (47)

 4.1 我国森林防火管理体制 …………………………………………………………… (47)
  4.1.1 国家层面森林防火管理体制 …………………………………………………… (47)
  4.1.2 地方层面森林防火管理体制 …………………………………………………… (49)
 4.2 扑火前线指挥部 …………………………………………………………………… (50)
  4.2.1 扑火前指的设立 ………………………………………………………………… (50)
  4.2.2 扑火前指的组成及职责任务 …………………………………………………… (50)
  4.2.3 扑火组织指挥原则 ……………………………………………………………… (51)
  4.2.4 扑火前指工作制度 ……………………………………………………………… (52)
  4.2.5 扑火前指内业建设 ……………………………………………………………… (53)
  4.2.6 扑火前指基本装备配备 ………………………………………………………… (53)
  4.2.7 前线指挥部的位置选择 ………………………………………………………… (53)
  4.2.8 前线指挥部的工作内容 ………………………………………………………… (53)
  4.2.9 前线指挥部的工作特点 ………………………………………………………… (53)
  4.2.10 扑救森林火灾组织指挥的形式 ………………………………………………… (54)
 4.3 扑火队伍 …………………………………………………………………………… (56)
  4.3.1 武警森林部队 …………………………………………………………………… (56)
  4.3.2 森林航空消防队伍 ……………………………………………………………… (59)
  4.3.3 地方森林消防队伍 ……………………………………………………………… (60)
 4.4 森林航空消防 ……………………………………………………………………… (63)
  4.4.1 初步开展阶段(1951—1965年) ………………………………………………… (63)
  4.4.2 艰难发展阶段(1966—1976年) ………………………………………………… (65)
  4.4.3 恢复发展阶段(1978—1990年) ………………………………………………… (66)
  4.4.4 快速发展阶段(1991年至今) …………………………………………………… (68)
  4.4.5 国家林业局南、北方航空护林总站航站管理模式 …………………………… (70)
  4.4.6 森林航空消防工作展望 ………………………………………………………… (71)
 4.5 火险预警及林火监测 ……………………………………………………………… (72)
  4.5.1 火险预警 ………………………………………………………………………… (72)
  4.5.2 林火监测 ………………………………………………………………………… (75)
 4.6 应急预案的制定与实施 …………………………………………………………… (80)
  4.6.1 制定森林火灾应急预案的意义 ………………………………………………… (80)
  4.6.2 制定森林火灾应急预案的步骤 ………………………………………………… (81)
  4.6.3 森林火灾应急预案的文件结构 ………………………………………………… (82)

  4.6.4 森林火灾应急预案的主要内容 …………………………………… (83)
  4.6.5 地(市)、县和乡镇制定森林火灾应急预案的注意事项 ………… (84)
  4.6.6 应急预案的演练 …………………………………………………… (84)
  4.6.7 我国的《国家森林草原火灾应急预案》…………………………… (86)
4.7 森林火灾扑救基本保障 ……………………………………………………… (87)
  4.7.1 给养保障 …………………………………………………………… (87)
  4.7.2 医疗保障 …………………………………………………………… (87)
  4.7.3 装备和油料保障 …………………………………………………… (87)
  4.7.4 通信保障 …………………………………………………………… (87)

第5章 森林火灾扑救指挥 …………………………………………………… (90)

5.1 扑火指挥员 …………………………………………………………………… (91)
  5.1.1 扑火指挥员的基本含义 …………………………………………… (91)
  5.1.2 扑火指挥员的基本素质 …………………………………………… (91)
  5.1.3 扑火指挥员的基本能力 …………………………………………… (92)
  5.1.4 扑火指挥员的职责和权力 ………………………………………… (92)
5.2 森林火灾扑救程序 …………………………………………………………… (94)
  5.2.1 制订方案 …………………………………………………………… (94)
  5.2.2 调动扑火力量 ……………………………………………………… (95)
  5.2.3 扑打明火与火场控制 ……………………………………………… (95)
  5.2.4 火场清理与看守 …………………………………………………… (96)
  5.2.5 火场验收与火场撤离 ……………………………………………… (96)
5.3 森林火灾扑救战术 …………………………………………………………… (96)
  5.3.1 确定森林火灾扑救战术的依据 …………………………………… (97)
  5.3.2 森林火灾扑救的基本战术 ………………………………………… (100)
  5.3.3 森林火灾扑救的主要战术 ………………………………………… (100)
5.4 高山峡谷林区森林火灾扑救战术 …………………………………………… (104)
  5.4.1 高山峡谷林火的主要特点 ………………………………………… (104)
  5.4.2 高山峡谷林区复杂环境对森林火灾扑救的影响 ………………… (105)
  5.4.3 高山峡谷林区火灾扑救主要战术方法 …………………………… (107)

第6章 森林火灾扑救技术 …………………………………………………… (113)

6.1 灭火基本方式及方法 ………………………………………………………… (113)
  6.1.1 灭火基本方式 ……………………………………………………… (113)
  6.1.2 灭火基本方法 ……………………………………………………… (113)
6.2 航空灭火技术 ………………………………………………………………… (124)
  6.2.1 吊桶灭火技术 ……………………………………………………… (124)
  6.2.2 索(滑)降灭火技术 ………………………………………………… (127)
  6.2.3 飞机化学灭火技术 ………………………………………………… (132)

6.2.4　机降灭火技术 ………………………………………………… (135)
6.3　地下火扑救技术 ……………………………………………………… (137)
　　6.3.1　地下火的特点 ………………………………………………… (137)
　　6.3.2　地下火的扑救方法 …………………………………………… (137)
6.4　地表火扑救技术 ……………………………………………………… (139)
　　6.4.1　地表火的特点 ………………………………………………… (139)
　　6.4.2　地表火扑救方法 ……………………………………………… (139)
6.5　树冠火扑救技术 ……………………………………………………… (141)
　　6.5.1　树冠火的特点 ………………………………………………… (141)
　　6.5.2　树冠火扑救方法 ……………………………………………… (142)
　　6.5.3　扑救树冠火注意事项 ………………………………………… (143)
6.6　不同环境下林火的扑救技术 ………………………………………… (143)
　　6.6.1　林火不同部位的扑救技术 …………………………………… (143)
　　6.6.2　不同风速条件下林火的扑救技术 …………………………… (144)
　　6.6.3　不同林情林火的扑救技术 …………………………………… (144)
　　6.6.4　扑救注意事项 ………………………………………………… (145)

第7章　扑火安全 ………………………………………………………… (148)

7.1　森林火灾扑救安全的影响因素 ……………………………………… (148)
　　7.1.1　气象因素 ……………………………………………………… (148)
　　7.1.2　地形因素 ……………………………………………………… (152)
　　7.1.3　可燃物因素 …………………………………………………… (153)
　　7.1.4　危险火行为 …………………………………………………… (155)
　　7.1.5　人的因素 ……………………………………………………… (157)
　　7.1.6　火场危险三角 ………………………………………………… (160)
7.2　森林火灾扑救安全措施 ……………………………………………… (160)
　　7.2.1　森林火灾扑救伤亡特点 ……………………………………… (160)
　　7.2.2　特殊林火行为 ………………………………………………… (161)
　　7.2.3　扑火人员的基本要求 ………………………………………… (161)
　　7.2.4　扑火阶段安全 ………………………………………………… (162)
　　7.2.5　火场宿营安全措施 …………………………………………… (165)
7.3　火场自救与迷山自救 ………………………………………………… (166)
　　7.3.1　紧急避险的概念 ……………………………………………… (166)
　　7.3.2　火场紧急避险措施 …………………………………………… (166)
　　7.3.3　迷山自救及救援 ……………………………………………… (169)
7.4　火场伤病事故处理 …………………………………………………… (174)
　　7.4.1　第一目击者与现场救护的"生命链" ………………………… (174)
　　7.4.2　心肺复苏(CPR) ……………………………………………… (175)

7.4.3　现场创伤救护 ……………………………………………………… (177)
　　7.4.4　其他急救措施 ……………………………………………………… (179)

第8章　美国森林火灾扑救指挥系统 …………………………………………… (182)
8.1　美国森林火灾扑救指挥系统概述 …………………………………………… (182)
　　8.1.1　指挥官或指挥团队 …………………………………………………… (183)
　　8.1.2　行动部 ………………………………………………………………… (183)
　　8.1.3　计划部 ………………………………………………………………… (183)
　　8.1.4　后勤部 ………………………………………………………………… (184)
　　8.1.5　财务/管理部 …………………………………………………………… (185)
8.2　支持美国森林火灾扑救指挥系统运行的保障条件 ………………………… (185)
　　8.2.1　标准化的培训体系 …………………………………………………… (185)
　　8.2.2　先进的技术、装备和基础设施 ……………………………………… (187)
　　8.2.3　有效的资源管理 ……………………………………………………… (188)

参考文献 …………………………………………………………………………… (190)

附录 ………………………………………………………………………………… (192)
　　附Ⅰ　国家森林草原火灾应急预案 ………………………………………… (192)
　　附Ⅱ　森林防火条例 ………………………………………………………… (202)

第1章

绪 论

森林是陆地最大的生态系统,是地球生命系统的支柱,在国民经济中占有重要地位,它不仅可提供国家建设和人民生活所需的木材及林副产品,而且还具有释放氧气、调节气候、涵养水源、保持水土、防风固沙、净化空气、减少噪音及旅游保健等多种功能。同时,森林还是生态文明建设的一个重要元素。

我国第八次森林资源清查结果显示,我国森林覆盖率从第七次调查时的 20.36% 提高到了 21.63%,增长 1.27 个百分点;森林面积达到 $2.08 \times 10^8 hm^2$,增加约 $0.12 \times 10^8 hm^2$;森林蓄积量达到 $151.37 \times 10^8 m^3$,增长 $14.16 \times 10^8 m^3$,森林资源保持连续增长态势。但同时也应看到我国森林面积仅占全球 5%,森林蓄积仅占 3%,我国森林资源面临巨大压力。

森林火灾不仅事关森林资源和人民生命财产安全,而且事关林区社会和谐稳定,始终是林业工作的重中之重,也是党中央、国务院高度重视和全社会普遍关注的重点问题。

为了减少森林火灾造成的危害和损失,人们就要采取科学正确的组织指挥方式,积极消灭森林火灾,减少灾害损失,降低火灾危害,保护人们生命财产安全和生物多样性,保卫森林资源和生态安全。

1.1 森林火灾扑救组织与指挥概述

森林火灾扑救组织与指挥是为了确保生态环境、森林资源和人民生命财产的安全,对扑火力量和扑火资源进行有效组织和整合,形成整体扑火能力,并运用不同的扑火手段和方法消灭森林火灾的行为和过程。因此,如何科学有效地进行森林火灾扑救组织与指挥,对扑火救灾全局影响重大,是决定扑火行动胜利的关键因素。

1.1.1 森林火灾扑救组织与指挥的含义

从广义上讲,森林火灾扑救组织与指挥是一个系统工程。就系统而言,即把森林火灾扑救组织与指挥相关的要素和全程行动归纳到一起,构成一个组织指挥系统。单就森林火灾扑救组织与指挥而言,其属于人工系统的范畴,是人们为了消灭森林火灾,减少灾害损失,保护森林资源和生态环境而建立起来的组织指挥系统。

森林火灾扑救组织与指挥系统的构成要素主要包括:指挥员,扑火队员,指挥信息分析、处理、传递,交通运输,扑火机具装备,服务保障等。森林火灾扑救组织与指挥系统在具体功能实现上,是在发生森林火灾的区域,由行政权属责权利的关系所决定,也就是地方最高行政首长和森林防火指挥机构对该区域森林火灾扑救工作的组织、决策、指挥、协调、控制、保障等负有的责任、权利和义务。

从狭义上理解,森林火灾扑救组织与指挥是指在某行政区或责任区,为达到消灭森林火灾的目的,该区域内地方政府、林业主管部门和森林扑火组织领导者,对森林扑火行动全过程进行的运筹决策、计划组织和协调控制的活动与行为。其一,扑火组织指挥的主体是指挥员及其指挥机关,客体是下级指挥员和所属扑火人员。其二,扑火组织指挥无论是理论分类还是实践分类,扑火组织指挥的内容都是扑火实践从经验到理论的总结,还需要在实践中不断地完善和充实,才能更好地指导实践。

1.1.2 森林火灾扑救组织与指挥的目的

森林火灾扑救组织与指挥的目的是在最短的时间内,运用先进科学的指挥手段,利用有效地扑火工具和扑火资源,采取最佳的扑火策略和扑火方法,以实现对森林火灾的控制和消灭,把森林火灾造成的损失降到最低限度,有效地保护森林资源和人民生命财产安全。

实践证明,森林火灾扑救组织与指挥目的的实现,是组织指挥者在科学判断林火扑救风险的条件下,依靠有效的扑火战略方针指导、依靠正确的扑火组织指挥原则,依靠强制顺畅的政令、军令保证,运用科学有效的扑火技术手段,充分发挥高素质扑火队伍的战斗能力,最大限度地发挥现有机具装备的功能效益,最终依靠有力到位的综合保障来实现的。

1.1.3 森林火灾扑救组织与指挥的任务

森林火灾扑救组织与指挥的基本任务概括起来包括:认真贯彻落实"预防为主、积极消灭"的方针,及时掌握森林扑火责任区内林火发生的特点规律,及时了解扑火队伍、装备和战斗力情况,正确分析判断和预测林火发生发展趋势,科学合理地调配使用人力、物力、财力,机动灵活地运用扑火组织指挥策略和手段,及时有效地消灭森林火灾。

森林火灾扑救组织与指挥者要取得扑火胜利,知识和经验积累在平时,组织指挥艺术运用在战时。没有事先的充分准备,没有对火灾多发区域林火特点规律的研究判断,没有切实可行的扑火预案和对预案的熟悉及演练,一旦发生森林火灾,必然会不知所措、指挥混乱。在这种情况下,根本不可能做到及时有效地将森林火灾消灭,也不可能实现"打早、打小、打了"。这就需要组织指挥机构和指挥员必须把平时知识和经验积累与战时组织指挥任务进行准确地结合、定位和把握。

1.1.3.1 森林火灾扑救组织与指挥平时主要任务

(1) 收集历史资料，掌握森林火灾发生规律

收集整理历年来森林火灾发生变化和损失资料，科学研究森林火灾发生的特点规律，是平时森林火灾扑救组织与指挥工作的主要任务，是制定扑救森林火灾组织指挥策略的基础，也是正确实施对扑救森林火灾组织指挥的依据。如果没有平时对资料的收集整理、科学分析和经验积累，就不能及时掌握森林火灾发生、发展和变化的特点规律，也就不可能有针对性地确定组织指挥措施和手段。

(2) 制定森林火灾应急预案，组织应急演练

制定切实可行的扑救森林火灾预案，规定扑火队伍建设标准，是做好森林火灾扑救组织与指挥工作的重要保证。如果没有预案保证，一旦森林火灾发生，就不知道从哪儿调集力量，有多少人可以参加火灾的扑救；如果没有标准，就不知道使用什么装备，使用多少装备，更不能对扑火队伍实施有效的保障，也就不能及时有效地组织指挥扑火作战。

森林火灾扑救组织与指挥工作是一项专业性、技术性、时效性很强的工作。培训组织指挥人员，适时组织扑火队伍演练，是平时各级森林防火指挥机关的重要责任，也是提高组织指挥者素质能力、扑火队伍战斗力和野外生存能力及火场避险能力的重要措施。没有具备一定的专业技术知识的组织指挥者，扑火组织指挥手段和艺术是难以精湛高超的；没有经过专门培训的扑火队伍，是没有扑火战斗力的。

(3) 加强扑火物资储备和保养

做好森林扑火工作所需的各项保障工作，及时调整补充，更新装备，对物资储备库中的装备定期进行保养，各级森林防火指挥机构要贮备有扑火专项资金，确保扑火应急保障需要。

(4) 加强科研攻关，推广科研成果

扑火理论、扑火手段、扑火机具、扑火技术在扑火实践中都需不断地发展和创新，才能适应时代发展和科技进步的要求。森林火灾扑救组织与指挥随着现代科学技术水平的提高，必将走信息化之路，先进的科研成果也必将不断应用于森林扑火领域。这就要求各级森林扑火指挥机构既要注重应用先进手段于森林扑火的组织指挥实践，又要组织好科研攻关和成果转化推广以不断改进扑火手段和创新战法，从而不断提高森林扑火的组织指挥能力和森林消防队伍的扑火能力。

(5) 总结森林扑火经验，吸取教训

认真总结讲评每次扑火组织指挥工作和扑火作战的经验教训，及时召开表彰会、研讨会、讲评会等是各级森林扑火指挥机关和领导者的责任。要认真做好每次组织指挥森林扑火作战的各类记录，及时归档立案，认真填写各种报表，确保记录特别是数字的真实性和准确性，才能为扑火组织指挥总结经验、吸取教训、研究规律、创新理论、指导实践提供科学可靠的保证。

1.1.3.2 森林火灾发生后扑救组织与指挥主要任务

(1) 侦察火灾情况

侦察火灾情况是制订方案的前提，如果火情不清楚，火势判断不明白，组织指挥就无

从下手、无法进行，扑火指挥员就无法确定扑火方案。要对火场进行侦察，准确掌握火场的全面情况。主要侦察内容包括：火场面积、火场形状、林火种类、可燃物的载量、分布及类型、火场风向、风速、火场地形、火场蔓延方向、火场发展趋势、林火强度、火头的位置及数量和火场周围的环境等。

(2) 制订扑火方案

制订扑火方案是组织指挥扑火作战的前提和保证，制定好扑火方案，一旦发生森林火灾，就知道该用什么样的队伍，用什么装备为宜；就知道该怎样组织扑火，用什么样的战法有效。

(3) 调动扑火队伍

调动队伍、科学布兵是组织指挥扑火作战行动的关键环节。扑火指挥员能否根据方案和决心及时调动扑火队伍，投入到火场一线，做到科学布防、合理用兵，直接关系到"打早、打小、打了"能否实现。在调动队伍、科学布兵过程中，组织指挥绝对不能失控，如果失控，就会使扑火方案和决心意图得不到实现，从而导致扑火行动失败。在调动扑火队伍时，应加强第一出动，同时，扑火组织指挥机构和指挥员必须组织好火场人力、物力和给养的补充，为第一梯次抵达火场的队伍提供强有力的保障。

(4) 组织协调，搞好保障

组织协调、搞好保障是组织指挥扑火作战的一项重要工作。大多扑火作战都有扑火队伍多样性的特点，如果协调不好，很难做到统一政令、统一行动、统一保障，也会严重影响组织指挥效果。同时，扑火队伍在转移火场前应及时组织补充给养、物资和装备，恢复扑火机具的良好状态，以利再战。

(5) 控制火场

在林火扑救的同时，要想办法把火场控制在一定范围之内，再组织扑火力量进行集中扑救，同时要组织指挥好火场的监控和清理工作，做到打一段、保一段、安全一段，实现对火场的有效控制。

(6) 快速扑灭，清理看守

当火场控制之后，要积极、快速将明火扑灭。同时，扑火组织指挥机构和指挥员要及时调整布置，重新分配任务，看守火烧迹地边缘，清理迹地内余火，严防复燃和跑火，切实做好火场清理看守工作。同时，要明确划清各扑火队伍的任务区，明确和落实交接点、结合部的责任，严防责任不清出现空档，造成跑火和复燃。特别是在一些地形复杂、余火量大的危险地段及火烧迹地边缘，还应重点设防，一定要把余火彻底消灭。经组织指挥员检查验收达到标准，确保安全之后方可撤离火场。组织指挥者一定要认真细致地组织火场清理、督导和检查验收工作，这样才能确保不留隐患。

(7) 验收火场，安全撤离

组织扑火作战最后一项工作是验收火场和安全撤离。没有组织指挥者的验收，任何队伍都不能撤离火场一线。验收火场的主要任务是检查火场是否存在安全隐患，目的是防止余火复燃。作为扑火作战的组织指挥者，这一点千万不可麻痹大意。验收火场要做到无火、无烟、无气，才能组织指挥部队撤离火场。同时，也要做好撤离火场途中的安全工作，严防各类事故发生，确保扑火队伍安全撤离。

1.2 国内外森林火灾扑救概述

1.2.1 我国森林火灾扑救概述

1.2.1.1 我国森林火灾情况

据国家林业局统计的数据表明，从1999年至今，全国森林火灾发生次数呈现出总体下降趋势，火灾频发年份分别是2004年、2005年和2008年，火灾发生频率较低的年份分别是2001年和2011年，森林火灾次数都是大约4 000起。其中，从1999—2011年，我国共发生森林火灾96 852起。森林火灾频率的变化如图1-1所示，我国森林火灾显示出明显的规律性波动，主要分为2个阶段，第一阶段(1999—2006年)是首先下降，然后在2001—2004年呈直线上升趋势，波动幅度较大，2004年发生火灾11 623起，为森林火灾高发时段，之后呈小幅下降波动趋势，从2004年的11 623起降至2006年的6 959起。之后第二阶段(2006—2011年)，呈现出先增加后降低的特点，其中2008年森林火灾发生总次数12 311次，之后下降幅度比较大，逐渐下降至2011年的4 803次。

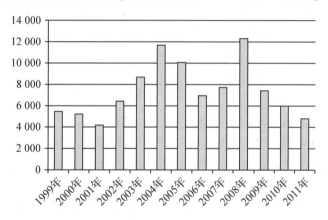

图1-1 我国1999—2011年森林火灾次数时间分布

总体来讲，烧荒烧炭、上坟烧纸和野外吸烟为我国森林火灾的主要火源，由图1-2可以看出，1999—2011年我国因烧荒烧炭引起的森林火灾次数占总数的38%，上坟烧纸占20%，野外吸烟占9%，这三类火源合计占总数的67%。

在我国，大部分省(自治区、直辖市)这三大火源都占较大比重，只有少数省(自治区、直辖市)比重较小。北京、辽宁、吉林、江苏、浙江、安徽、福建、江西、山东、河南、湖北、湖南、广西、四川、西藏、陕西16个省(自治区、直辖市)的三大火源占总数比例都在60%以上，宁夏、贵州、天津、河北、重庆的比例在50%以上。可见我国烧荒烧炭、上坟烧纸和野外吸烟三大火源的比重相当大。只有山西、内蒙古、黑龙江、上海和新疆5个省(自治区、直辖市)三大火源占总数比例小于40%。山西除了三大火源外烧牧场和雷击火占有一定的火源比重；内蒙古和黑龙江烧隔离带和雷击火占有相当比重，特别

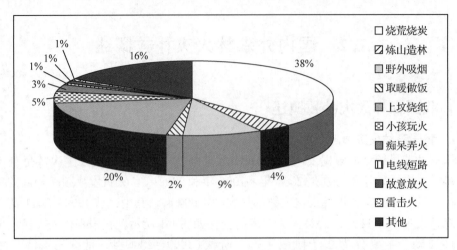

图1-2 我国1999—2011年森林火源分布情况

是雷击火为该区比重最大的火源,新疆雷击火、取暖做饭和烧牧场比重也较大,雷击火为该区第二大火源。

1.2.1.2 森林火灾扑救

我国的森林防火工作始于新中国成立初期。新中国成立以前,我国的森林防火事业一片空白,火灾发生时任其自燃自灭。新中国成立后,党和政府十分重视森林资源的保护管理工作,确定了"预防为主,积极消灭"的工作方针,我国的森林火灾扑救工作以1987年"5·6"大火为转折点,逐渐向规范化、科学化、信息化方向发展。

(1) 评价指标

经过几十年的森林火灾扑救实践经验,我国逐渐确立了"打早、打小、打了"的原则,这也是森林火灾扑救的目标。为了实现"打早",我国建立了立体的森林火灾监测体系,包括卫星监测、森林航空消防巡护、视频监控系统、瞭望台监测、护林员监测等,就卫星监测而言,国家林业局将热点2h反馈率作为重要评价指标;"打小"是在"打早"基础上进行的,第一时间发现火灾、以最快速度到达火场进行及时扑救是"打小"的前提条件,"打了"就是要扑灭的森林火灾不复燃,要求清理火场彻底、还要有一定时间看守火场。我国各省(自治区、直辖市)将当天火灾扑救成功率作为森林火灾扑救的重要评价指标。

(2) 扑火人员构成

我国的森林火灾扑火队伍包括武警森林部队、森林航空消防队伍、森林消防专业队伍、森林消防半专业队伍、应急森林消防队伍和群众森林消防队伍等。我国坚持"以专为主,专群结合"的原则,以专业武警森林部队为突击力量,以地方专业和半专业扑火队伍为主要力量,与群众队伍相结合进行森林火灾扑救。

目前,武警森林部队设黑龙江森林总队、吉林森林总队、内蒙古森林总队、云南森林总队、四川森林总队、西藏森林总队、新疆森林总队、甘肃森林总队、福建森林总队9个总队和直属机动支队、直属直升机支队2个直属支队。

截至2011年,我国有各种森林消防队伍153 352支,共计3 503 231人。我国在各级"扑火专业队"设立首席指挥制度,从"扑火专业队"一线逐级选拔首席指挥长,并由上一级森林防火指挥机构组织国内森林防火、扑火专家定期考核,对扑火一线的首席指挥长每年考核一次,对县市级以上的首席指挥长每两年考核一次。

(3)扑火装备

目前武警森林部队的装备机械化、信息化程度不断提高,实现了卫星遥感、直升机侦察、无人机侦察和空中飞艇监控火情,短波、超短波传递火情,北斗卫星导航和综合通信车传输火情数据,森林火灾扑救采取直升机吊桶洒水、装甲车带水、消防车运水、远程管线输水和水泵接力送水喷灭。武警森林部队科技装备已形成立体化、多层次、全方位的现代化作战装备体系,组建了包括水枪分队、灭火炮分队、索滑降分队、装甲分队、水泵分队在内的50多个特种分队,配备特种消防车、装甲脉冲式水枪、森林灭火炮、北斗一号卫星定位系统和水陆两用电台等国内外最新灭火装备。融信息获取、战斗力生成、组织指挥于一体的森林火灾预警与扑救决策支持系统,信息化建设同样在向灭火作战一线延伸,火情监测、天气预测预报专网开通,350兆超短波通信网组建,"火场通""动中通"无缝链接,上下、友邻、警地间指挥畅通无阻。

由于地形、经费等原因,我国各地扑火装备配备差异很大,但整体由风力灭火向以水灭火转变,由人工扑打向机械化方向转变。

(4)扑火方法

我国扑火方法正由以风力为主向以水为主转变,现在全国很多地区都配备了水泵,以水灭火正在迅速发展,如我国在江苏省苏州市吴中区建立了以水灭火示范基地,在蓄水池建设、以水灭火战术配合等方面发展很快。灭火方式由人力型向机械化转变,传统靠人海战术扑救森林火灾已经向机械化转变,大型装备开始武装森林消防队伍,如2014年大兴安岭林区就配备了三台蟒蛇式全地形水陆两用车。灭火指挥由传统型向科技型转变,我国目前各省都建立了森林防火指挥中心,集成了遥感、地理信息系统(GIS)、GPS、电子数据图层和林火蔓延模型等,对森林火灾扑救提供决策支持。灭火战法由地面作战向立体作战转变,近几年我国森林航空消防发展迅速,逐渐引进大型直升机,初步形成了地空配合作战。随着"以人为本,科学扑救"指导思想的不断深入人心,在扑火方式上由直接扑火向直接扑火与间接扑火技术相结合的方向转变,隔离灭火、以火攻火逐渐推开。

(5)扑火组织

2020年10月26日,国务院办公厅正式发布了修订后的《国家森林草原火灾应急预案》(以下简称《预案》)。此次发布的《预案》是在原《国家森林火灾应急预案》《全国草原火灾应急预案》的基础上修订的,是国家为了适应突发事件应急管理形势的发展变化,在充分吸取近年来各地森林、草原火灾应急处置经验,充分征求有关单位意见的基础上修订完成的。

新《预案》规范了森林草原火灾应急处置中各级政府、有关部门的地位、作用、责任与相互关系,进一步完善了森林草原火灾的应急处置工作流程;新《预案》明确了森林草原火灾应对工作实行地方各级人民政府行政首长负责制,火灾发生后,地方各级人民政府及其有关部门立即按照职责分工和相关预案开展处置工作。省级人民政府是应对本行政区域重大、特别重大森林草原火灾的主体,国家根据森林草原火灾应对工作需要,给予必要的协调和支持;新《预案》规定了森林草原火灾应对工作遵循分级响应的原则,火灾发生后,基层森林(草原)防灭火指挥机构第一时间采取措施,做到"打早、打小、打了"。初判发生一般森林(草原)火灾和较大森林(草原)火灾,由县级森林(草原)防灭火指挥机构负责指挥。初判发生重大、特别重大森林(草原)火灾,分别由市级、省级森林(草原)防灭火指挥机构负责指挥。必要时,可对指挥层级进行调整;新《预案》将国家层面应对工作设定为Ⅳ级、Ⅲ级、Ⅱ级、Ⅰ级4个响应等级,并对每个等级的启动条件和响应措施分别作出了具体规定。新《预案》还对森林(草原)火灾的预警响应、信息报告、后期处置、综合保障等方面工作作出了规定。

《预案》的修订,坚持了统一领导、军地联动,分级负责、属地为主,以人为本、科学扑救的指导思想,贯彻了近年来党中央、国务院对森林(草原)防灭火工作的一系列指示精神,体现了近年来森林(草原)防灭火工作的实践经验,也体现了国务院各有关部门、地方政府和专家的集体智慧。新《预案》与原预案相比,定位更加准确、结构更加合理、内容更加全面、职责更加清晰、措施更加具体,指导性、适应性、可操作性更强。新《预案》的实施必将为建立健全森林(草原)火灾应对工作机制,依法有力有序有效实施森林(草原)火灾应急,最大程度减少森林(草原)火灾及其造成人员伤亡和财产损失,保护森林(草原)资源,维护生态安全发挥极其重要的推动作用。

国家森林草原防灭火指挥部重新修订了《国家森林草原防灭火指挥部火场前线指挥部组成及任务分工》(2020年10月26日发布),进一步规范了全国森林草原火灾扑救现场指挥工作,进一步提高了扑救指挥效率。

总之,自2009年修订后《森林防火条例》正式实施以来,我国森林(草原)火灾扑救工作正在快速发展,今后还将继续向科学化、信息化、系统化方向发展。

1.2.2 世界森林火灾扑救概述

随着人类社会的发展进步,人类对森林火灾的认识也在不断提高。森林火灾已被世界公认为八大自然灾害之一。因此,世界各国在森林防火和灭火方面投入了大量的人力、物力和财力,同时各种高新技术也不断地应用于森林防火领域之中。

1.2.2.1 世界森林火灾情况

全世界平均每年发生森林火灾22万次,受灾面积达$1\,000\times10^4\,hm^2$,约占森林总面积的0.1%。近年来,随着人为活动影响和全球气候的异常变化,全球森林火灾有加剧的趋势。联合国林火专家组发出警告,随着全球气候变暖,森林火灾可能还会加剧,并指出目前森林火灾已成为一个全球性的问题,要求各国加强森林火灾的预防和扑救,防止森林火灾的发生和蔓延。

目前,不论是发达国家还是发展中国家,对于长期干旱后,极端天气条件下发生的森林大火依然缺乏有效的控制手段,而恰恰就是这占森林火灾总数3%的森林大火,所造成的损失为森林火灾总损失的80%以上。例如,1988年,美国黄石公园的森林火灾过火面积达$60\times10^4\,hm^2$;1997—1998年,印度尼西亚长期干旱形成的森林大火烧掉了$300\times10^4\,hm^2$森林;2001年,澳大利亚悉尼的森林大火过火面积达$70\times10^4\,hm^2$;2003年,美国加利福尼亚州森林大火过火面积超过$30\times10^4\,hm^2$;2007年8月份,希腊的森林火灾烧毁$49.5\times10^4\,hm^2$森林和草丛,$4.1\times10^4\,hm^2$农田被毁,影响到一半以上的国土;2009年2月份，澳大利亚的森林火灾，过火面积近 $41 \times 10^4 \text{hm}^2$，造成 230 多人死亡；2010 年，俄罗斯的夏季森林火灾，过火面积超过 $81 \times 10^4 \text{hm}^2$；2012 年 6 月，美国八州发生山林大火；2013 年，美国亚利桑那州发生森林火灾，造成 19 名消防员牺牲；2015 年 9 月份以来，印度尼西亚苏门答腊岛及加里曼丹岛等地集中爆发森林火灾，印度尼西亚林火肆虐程度预计将成为历史上最严重的林火，受火灾影响，印度尼西亚、马来西亚、新加坡等东南亚国家均被烟霾笼罩，印度尼西亚因此被一些邻国指责灭火不力。近年来世界各地主要特大森林火灾回顾如下。

(1) 1988 年美国黄石公园森林大火

1988 年 8 月，美国许多地区连续 4 年降水少于正常年份，发生大面积严重干旱，尤其是 1987 年和 1988 年干旱更为严重。1988 年 8 月初，由于极度干旱、气温偏高和其他因素，使整个落基山脉北部包括黄石地区的火险等级达到高或极高。此时，黄石公园因雷击和公园宿营跑火引发了多起森林火灾，由于地形陡峭、林木浓密、可燃物极为干燥，火势迅速蔓延，扑救控制非常困难，酿成了森林大火。这场大火动用扑火人员达 2.4 万人，出动飞机 646 架次，喷洒 $726 \times 10^4 \text{L}$ 阻火剂。有 8 架载有标准航空灭火系统的军用 C-130s 型飞机参加灭火。加拿大援助了扑火人员和扑火设备，包括 125 架军用直升机，12 架洒水灭火飞机，8 架导航飞机，1 架红外飞机，45 名用水扑火消防人员以及灭火水泵等，这场大火的扑火费用估计超过 1.2 亿美元。

(2) 1997—1998 年印度尼西亚森林大火

森林大火频繁发生与厄尔尼诺现象有非常密切的联系。1997 年正值厄尔尼诺周期，印度尼西亚及有关邻国遭遇了近百年来罕见的持续干旱。8 月初苏门答腊和加里曼丹的 170 多家种植园和经营单位按惯例进行烧荒垦地，结果引起 1 000 多处森林大火。6 月份砍倒树木，8 月份后放火烧荒，到 10 月份雨季来临后，荒火就会自然熄灭。然而，1997 年厄尔尼诺现象带来的全球气象异常。印度尼西亚多个岛屿上的森林大火相继蔓延，久久不熄。浓烟还随着季风飘洋过海，笼罩了整个东南亚。进入 12 月后，比往年推迟了 1~2 个月的雨季总算到来，大火暂时有所收敛。但由于火种并未熄灭，而是进入了地下泥炭层，到了翌年 4 月份，林火又死灰复燃，一直烧到 5 月才彻底熄灭。估计这场火灾过火面积 $300 \times 10^4 \text{hm}^2$，经济损失超过 200 亿美元，被评为世纪灾难。

(3) 2001 年澳大利亚森林火灾

2001 年末，澳大利亚发生森林大火，是澳大利亚历史上的一场生态灾难。森林大火无论火点和面积都创 50 年来最高纪录。从 12 月 25 日开始，因雷击和人为纵火引发多起火灾，火势迅速蔓延形成森林大火，引起了全世界的广泛关注。大火直逼悉尼、堪培拉，甚至烧到了距澳大利亚总督府 200m 处，离联邦国会大厦 2km 的一座小山被烧成黑色。火灾持续燃烧了 31d，过火面积达 $75 \times 10^4 \text{hm}^2$，大火烧毁 170 座房屋，烧死烧伤数以千计的野生动物。澳大利亚政府为扑救这场大火，调动 3 万多名扑火人员，包括 5 000 名军队官兵，动用 150 架飞机，700 多辆消防车。大火波及西南 4 个州，这四个州宣布进入紧急状态。澳大利亚时任总理霍华德多次亲临森林火灾地区巡视，慰问扑火人员，鼓舞士气。每年圣诞节时，位于南半球的澳大利亚正好处于夏季，气温很高。澳大利亚政府为了防火，已经禁止人们在这一时期进行户外烧烤。对很多澳大利亚人来说，2001 年的圣诞节成了一场灾难。

(4) 2003 年美国加州森林火灾

2003 年 10 月 21 日至 11 月 10 日，美国加利福尼亚州发生了历史上最严重的森林大火，共造成 22 人死亡，其中包括 1 名消防队员，过火森林面积超过 $30\times10^4 hm^2$，烧毁房屋 3 500 幢，转移居民 11 万人，4 条高速公路部分关闭，初步估计损失 20 亿美元，直接扑火花费 2 亿美元。这次加州森林大火给生态环境和人们的生产、生活造成严重的影响，甚至是灾难。高速公路封闭，航空暂时停运。此外，数万人的电力供应也被中断，加州电力系统人士估计，由于火灾破坏了电力输送线路，至少有 7~8.5 万名南加州居民得不到电力供应。大量的树木被烧毁，土壤层受到破坏，遇到较大降水，易引发大的洪水和泥石流灾难。

(5) 2007 年希腊森林大火

2007 年 8 月 24 日以来，因人为纵火、农民烧荒、电力设备老化短路等，希腊接连爆发数百起森林大火，并迅速蔓延成灾。经当地组织扑救，8 月 30 日火场得到初步控制。9 月 1 日，在高温和大风作用下，部分火场复燃。直至 9 月 5 日，森林大火才被完全扑灭。

此次希腊森林大火频度之高、规模之大、危害之重、冲击之强为历史罕见，政府所料未及，成为 150 年来全球最为严重的森林大火之一，损失极为惨重。大火造成 67 人死亡，200 多座村庄、4 500 多幢房屋被烧毁，16 000 多人无家可归，12 万民众受灾，交通运输业、电力供应、畜牧业遭受重创，扑火费用 4.5 亿欧元，直接经济损失 16 亿欧元。专家估计，希腊当年 GDP 增长率因火灾下滑 1%。大火烧毁 $49.5\times10^4 hm^2$ 森林和草丛，$4.1\times10^4 hm^2$ 农田被毁，影响到一半以上的国土，伯罗奔尼撒半岛上一些特有的动植物遭受灭顶之灾，大火产生的污染物飘移到地中海和非洲。"绿色和平"组织发言人称这场森林大火增加了全球温室效应，同时烧毁的森林又失去吸收二氧化碳的功能，造成双重生态灾难。专家分析如要完全恢复被烧毁的原始森林，至少需要 250 年的时间。媒体评论希腊森林大火烧掉了几代人的生存家园。大火引发了国内严重政治事件。卡拉曼利斯总理 25 日宣布全国进入紧急状态，并将 8 月 25~27 日定为全国哀悼日。2 000 多人在雅典示威，指责政府"不作为"，要求内阁辞职，执政党支持率下降了 1.6 个百分点，政府面临下台压力，全国大选竞选活动因大火而终止。大火一度逼近奥林匹亚遗址和阿波罗神庙，殃及首都雅典市郊。至少 3 座中世纪教堂和 2 座古城堡被毁坏，北京奥运会点火仪式所在地周围的树木基本被焚毁。

(6) 2010 年俄罗斯森林大火

2010 年，俄罗斯累计发生森林火灾 2.65 万多起，过火面积超过 $81\times10^4 hm^2$。进入 6 月份后，俄中部和南部地区的森林火灾呈现出集中爆发的态势，在俄罗斯 83 个联邦主体中有 20 个出现不同程度的火情，特别是 7 月底至 8 月初的高峰时段，俄境内每天的起火点多达数百个，高峰时的 8 月 3 日全境共有 813 个森林着火点和 24 个泥炭火。火灾发生后，俄罗斯投入了 24 万多人、60 架飞机和 12 万台灭火机械参与扑火，总统梅德韦杰夫、总理普京亲自组织指挥灭火。另外，俄罗斯内务部还派出 5 000 名警察和 400 辆机动车加强灾区社会治安管理。

此次俄罗斯森林大火频度之高、规模之大、危害之重、冲击之强，为世界森林火灾史所罕见,不仅造成森林资源和居民生命财产的巨大损失,而且给国家政治、经济、军事以及生态等各方面带来广泛而深远的影响,甚至演变成为一场国家灾难和全球生态危机。

火灾直接造成53人死亡,500多人受伤,近2 000幢房屋被烧毁,3 500多人流离失所,8.6万名受到森林大火威胁的民众被组织疏散。因火灾造成严重污染,莫斯科空气中一氧化碳浓度和悬浮颗粒含量分别高于允许范围的3倍和3.3倍,期间居民死亡率增长了一倍,由正常的每天360~380人上升为700人。

据俄罗斯专家分析,森林火灾和旱灾造成的直接经济损失可能达150亿美元,相当于俄2010年国内生产总值的1%。因受到森林火灾及其烟雾的严重影响,位于莫斯科郊外的俄罗斯米格飞机制造公司总生产线于2010年8月4日被迫暂时停产,工人和职员已全部放假回家。火灾烧掉了俄罗斯全国1/4的农田,粮食减产20%,俄政府已决定禁止粮食及粮食产品出口,专家预测俄罗斯将损失约30亿美元的出口收入。受此影响,俄大部分地区的粮食和饲料价格开始上涨,总理普京已经要求有关部门采取措施抑制价格上涨。

森林火灾发生后,俄罗斯多处秘密军事设施甚至核设施被暴露。森林火灾直接烧毁1处大型海军基地(200架飞机报废,价值约7亿美元)、1个隶属俄总参的秘密通信枢纽,并先后威胁到一个绝密核研究中心和两个核武库的安全。

火灾造成的土壤侵蚀、空气污染、水源污染等生态灾难难以估量。专家表示火灾区域生态系统要恢复到灾前水平至少需要数十年的时间。俄罗斯和欧洲部分地方的一氧化碳量,每天增加70×10^4 t,火灾产生的浓烟严重污染了空气,空气中的氧气含量低于正常标准的27%。此外,森林火灾已在北半球上空制造了一个巨大的污染云层,火灾所产生的烟雾已经蔓延至芬兰,引起首都赫尔辛基、南部沿海地区以及东南部地区的空气质量明显恶化。

一度失控的火灾,甚至对俄罗斯的政治生活产生了影响,俄罗斯反对派借机指控政府应对不力。数据显示,梅德韦杰夫8月份的支持率跌至52%,普京的支持率由69%跌至61%,均创下历史新低,受灾群众甚至因情绪失控而当面指责普京。据报道,因处置火灾不力,海军司令受到警告处分,有5名高官被免职,莫斯科州林业局局长已于8月10日引咎辞职。

(7) 2013年美国亚利桑那州森林火灾

2013年6月以来,美国西部地区遭遇极端高温,多个州最高气温超过46℃,气象部门发出极端高温警报,加州"死亡谷"地区气温甚至达到53.3℃,创造了20年来的最高纪录。6月28日,亚利桑那州亚内尔山因雷击引发森林火灾,高温、大风使火灾迅速蔓延,难以控制。30日,州政府出动250名消防员赶到现场灭火,安排直升机进行空中洒水作业,扑火中,19名消防队员在开设防火隔离带时因风向突变避险不及不幸丧生。

19名殉职的消防员隶属于普莱斯考特市消防局,其中18人是受过专业培训的顶级消防员。事故发生时,他们作为尖刀部队正在距离亚利桑那州首府菲尼克斯西北大约130km的小镇亚内尔开设隔离带,力图隔离已经燃烧了一天多的森林大火。开设过程中,火场风向突变,大火扑向消防队员,由于事发突然,来不及撤离,他们进入防火帐(一种用耐燃材料制成的避险装备)紧急躲避。不幸的是,19名消防队员均殉职。此次事故成为30年来美国最大的扑火伤亡事故,也是自"9·11"恐怖袭击后美国最大一起消防队员群死、群伤事故。

1.2.2.2 森林火灾扑救

森林火灾突发性强，破坏性大，特别是重特大火灾的发生往往伴随着恶劣的极端天气条件，扑救极为困难。扑救重特大森林火灾是世界各国十分棘手的难题。为最大限度减少森林火灾损失与危害，世界各国都把工作的重点放在对初发森林火灾的扑救上。

(1) 评价指标

目前，及早发现、快速扑灭是加拿大、美国评价森林火灾控制能力的重要指标。如加拿大要求97%所发现的森林火灾要控制在$100hm^2$以内，美国要求98%的森林火灾扑灭在初发阶段(具体是不超过第二天上午十点，也称"十点定律")。

(2) 扑火人员构成

从世界扑火队伍建设模式上看，一是以美国、加拿大为代表的高薪专业扑火队伍模式；二是以澳大利亚为代表的经专业培训的志愿者扑火队伍模式；三是以中国为代表的，以专业武装集团为突击力量，以地方专业和半专业扑火队伍为主要力量，与群众队伍相结合的扑火队伍模式；四是第三世界发展中国家的群众扑火队伍模式。

美国、加拿大等国不仅注重科学的管理，拥有先进的设备和技术，而且还拥有一支装备精良、技术过硬的扑火队伍。在加拿大，森林消防队从各级指挥员到扑火队员绝大多数具有大专以上文化程度，绝大多数人员对诸如微机等现代化办公设备运用自如。从事森林消防工作的人员都经过不同层次的专业培训。各级指挥中心的工作人员精通业务，工作效率很高，负责技术性工作的官员都堪称专家。扑火队员一般从大专院校的在校生中选用，要求体能好，接受能力强。入选的队员都要经过不同层次、一定课时的专业训练才能上岗。扑火队员都建有档案，对受训情况，体、技能状况，扑火表现等均记录在案，并储存在电脑中，每到防火季节根据档案资料择优录用。加拿大扑火队员的待遇较高，每年报名者很多，有较大的选择余地。对扑火队队长要求更高，必须经过一年以上的扑火实践，并且表现突出，素质过硬才被录用。扑火队员的训练实行小区、大区、省3级训练体制，基础训练和经常性训练相结合。各省在扑火队伍的培训方面有基地、有教材、有一套行之有效的培训方式。加拿大的飞机驾驶水平非常高，为实施机降、索降等直接灭火提供了可靠的空中保障。加拿大注重追求扑火经济效益，把最短的时间，最少的投入，最好的灭火效果，作为衡量扑火效率的三要素。在美国，法律规定未经过专门防火训练者不得参加森林灭火。其培训目标是：要求防火队员在正确的时间，带着正确的装备抵达正确的地点，一旦有林火发生便可召之即来，称之为"全流动防火队员"。美国尽管有先进发达的科学技术和仪器设备，但在扑灭森林火灾中起决定性作用的还是这批训练有素的专业防火队员。为提高灭火力量的机动性，美国于1939年就建立了全国机降灭火队，主要任务是提供快速支援力量，以最快的速度扑灭火灾，特别是偏远山区初起的小火。而澳大利亚扑火人员以志愿者为主，各地官方森林消防部门对志愿者进行专业培训，经考核发放培训证书，再进行岗位培训，统一配发传呼机，当发生森林火灾时，森林消防部门通过传呼台发出火警信息，召回所需志愿者参加扑救森林火灾行动，森林消防志愿者队伍另一项任务是参与社会应急救援行动。

(3) 扑火装备

从扑火技术装备的发展上看，世界森林灭火技术装备的发展经历了四个阶段的转变。

第一阶段是从原始的树枝、扫把向简单的手持扑火工具的转变；第二阶段是从简单的手持扑火工具向半机械化的转变；第三阶段是从半机械化向机械化的转变；当前阶段是从机械化正向着多种高新技术装备和器材的转变。

目前，美国、加拿大主要扑火装备有各种型号的水泵，用于地面灭火和喷灌灭火，直升机主要用于机降、索降、吊桶灭火、消灭飞火、支援灭火、空中点火、火场侦察、空中指挥、验收火场、向火场输送装备器材等，固定翼飞机主要用于洒水灭火、化学灭火和航空巡护，推土机、油锯、手持工具主要用于开设隔离带、火线和清理火场。由于澳大利亚大部分地区天气比较干旱、野外水源匮乏，加之森林镶嵌于草原，野外车辆通行条件好，森林消防车较易接近野外火场，因此，大力发展大、中、小型轮式森林消防车作为重要的灭火支撑平台，以水泵和飞机作为辅助装备，广泛使用于扑救草原和森林火灾。

(4) 扑火方法

从扑火手段的发展历程上看，第一阶段是由原始的无组织扑火状态向有组织的扑救方法转变；第二阶段是由单一的地面扑火向地空配合扑火技术的转变；第三阶段是由独立的机械化扑火向多种技术手段合成扑火的转变；当前阶段是由单一的直接扑火正向着直接扑火与间接扑火技术相结合的方向转变。

目前，主要扑火方法包括地面人力和机械灭火、化学灭火、爆炸灭火、人工降雨灭火、空中灭火等。地面灭火方面，国外主要突出水的作用，美国、日本、加拿大、俄罗斯等工业发达国家都设计和使用各种类型的消防水车、开沟联合机、专用拖拉机和手持式灭火工具等地面灭火专用工具；化学灭火是加拿大、日本、美国等国家通用的灭火技术，其灭火效果好，适用于直接灭火和开设防火线，缺点是成本较高；爆炸灭火是指利用埋设炸药或索状炸药爆炸时掀起的泥土或灭火剂覆盖可燃物从而熄灭火焰的方法，前苏联、美国、德国均在此方面进行过开发研究；人工降雨灭火在扑救大面积森林火灾时效果显著，美国、俄罗斯等许多国家广泛应用；空中灭火是国际上扑救森林火灾的最主要手段和主要发展方向，目前发展十分迅速，美国、加拿大、俄罗斯等国在森林航空消防领域处于领先地位，无论是飞机数量还是运载能力均属世界先进水平。加拿大为扑救森林火灾每年投入各型飞机超过300架，专门设计的CL-415水陆两栖森林灭火飞机，最大载水量达到6t；俄罗斯每年有640多架飞机用于森林防火，除大量使用的M-171外，其研制的M-26大型森林消防直升机，可运送82名扑火队员，其载水量和载人数在世界直升机领域均居第一；美国农业部拥有100多架专用灭火飞机，还与空军及数百个私人飞机公司签有协议。

(5) 扑火组织

世界各国扑救火灾的组织机构虽因国情而不尽相同，但无一例外的都是有一整套健全完备的组织体系和切实可行的执行预案，可以实现扑火行动和资源的高效共享与协同。澳大利亚将森林火灾由小到大分为1~3级，分别由当地基层消防队、大区消防指挥中心、州消防局负责组织指挥；美国在森林火灾扑救上实行首次扑救——协同合作——三级支援的运行机制，全国建立了3个层次组织结构和扑火资源供给系统，分别为地方级(扑火队伍自行扑救)、地理分区级(地区协调中心组织指挥)、国家级(国家联合防火中心组织指挥)；加拿大全国共有10个省3个特区及国家公园管理局共14个部门承担防火管理工作，联邦政府负责国家公园和自然保护区森林防火工作，各省负责辖区内除国家森林公园和自然保护区外的森林防火工作，各省的扑火人员和器材设备等扑火资源由全国森林防火协调中心(CIFFC)协调调遣。

【本章小结】

本章首先介绍了森林火灾扑救组织与指挥的含义、目的和森林火灾扑救组织与指挥在平时和发生火灾后的主要任务，介绍了国内外森林火灾形势及森林火灾扑救的评价指标、人员构成、扑火装备、扑火方法和扑火组织。

【思 考 题】

1. 森林火灾扑救组织与指挥的含义是什么？
2. 森林火灾扑救组织与指挥的目的是什么？
3. 简述森林火灾扑救组织与指挥平时的任务？
4. 简述森林火灾发生后森林火灾扑救组织与指挥有哪些任务。
5. 简述我国森林火灾扑救的评价指标、人员构成、扑火装备、扑火方法和扑火组织。
6. 简述世界森林火灾扑救的评价指标、人员构成、扑火装备、扑火方法和扑火组织。
7. 查阅资料，了解我国森林火灾特点有哪些？
8. 查阅资料，了解我国森林防火发展历史。

第 2 章

灭火原理及常见扑火机具

2.1 灭火基本原理

2.1.1 森林燃烧的概念和特点

森林燃烧是指森林可燃物在一定温度条件下,剧烈氧化,放热、发光的现象。森林燃烧除具有燃烧现象共同特性外,还具有其自身的特点。

(1)森林燃烧是一种开放性燃烧,受到自然界各种因素的影响

森林燃烧的发生、发展过程具有多变性,对其控制比较难。例如,由于空气流动,燃烧过程始终处于富氧环境中;风力和风向对林火蔓延速度和蔓延方向影响极大;森林可燃物载量和空间分布差异及地形变化也对森林燃烧产生极大影响,这些因素往往难以控制。

(2)森林可燃物燃烧分阶段进行

森林燃烧的燃烧过程一般经过预热、热分解反应(产生可燃气体等)、可燃气体(有焰)燃烧和熄灭 4 个阶段。

(3)森林燃烧是能量突然释放的过程

森林可燃物是森林植物光合作用将太阳能转化成的化学能储存积累的结果。当森林火灾发生后,长期积累的能量在很短的时间内释放出来,这种能量爆发性释放会导致局部急促升温,会形成飞火、火旋风、高温热气流等危险火行为,也可能使局部物种消失和生态环境遭受严重破坏。

(4)森林燃烧受森林可燃物的类型和分布影响大

森林可燃物种类繁多、成分复杂、结构多样,导致不同类型的森林可燃物的物理性质和化学性质千差万别,其所蕴含的能量及其在燃烧时释放的速度和方式上存在极大差异。

森林可燃物空间分布的差异性——密集性和连续性，对森林燃烧状态和发展的影响也极其复杂。

(5) 森林燃烧具有双重性

一方面失控的林火会烧毁森林；另一方面林火作为生态因子又是森林演替的重要诱因或是促进因子。在人为控制下的林火可以作为森林防火手段，如低强度计划烧除，也可以作为营林手段，如高强度计划烧除。因此，不论森林防火或营林用火，都应掌握林火的危害和效益，控制其有害的一面，充分发挥和利用其有益的一面。

2.1.2 森林燃烧的过程

森林可燃物燃烧过程是生物质热解、燃烧至熄灭的过程。

热解是物质受热发生分解的反应过程。许多无机物质和有机物质被加热到一定程度时都会发生分解反应。森林可燃物的主要成分是生物质，其热解过程中发生了复杂的热化学反应，包括分子键断裂、异构化和小分子聚合等反应。当森林可燃物被加热到275℃以上，其大分子物质（木质素、纤维素和半纤维素）分解成较小分子的可燃物质（可燃气、焦油和固态碳）。

根据热解过程的温度变化和生成产物的情况等，可以将森林燃烧分为预热（干燥）阶段、热解阶段、燃烧阶段和熄灭阶段。

(1) 预热（干燥）阶段

预热（干燥）阶段（温度为120～150℃），森林可燃物吸收热后，水分不断蒸发。水分蒸发需要吸收大量热量（每千克水汽化要消耗2 259kJ的热量），因此，这个阶段可燃物温度上升较为缓慢。可燃物中的水分不断蒸发，变得干燥和温度升高，但其化学组成几乎不变。

(2) 热解阶段

当温度为150～275℃时，森林可燃物的化学组成开始变化，其中的不稳定成分如半纤维素分解成二氧化碳、一氧化碳和少量醋酸等物质。

当温度为275～475℃时，是热解的主要阶段，生物质发生了各种复杂的物理、化学反应，产生大量的分解产物，生成的液体产物中含有醋酸、木焦油和甲醇；气体产物中有二氧化碳、一氧化碳、甲烷、氢气等，可燃成分含量增加，这个阶段要放出大量的热。

随着温度继续升高，生物质依靠外部供给的热量进行木炭的燃烧，为放热阶段。

森林可燃物热解产生气体、液体和固体物质。森林可燃物热解产生的气体包括可燃气体（一氧化碳、氢气、烷、烯、炔）和不可燃气体（二氧化碳）；森林有焰燃烧就是这些可燃气体的燃烧的结果，其中的一氧化碳可使人一氧化碳中毒。森林燃烧产生的二氧化碳是造成全球温室效应的重要来源，在这种意义上，森林防火是缓解温室效应的重要措施。森林可燃物热解所产生的液体主要有醋酸、木焦油和甲醇等，它们以气溶胶形态在空气中飘浮，与预热阶段产生的水蒸气凝结成的小液滴和燃烧过程微小碳粒子混合成烟雾。烟雾中的有害成分会危害人们的健康，短时间内过量吸入会使人晕厥，甚至窒息致死。森林可燃物热分解最后剩下的就是固体物质——木炭。在富氧环境下，森林可燃物有焰燃烧的同时，木炭也发生激烈的氧化反应——无焰燃烧。

森林可燃物热解反应需要消耗能量。预热(干燥)阶段和热解阶段初期(温度为275℃以下)要吸收热量,这些热量来源于引发林火的火源和森林燃烧产生的热量。当温度达275℃以上,生物质热解过程也放出大量的热。

(3)燃烧阶段

森林可燃物热分解出的可燃气体被点燃后就是有焰燃烧。有焰燃烧产生大量热量又加速森林可燃物的预热过程和热分解过程,森林就可能猛烈燃烧。此外,在有焰燃烧时,风会增加热对流和热平流,可能加快林火蔓延。气体燃烧完后就是固体燃烧。固体燃烧是无焰燃烧,对林火蔓延作用不大,但可能"死灰复燃",或者被风吹到火场外而成为新火源。

(4)熄灭阶段

当林火遇到高含水率的森林可燃物,没有足够的热量使可燃物预热和热分解,或热分解出的可燃气体达不到着火所需浓度,或供氧不足,或森林可燃物烧尽,燃烧就会终止。

2.1.3 灭火的基本原理

燃烧必须具备可燃物、助燃物(氧气)和一定温度,森林燃烧也不例外。

森林燃烧必须同时具备可燃物、火源和氧气。仅具有森林燃烧三要素的任一个要素,或仅具备其中两个要素都不会发生森林火灾。换言之,缺少任何一个要素,或者任何一个要素不能达到阈值,就不会发生森林火灾,或者已经发生的林火也会熄灭。例如,发生林火之后,火场周边的可燃物被清理干净,形成隔离圈,圈内的可燃物烧完后林火就会自然熄灭。同样的,火源被水浇灭,即使有大量易燃森林可燃物,气象条件非常恶劣(风大、干燥、气温高等),林火也不会继续蔓延。即使有火源,但火源的热量不足,林火也不可能发生。

扑灭森林火灾就是破坏它的燃烧条件,不让燃烧"三要素"结合在一起。只要消除"三要素"中的任何一个,或将某个要素降到燃烧的阈值以下,燃烧就会停止。

扑灭森林火灾可以通过三个途径来完成。①散热降温,使燃烧可燃物的温度降到燃点以下而熄灭。主要采取冷水喷洒燃烧物质,吸收热量,降低温度,冷却降温到燃点以下而熄灭。用湿土覆盖燃烧物质,也可达到冷却降温的效果;②隔离热源(火源),使燃烧的可燃物与未燃烧可燃物隔离,破坏火的传导作用,达到灭火目的。为了切断热源(火源),通常采用开防火线、防火沟、喷洒化学灭火剂等方法,达到隔离热源(火源)的目的;③断绝或减少森林燃烧所需要的氧气,使其窒息熄灭。主要采用扑火工具直接扑打灭火、用沙土覆盖灭火、用化学剂稀释燃烧所需的氧气灭火,就会使可燃物与空气形成短暂隔绝状态而窒息(图2-1)。

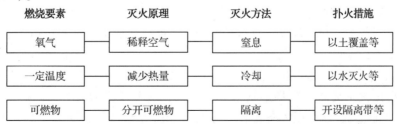

图2-1 灭火三要素和灭火方法

2.2　林火行为

林火行为是指森林可燃物被点燃开始至林火熄灭的整个过程中，火所表现出的各种现象和特征，包括林火蔓延、林火强度、林火烈度、对流柱、飞火、火旋风、火爆和高温热流，其中对流烟柱、飞火、火旋风、火爆和高温热流属高危险性火行为。在自然条件下，林火行为受可燃物、火环境等因素影响呈现出多样性；如果再受到人为阻隔和扑打，林火行为就更加复杂。了解认识林火行为，才能有效控制它，以致最终扑灭林火。

2.2.1　林火蔓延

森林可燃物被火源点燃后，林火向四周扩展的过程就是林火蔓延。林火蔓延范围的水平投影称为火场。火场周边火焰一般连续并呈环状或不规则多边形向外推进，称为火线。火线是火场中燃烧最剧烈、最活跃的部位，也是控制和扑救森林火灾的关键。林火蔓延在一定意义上可以理解为火线向火场外推进的现象。

2.2.1.1　火场的形状

林火蔓延受到森林可燃物、火环境(主要是地形和风)和燃烧时间等诸多因素影响，会形成大小不一、形状各异的火场。

根据林火蔓延的方向和火场不同部位的燃烧特征，将火场划分为火头、火翼、火尾和火烧迹地。火头是火场顺风扩展的部位，火线推进速度最快，往往也是燃烧最剧烈的地方。火尾是火场逆风扩展的部位，燃烧比较缓慢，火势较弱。火翼在火头与火尾连线的两侧，林火蔓延方向与风向垂直或近于垂直，其火势和蔓延速度介于火头与火尾之间。

在可燃物均匀分布、地势平坦、林地湿度无明显差异、无风的条件下，火线向四周扩展速度基本一致，火线呈圆环状，所形成的火场呈圆形。上述条件中任一个有变化，火场某个部位的扩展速度就会加快或变慢，火场的形状就会改变，改变幅度的大小决定于某因素变动的幅度。例如，火场外围某个部位的可燃物由难燃变成易燃，地势由平坦变陡峭，林地湿度由大变小，风力由无变有或由小变大，火场的这个部位扩展速度就比其他部位快。反之，火场的某个部位扩展速度就会比其他部位慢。实际上，影响火场形状的相关因素都可能有变化，这样多个因素不同组合的结果，必然使火场形状多样化。

当可燃物分布、地势以及林地湿度无明显差异的情况下，不同风速下的火场形状基本成卵形。风速越大长轴与短轴的比值越大，即风速越大火头推进速度越快，而火尾推进越慢，所形成的卵形越扁长。

林火蔓延过程中，风向改变，即火场原非火头部位变成火头，并迅速推进，火场形状呈"鸡爪状"。

当林火燃烧时间长，波及的范围大，火场周边不同部位的可燃物分布、地形地势以及林地湿度等可能发生变化，火场形状就变得复杂，由上述典型火场形状演变成不规则形状，火场内可能形成岛状未燃烧区域，可能因飞火而形成新的火场，也可能形成多个火头。

2.2.1.2 林火蔓延的速度

可燃物类型及其含水量和载量、环境的相对湿度、气温和风速、地形的坡度等因素均对林火蔓延有强烈的影响,许多科学家研究了这些参数和林火蔓延之间的关系,提出了林火蔓延的数学模型。人们可以根据林火蔓延的数学模型,去预测一个林火经过一定时间后的火行为,从而为林火管理部门提供决策依据。比较著名的有澳大利亚林火蔓延模型、王正非林火蔓延模型、加拿大林火蔓延模型和美国林火蔓延模型。

林火蔓延速度通常从以下3个方面考虑:火线推进速度、面积扩展速度和火场周长增长速度,相应地就是火线速度、面积速度和周长速度。

(1) 火线速度

火线速度是指单位时间内火线推进的直线距离,通常以 m/min, m/h 或 km/h 表示。火线速度是制订扑火方案的主要参考指标,如用于确定开设阻火带的位置,即阻火带与火线的距离。火线速度可以现场测定,即在森林火灾现场,根据地形地物特征线或点,如山脊线、山谷线、道路、河流等线状物和山顶、鞍部、道路交叉点、山沟的汇水点等特征点,确定火线在某一时刻的位置 a,并在地形图上标定,同时记录时间;经过一段时间后,用同样方法标定火线的位置 b,并记录时间;度量出 a 与 b 两点的图上距离,并根据比例尺计算出实际距离。实际距离与火线从 a 点到 b 点所需时间之比即得火线速度。

火线速度还可以根据两个时点同一地点的航空相片或"3S"技术测定出来。利用航片测定火线速度简便的方法是将不同时点的航片上的火线位置分别转标在地形图上,然后采用与现场测定方法相同的方法计算火线速度。利用"3S"技术可以准确确定不同时点火线的位置,但由于卫星有一定的周期性,所以只有持续时间较长的森林火灾采用"3S"技术测定火线速度才有实用意义。

(2) 面积速度

面积速度是指单位时间内火场扩大的面积。计算面积速度的关键是分别测算出两个时点的火场面积。

第一种方法是现场目测勾绘出两个时点的火场面积,根据两时点的时间差与不同时点火场面积之差,就可以计算面积速度。此方法适用于火场面积比较小,在一个或若干个观测点同时工作可以勾绘出整个火场边界的情况。

第二种就是利用两个时点的航空相片或卫星影像进行判读并计算面积。此法适用于测算燃烧时间长、大面积火场的面积速度。

(3) 周长速度

周长速度是指单位时间火场周长增加的速度,其单位通常以 m/min 或 km/h 表示。火场周长速度是计算需投入扑火人员数量的主要参考指标。确定火场周长的方法与确定火场面积速度的方法类似。可以实地目测勾绘计算,也可以根据航空相片测算或根据卫星影像用计算机直接求算。

2.2.1.3 林火蔓延模拟

(1) 林火蔓延模型

林火蔓延模型是指在各种简化条件下进行数学上的处理,导出林火行为与各种参数间的定量关系式。利用这些关系式可以预测林火行为,指导林火扑救工作。林火蔓延模型是林火蔓延模拟的核心。自从 1946 年林火蔓延的数学模型被首次提出以来，许多国家都提出了自己的林火蔓延模型，林火蔓延模型根据其是否考虑热传机制，可分为经验模型、统计模型和物理模型。

美国的 Rothermel 林火蔓延模型主要考虑森林的材质、风速、风向、空气温度、燃料湿度、坡度等因素，可以计算林火的蔓延速度、火灾的强度和范围等。Rothermel 模型是基于能量守恒定律的物理机理模型，具有较宽的适用范围。模型对可燃物的要求是野外的可燃物较均匀，且忽略较大类型可燃物对林火蔓延的影响，要求燃料床参数在空间分布是连续的，地形在空间分布上也是连续的，而且动态环境参数不能变化太快。由于该模型的一些参数需要试验来获取且要求的输入参数多，在我国大部分地区不具备获取这些参数的条件。

澳大利亚的 McArthur 模型能预报火险天气和定量预报一些重要的火行为参数，是林火扑救和管理的有力工具，但可适用的可燃物类型主要是草地和桉树林，比较单一。

加拿大林火蔓延模型是通过分析实际火场和模拟试验的数据，建立模型和公式，不考虑火行为的物理本质，能较充分地揭示林火复杂现象的规律，但该模型属于统计模型，缺乏物理基础。

我国著名林火专家王正非在 20 世纪 80 年代提出了林火蔓延的经验模型，在我国应用比较广泛，但该模型仅适用于坡度小于 60°且顺风上坡的情况。

以上是目前应用最广泛的经典模型，在这些模型基础上的修正模型和其他一些经验模型也被广泛应用。

(2) 林火蔓延模拟技术

影响林火行为的因素很多，蔓延模型的运算相当复杂。因此，需要借用现代计算机技术，选择合适的林火蔓延模型，利用计算机对林火蔓延因子进行分析，可以实现林火蔓延的快速模拟，得出林火的蔓延趋势，从而在林火扑救过程中辅助决策。

地理信息系统(GIS)技术具有的空间分析、三维分析等强大功能，为林火蔓延模拟提供了很好的工具，可以得出林火发生发展的直观显示。大量研究者利用现有或改进的林火蔓延模型结合 GIS 技术对林火蔓延过程进行了计算机模拟，研究逐步走向实用化。

自 1948 年数学家、现代计算机之父 John Von Neumann 首次提出元胞自动机(CA)的概念以来，其表现出很强的模拟复杂系统的自组织能力，很快被应用于复杂动态系统的模拟中。CA 的一个重要特征就是 CA 与 GIS 的耦合，使得 CA 模拟出与实际情况更为接近的模拟结果。随着 CA 研究的深入，CA 在森林火灾扩散的模拟和预测研究中越来越广泛。有研究者建立了具有自组织临界状态的森林火灾扩散概率 CA 模型，但其未考虑到树种、气象、地形、坡度等要素的影响，仅仅是理想状态下的模型。Albano 将树木的抗火性质引入到模型中，使得森林火灾的蔓延以概率方式进行。王长缨等提出了一种应用人工免疫机制对 CA 规则进行自适应调节的方法，并在此基础上建立了一个林火蔓延实验模型。宋伟国等在考虑了树种、环境因素、人为因素等条件的影响下，改善了火灾扩散的模拟结果与实际结果的一致性问题，并研究了火灾扩散的自组织临界性问题。黄华国等研究了基于三维曲面 CA 模型的林火蔓延模拟。李建微等采用 Rothermel 模型，以改进的粒子系统方法三维模拟林火的扩散行为，实时显示林火发展，给人以真实感。随着对林火研究的深入，出现了一些新的林火研究方法,如分形理论、突变理论等,这些理论与计算机技术的结合必将对林火蔓延的研究作出贡献。

(3)目前林火蔓延模拟存在的问题

对于森林火灾蔓延模拟的研究,由于其影响因素极其复杂,需要多学科、多领域专家的深入研究,这是一个复杂而庞大的系统工程。随着计算机技术、"3S"技术和虚拟现实技术等的不断发展,使得林火蔓延模拟应用不断深入,但林火蔓延模拟仍然存在许多问题。

①林火蔓延模型对林火蔓延的描述尚不够完善　由于林火行为极其复杂,林火蔓延模型只考虑了常规蔓延的规律,一般未考虑飞火、火旋风、火环境中可燃物含水量的变化等,而且可燃物因子和气象因子在林火蔓延过程中是一个变量,随着时间的变化而不断变化。由于地形对气象条件的影响,特别是对风速、风向的影响极其复杂,定量描述非常困难。

目前林火蔓延模拟中的风向和风速,整个火场往往被赋予一个或几个数值来表达,必然与实际情况存在较大误差。

②林火蔓延模拟主要集中在地表火的蔓延模拟　地下火由于其可燃物(水平和垂直)位于地下,数据难以准确获取。而树冠火由于其发展复杂性,更是难以表达,目前也没有发现应用较好的树冠火的林火蔓延模型。

(4)未来发展

①继续完善林火蔓延模型　林火蔓延由于其复杂性,只用单个简单的模型来描述不足以精确表达实际的蔓延过程。

描述林火蔓延的模型应该是一个模型系统,林火蔓延模型的每个参数都非常复杂,应该考虑林火蔓延的机理,更精确地提取模型参数,这是一个值得深入研究的问题。

②火场环境虚拟将成为今后研究热点　随着林火蔓延模拟技术的不断深入,林火蔓延的三维可视化必将成为研究热点之一。特别是虚拟现实地理信息系统(VR-GIS)技术的发展,为林火蔓延的过程和结果的形象可视化提供了有力的技术保障。

③林火蔓延模拟网络化趋势　随着 Web-GIS 和 Open-GIS 的发展,以及森林火灾扑救指挥的实际需要,使得林火蔓延模拟的网络化成为发展的必然趋势。届时的林火蔓延模拟将是一种多用户端的系统,森林火灾扑救的各个层次和不同职能的部门根据需要都能及时了解林火的蔓延趋势,为森林火灾的科学扑救提供辅助决策。

2.2.2　林火强度

(1)林火强度的概念

森林可燃物燃烧时的热量释放速度称为林火强度。林火强度是林火行为的重要标志。

常用林火强度指标有3种:火线强度、反应强度和火面强度。火线强度是单位时间单位火线长度上释放的热量;反应强度是单位时间单位面积上释放的热量;火面强度是单位燃烧面上释放出来的热量。

(2)确定火线强度的方法

根据火焰平均高度判断火线强度在森林火灾扑救过程中非常适用。

火焰一般用火焰高度、火焰长度和火焰深度三个特征指标描述,火焰高度是燃烧物表面至连续火焰的顶端的垂直距离。火焰长度是1/2火焰深度处至连续火焰的顶端的距离。火焰深度是火焰基部的宽度，也称火锋厚度。

火焰高度与火线强度有很强的相关性，可以用其判断林火强度。火焰高度为0.5~1.5m，火强度为75~750kW/m，为低强度火，火烧后地表枯落物被烧焦，灌木林树冠烧毁不超过40%，其中还有残留未烧或轻度火烧的带有树叶和小枝的灌木；火焰高度为1.5~3.0m，火强度为750~2 700kW/m，为中强度火，火烧后地表枯落物层被烧成黑灰状，灌木林树冠被烧毁40%~80%，残留部分的直径在0.6~1.3cm之间；火焰高度大于3.0m，火强度大于2 700kW/m，为高强度火，火烧后地表枯落物层被烧成白灰，灌木和大枝杈都被烧毁。

在森林防火实践中，一般采用火线强度作为用火或者灭火的决策参考。森林火灾扑救时，要根据林火强度确定扑救方式，配备相应的扑火力量，一般低、中强度火，可以采用人工直接扑救，高强度火应该采用间接灭火方法扑救，如以火攻火、抢开阻隔带、飞机洒水撒药等。低强度计划烧除就是要把火强度控制在750kW/m以下，才能保证既清除掉林下可燃物，而又不会烧伤林木。

2.2.3 林火烈度

(1) 林火烈度的概念与计算方法

林火烈度是指单位面积上能量释放的速度与燃烧时间的乘积。显然，能量释放速度越快(火强度越大)，燃烧时间(滞留时间)越长，火烈度越大。某些林火如地下火和稳进地表火，其能量释放速度并不快，但燃烧的时间长，火的烈度大，会使森林生物严重受害。相反，急进地表火，虽然能量释放快，但持续的时间短，森林生物受害相对较轻。

(2) 林火强度及林火滞留时间与生物受害的关系

林火对森林生物的危害与林火强度和林火滞留时间密切相关。一般地，林火滞留时间越长，火强度越大，森林生物受害越重。当火强度一定，火滞留时间越短林火烈度越小，森林生物受害轻，反之则受害重；即使火强度不高，火持续时间长，林火烈度也很大，同样会对森林生物造成严重的危害，如中低强度缓进火对森林生物的危害。

火滞留时间与火场温度对于森林生物的影响同样要视两者的配合关系。当火场环境温度达49℃时，火滞留时间达30min，针叶才会死亡；而当火场环境温度达62℃，针叶立即死亡。当然，火场环境温度越高，滞留时间越长，森林生物受害越重。

2.2.4 对流烟柱

对流烟柱由森林燃烧产生的热空气向上运动形成的。对流烟柱的发展与天气条件密切相关。不稳定天气条件下，易形成对流烟柱；稳定条件下，山区易形成逆温层；在热气团或低压控制的天气形势下形成上升气流，易形成对流烟柱；反之则不易形成对流烟柱。

2.2.5 高危险性火行为

(1) 飞火

飞火是由高能量火形成强烈的对流柱将火场正在燃烧的可燃物带到空中并飘洒到火场

外下风方向地区的一种火源。有风时，对流柱倾斜，气流夹带正在燃烧的可燃物作抛物线运动，被抛出很远的距离。那些较轻而燃烧持续时间长的燃烧物是形成飞火的最危险可燃物，如鸟巢、松球果和腐朽木等。飞火漂移的距离可达数千米，十几千米或更远，澳大利亚桉树林树冠火的飞火距离竟达29km。飞火可能在火场外形成新的火源和火场。

飞火产生与可燃物的含水量密切相关。当可燃物含水量比较高时，随对流柱飘移的正在燃烧的细小可燃物所产生的热量不足以维持燃烧；当可燃物太干燥时，在空中着火的可燃物在落地以前就燃烧完毕，也就不可能是新的火源。据国外推测细小可燃物含水率为7%是可能产生飞火的上限，产生飞火最佳含水率为4%。

(2) 火旋风

在强热对流时，如有侧向风推动，就有可能在燃烧区内形成高速旋转的火焰涡流——火旋风。产生火旋风的原因与对流柱活动和地面受热不均有关，当两个推进速度不同的火头相遇可能产生火旋风；火锋遇到湿冷森林和冰湖，大火遇到障碍物，或者大火越过山脊的背风面时都有可能形成火旋风。

森林火灾中，火旋风是非常危险的火行为，它不但加快林火蔓延的速度，而且往往偏离原蔓延方向，易造成人员伤亡。据美国林务局南方林火实验室模拟研究表明：火旋风的温度可高达800℃以上，旋转速度达23 000～24 000r/h。水平速度达12～16km/h，旋风中心上升流速度达25～31km/h，可以使燃烧速度增加3倍。1871年10月8日美国威斯康星州的森林大火，大火伴随强烈大风，风卷着火舌，形成龙卷风样的漩涡并发出龙卷风样的呼啸声，形如"火龙卷"，这场大火约有1 500人丧生。我国大兴安岭1987年的"5·6"特大森林火灾中，在盘中、马林两个林场就有人观测到火旋风在树梢上旋转和燃烧。

(3) 火爆

当火场前方出现大量飞火，许多火点燃烧积聚到一定程度时，产生爆炸式燃烧，使众多的小火快速形成一片火海的现象称为火爆。火爆会使火线迅速前移，或在火场前形成新的火头，火场面积迅速扩大。

林火从可燃物较少的地方蔓延到有大量易燃可燃物的地方、易燃可燃物载量陡增、两个或多个火头相遇都会形成爆炸式燃烧。

(4) 高温热气流

高温热气流是由大量可燃物猛烈燃烧释放出巨大的热量加热地表空气，形成看不见的高温高速气流（强烈热平流）。其温度可达300～800℃，局部可达800℃以上，其速度达20～50km/h。高温热气流所到之处，可点燃森林可燃物，形成爆炸式燃烧。

这种现象在我国1987年5月6日大兴安岭特大森林火灾中首次被证实。从空中看，有些燃烧地带似刀切一样整齐，显示高温热气流推进的速度极快。受高温热气流袭击，盘中、马林两个林场的房屋在飓风过后，并未见火光，却几乎同时起火。许多周边没有可燃物的木质桥、涵被烧；未燃烧房子的迎风面玻璃有的被烤熔；周围百米范围内没有可燃物的电话线也被熔断，高温热气流可以灼伤人体，使人呼吸困难甚至死亡。

2.3 常见的扑火机具和装备

2.3.1 手持工具和器材

常用的灭火手持工具主要有一号工具、二号工具、三号工具、灭火水枪、灭火器、手投式灭火器、点火器、斧子、铁锹、手锯等。

2.3.1.1 一号工具

扑火队员无扑火工具时，用树枝或把树条子捆成扫把进行灭火，通常称为一号工具。一号工具易损，随着"以人为本，科学扑救"的理念不断加深和扑火装备不断提升，一号工具将最终被淘汰。

2.3.1.2 二号工具

二号工具是用汽车废旧外轮胎，割去外层，用里层剪成长为80~100cm，宽为2~3cm，厚为0.12~0.15cm的胶皮条20~30根，用铆钉或铁丝固定在1.5m长、3cm左右粗的木棒上制成的。

二号工具用于直接灭火，对弱度地表火很有效。它轻便灵活、坚固耐用、价格低廉、制作简单，相对一号工具灭火效率要高得多。

2.3.1.3 三号工具

三号工具为二号工具改造而成，工具杆为镀锌管制成，工具头部改为成组的钢丝。

三号工具相对二号工具而言，更坚固耐用，但使用时抬起工具时易将燃烧的碎屑可燃物带起，而使灭火效果差。

2.3.1.4 灭火水枪

灭火水枪主要由胶囊（或塑料桶）和水枪两部分组成。胶囊或塑料桶是盛装水或化学灭火液体的容器，配有背带，可背负。

（1）往复式灭火水枪

往复式灭火水枪最佳灭火距离为2.5~6m，最远射程为11~13m，用于配合其他工具扑火和清理余火。

往复式灭火水枪需经常保养，特别是其枪筒易生锈，需经常用黄油等润滑剂进行维护和保养。

（2）高压细水雾灭火机

高压细水雾具有降温、加湿、防尘等功能，在森林火灾扑救中效果显著。目前我国在森林火灾应用较多的是背负式高压细水雾灭火机，主要用于扑灭森林初期火灾及清理森林余火和扑灭弱度地表火。

高压细水雾灭火有以下几个作用。

①高效吸热作用 由于细水雾的雾滴直径很小，形成的相对总表面积较一般水滴大1 700~5 800倍，在汽化的过程中，从燃烧物表面或火灾区域吸收大量的热量。按100℃水的蒸发潜热为2 257kJ/kg计，每只喷头喷出的水雾吸热功率约为300kW。实验证明雾滴

直径越小，水雾单位面积的吸热量越大；雾滴速度越快，直径越小，热传速率越高。

②窒息作用　细水雾喷入火场后，迅速蒸发形成蒸汽，体积急剧膨胀，降低氧气的浓度，在燃烧物周围形成一道屏障阻挡新鲜空气的吸入。随着水的迅速汽化，水蒸气含量将迅速增大，同时当氧气含量在火源周围空间减小到16%~18%时，火焰将被窒息。另外，火场外非燃烧区域的雾滴不汽化，空气中氧气含量不改变，不会危害人员生命。

③阻隔辐射热作用　高压细水雾喷入火场后，蒸发形成的蒸汽迅速将燃烧物、火焰和烟雾笼罩，对火焰的辐射热具有极佳的阻隔能力，能够有效抑制辐射热引燃周围其他物品，达到防止火焰蔓延的效果。水雾对辐射的衰减作用还可以用来保护消防队员的生命。

④浸润作用　颗粒大、冲量大的雾滴会冲击到燃烧物表面，从而使燃烧物得到浸湿，阻止固体挥发可燃气体的进一步产生，达到灭火和防止火灾蔓延的目的。另外，高压细水雾还具有洗涤烟雾、废气的作用，对液体的乳化和稀释作用等。

2.3.1.5　灭火器

森林消防用灭火器分为背负式灭火器和手持式灭火器。灭火器用于扑打中、高强度火，也可用于救援火场被困人员、清理火场等。使用时，应尽量站在上风方向使用。由于其成本高、喷洒时间短的特点，在森林火灾扑救过程中使用并不广泛。

2.3.1.6　手投式灭火弹

手投式灭火弹分拉发式(带拉环和保险顶)和引燃式(带超导热敏线)。灭火弹体积小、重量轻，可随身携带，使用方便，弹体外壳由纸质制成。缺点是价格较贵，储存、运输、装卸的要求条件较高，必须防止剧烈震动和互相撞击，同时应避免高温、暴晒、雨淋受潮和烘烤。

2.3.1.7　点火器

点火器主要用于开设防火隔离带、点放迎面火、缩短火线、计划烧除等。

目前森林防火中主要使用的有滴油式点火器和枪式点火器。我国普遍使用的为滴油式点火器。滴油式点火器是以混合油(柴油占70%，汽油占30%)或纯汽油为燃料的点火专用工具。滴油式点火器的特点是：体积小、质量轻、点火性能好。同时其构造简单，由油桶、输油管、手柄、开关、点火杆和点火头组成。使用时可开大油门，部分正在燃烧的油，连油带火成串滴下，这样就可以加快点火作业。

2.3.1.8　其他手持工具

铁锹是扑救林火的必备工具，可用于土埋灭火、消灭地下火、清理火场、开设防火隔离带等。

斧子有双刃斧和单刃斧，也有大斧、小斧之分。斧子常用于间接灭火，如开设防火带、开辟前进道路、清理火场、开设直升飞机临时降落场地等。

铁镐也是扑救林火常用工具之一，有尖嘴镐、扁开镐等，常用于清理火场、开设防火隔离带等。

砍刀是火场上常用工具。它虽不是直接灭火工具，但可以用于开辟行进道路，使灭火人员顺利通行。还可用于火场上割取树枝、灌木丛、杂草和清理火场。

手锯是扑火常用的工具。灭火时，主要用于开设隔离带和清理火场。

灭火把主要用于开设隔离带和清理火场。

现在市场上有很多森林消防组合工具，根据需要用工具包将砍刀、斧头、锯子、铁锹等工具装在一起，上火场作业时具有携带方便、体积小、重量轻的优点。

2.3.2 灭火机械

2.3.2.1 风力(风水)灭火机

风力灭火机主要由汽油机、离心式风机叶轮和多功能附件组成。

风水灭火机是在原来风力灭火机基础上改进而成，与传统风力灭火机相比由于增加了水，具有灭火效果更好的优点。缺点则是增加了风力灭火机整体重量。

2.3.2.2 油锯

油锯主要用于开设防火线，用来砍除树木从而隔离可燃物以达到间接灭火的目的。油锯锯断一根地径30cm的林木，只要10s左右，效率是刀或斧的几十倍。

2.3.2.3 森林消防车

森林消防车是森林消防的重要装备之一，它可以将消防人员和消防器材迅速带到火灾现场，并利用车载的灭火装置来扑灭或控制森林火灾。由于运载的需要和森林地形的复杂性，运载能力和越野通过性能是衡量森林消防车的重要指标。根据行走方式不同主要分为轮式和履带式。

(1) 国外森林消防车

国外森林消防车发展较先进的主要集中在欧洲、加拿大和美国等国家和地区，主要特点是大功率和集成化，价格极其昂贵。

德国梅赛德斯-奔驰公司研制开发的 Unimog 系列森林消防车有着大功率的发动机，在极端地形中可以提供高的离地间隙，从而保证车辆超强的通过性，此外还配有高压雾化喷射、防护格栅以及树枝防护架等自我保护系统，自我保护系统的配置有助于车辆穿过火墙。车辆配备6 000L容量的水或泡沫液罐，高、中、低压泵，水龙带卷轴，存放铁铲、斧头及其他工具的储物箱，以及用于扑救草地和地面火灾的地面喷射器等。

芬兰西苏(SISU)公司制造的 NA—140 双体铰接式两栖运输车，该车多采用轻质材料（铝合金车架、玻璃钢车厢、橡胶履带等），平均接地压强很小(9~14 kPa)，加之其选用大功率的柴油发动机，所以具有良好的通过性和越野性能，特别适合在没有道路的山区、林区、沼泽地等场合使用，可用于向火场运输消防装备和消防人员。

奥地利斯太尔-戴姆勒-普赫公司生产的 Pinzgauer 系列越野车，采用中央管状车架保护传动装置，车头前端安装有钢制护板。发动机安装在车厢内，动力由z式驱动系统从管外走进管内，除了方便维修外，还可以最大限度增加车底净高，增强通行性。车桥与车轮间采用低一级齿轮设计，使离地间隙高达335mm。中央脊梁独立悬挂全动驱动，其出众的底盘结构既可以用作森林消防运输车，也可以用作越野消防作战车。

捷克太脱拉(Tatra)公司研制生产的太脱拉越野消防车与 Pinzgauer 森林消防车同样都采用中央脊梁独立悬挂全动驱动，越野性能非常优越，有4轮驱动和6轮驱动，最大功率可达325kW。

美国 AMG 公司在悍马越野车底盘基础上改装形成森林消防车，该消防车充分继承了悍马的越野性能，保证了消防车在林地和沼泽的通过性。车上配备有泡沫灭火系统和300

加仑(约 1 136 L)的水箱。

美国北极星工业(Polaris Industries Inc.)利用研制生产的 ATV 全地形车,其底盘加装配套的气罐驱动式高压喷雾系统配合高效环保的灭火剂及其他配套装备对各类火源进行扑灭。

(2)国内森林消防车

我国从 20 世纪 80 年代开始进行森林消防车的研究。1987 年,由部队承担的 531 森林消防车的研制改装取得成功,该车以 531 装甲车为主体,用加拿大产的 MARK3 型 5 马力自带动力的水泵及水枪为吸喷水系统,最大扬程为 30 m,可直接扑打树冠火。

1988 年,北京林业大学研制了 CGL25/5 型轮式森林消防车,该车采用 6 轮驱动,具有较好的越野性能,车上除消防泵外,还配备有手抬机动泵和小型灭火机具,可用于我国低山和丘陵地区扑救中等强度以下的火灾。

1993 年,哈尔滨林业机械研究所研制成功了 SX2 轮式越野森林消防车,该车以国产越野性能较强的集运车作为底盘,采用 6 轮驱动、最大爬坡角度为 25°、最快速度为 37.9 km/h。

1994 年,北京林业大学研制了 6MX 系列车载可卸式森林消防装置,该装置由水箱、轻型消防泵、胶管卷筒、射水枪和管道系统等部件组成,具有装拆迅速、结构简单、造价低廉等优点。

1995 年,北京林业大学和北京北方车辆制造厂联合研制出了 BFC804 型履带式森林消防车。该车具有强大的灭火能力和超群的水陆越野性能、满载总质量为 14 536 kg、最大爬坡角度为 32°、最小转弯半径为 1.5m、水上可浮渡、最高车速为 50km/h;主消防设备水箱容积为 1 500L、水泵扬程为 80m、水枪有效射程为 25m(水平),并能点射和连续射。

2010 年,湖南江麓机电科技(集团)有限公司研制了 SXD09 多功能履带式森林消防车,该车采用了军用履带装甲车辆的技术和成熟可靠的零部件,具备多种森林灭火装置和手段,水灭火消防装置为基本配置,除此之外,还可根据灭火作业的需要在车上临时安装推土铲、耕翻犁、灭火炮(弹)和风力灭火机等装置。

2011 年,哈尔滨第一机械集团有限公司完成了第一辆蟒式全地形森林消防车的改装工作,该车性能极其优越,可在没有任何道路的情况下,自由穿行于丘陵、沼泽、森林等地带,对林区内任何位置发生的火情,均可起到快速运兵、控制火势的作用。随车配置了扑火指挥导航仪和 GPS 导航跟踪系统等装备,取水灭火装备能以林区内自然水源取水灭火,并且可以进行隔离带碾压、喷淋阻隔林火蔓延。此外,泰州林海集团研制了 LH300ATV 森林消防系统,该系统的研究内容主要是将林海自主研制生产的 ATV 全地形车和各种灭火技术有机地融合在一起,一般由细水雾消防全地形车、消防泵接力传输消防全地形车、风力灭火消防全地形车和人员运输消防全地形车组成。

通过比较发现,国内研制的几款履带式森林消防车大多是在军用履带式装甲输送车的基础上改装而来,主要以运输消防人员和器材为主,行进速度相对较慢,载水量不足,不能适应快速灭火和用水灭火的要求。国内轮式森林消防车大多在城市消防车的基础上改装而来,其野外通过性差,功能比较单一。目前很少有专门用于森林防火的多功能轮式森林消防车方面的相关研究。因此,多功能轮式森林消防车的开发研究将是未来森林消防车研制的方向。

2.3.2.4 消防水泵

森林消防泵在一些发达国家得到了广泛应用,尤其是森林资源丰富及森林消防发展成熟的加拿大、美国、澳大利亚等国家。其中,加拿大水源丰富,非常重视发展机动水泵系统扑灭林火,如安大略省配置了1 000台机动水泵和1 000km水龙管常年备用。消防水泵是用水灭火必不可少的设备,由于野外火场水的来源困难,往往需要长距离输水,所以适用性好的林用消防泵应当采用相对较低的流量和较高的扬程。此外,林用消防泵还必须尽可能的重量轻、体积小以便于携带。

目前,我国引进的森林消防水泵主要有Wick-250型手提水泵、AK282型高压水泵和浮艇泵三种类型。其中,Wick-250型手提水泵是由加拿大生产的便携式轻型森林扑火设备,代表着森林消防泵的先进水平。这种水泵具有质量轻、操作方便、扑火效率高、可喷射多种灭火物质等优点,可在任何有水源的地段进行吸水、引水灭火,是一种理想的扑火工具,装备的性能、质量和使用效果适合我国林火扑救。

国内森林消防科研机构和森林消防设备生产厂商在森林消防泵的研制上做了很多探索,其中北京林业大学研制的BJL5和BJL4两种消防泵在我国一些林区得到推广,使用效果很好。消防泵关键技术是针对扑救林火的需要,选择较高的扬程(80m、75m)和适中的流量(2.5L/s、2.3L/s)及小尺寸和轻量化。

2.3.2.5 防火推土机

防火推土机是被林区广泛应用的工程机械,一般由履带式拖拉机和前置推土铲组成,其主要作用是在消防队员无法通过的灌木丛中开辟出防火通道,推倒树干和残干,推走倒木和树桩,清除地面可燃物,是建立防火线和防火隔离带的有效工具。此外,推土机与其他扑救力量协同可参与直接灭火和间接灭火战斗,在火势大、范围小的火场,其战术思路为推土机面对火场中心,将可燃物由外向里推向火场,将明火压灭。如此沿火场一周后,形成包围火场的生土带,明火被碾压灭后,形成阻隔系统,这样林火就不再蔓延。在火势强度不高、移动速度慢、范围大的火场,推土机可距离火场1~3 m处,背对火场中心,将可燃物由内向外推离火场,形成一条平行隔离带,从而起到林火阻隔作用。在火势强度高、移动速度快的火场,采用间接灭火的方式,推土机在火头两翼快速建立控制线,或者在火头前方数百米处建立控制线,然后在控制线的一侧向火头方向烧逆风火,当火头与逆风火相遇时,因逆风火已经将火头与控制线之间的可燃物烧除,形成较宽的阻隔带,林火就可能熄灭。

目前,一些发达国家,特别是美国西部使用推土机、空中扑救力量和地面扑火队等联合作战的经验,被各国广泛应用。推土机在森林火灾扑救作业和开设防火线作业中起到了不可替代的作用,效果也非常显著。美国的卡特彼勒、日本的小松、德国的利勃海尔集团等公司在推土机技术开发方面处于领先地位。

2.3.2.6 防火犁和防火耙

(1)防火犁

根据条件的不同,有多种开设防火线的方法,目前主要采用机耕法,使用拖拉机牵引。防火犁开设生土隔离带,防火犁根据犁体的不同又分为铧式犁和圆盘犁。

美国、加拿大等发达国家防火犁的发展比较成熟。美国的防火犁主要采用圆盘犁的形式，美国 ER Tillage 公司研制生产了 Terra-Riser Model 3000-SA、Terra-Riser Model 3000-R2 和 Terra-Riser Model 4000-R2 等系列防火圆盘犁，该系列防火圆盘犁均采用拖拉机牵引的方式，广泛应用在美国的森林防火作业中。

我国的防火犁大多采用铧式犁的形式，因为没有专门用于开设防火线的防火犁，一般直接采用农用犁进行作业，由于农用犁的工作条件与防火犁的工作条件有很大差异，而且防火犁的犁体曲面与农用犁有很大的不同，因此导致防火线覆盖效果不理想，防火效果较差，并且工作效率较低。基于这种情况，南京森林警察学院的丛静华教授对防火犁进行了深入研究，于 2003 年首次提出了用于耕翻防火线的悬挂式铧式犁，该犁具有效率高、翻垡性能好、覆盖效果好等特点，从而填补了国内防火犁研究的空白。

（2）防火耙

防火线开设的另一种技术措施是使用拖拉机牵引防火耙进行翻耕作业。防火耙主要应用在杂草灌丛的林地开设防火线，圆盘耙的主要工作部件是圆犁刀和对称的球面犁体，工作时依靠自身重量强行入土。优点是切断树根、树茬和杂草的能力较强，不易被杂草堵塞，遇到粗根则自其上滚过，不会使牵引拖拉机熄火，而且圆盘耙转动面也不易损坏，在多草根、树根和多石块的土壤条件下比铧式犁更有优势。

2.3.2.7 清林割灌机

灌木和草本是地表可燃物主要组成部分，是林分内重要的活可燃物。割灌不仅可以减少地表的活可燃物负荷量，还可以降低可燃物分布的连续性，破坏其因自身生长而形成的水平分布连续性以及与乔木、草本之间的垂直分布连续性（以防止和控制地表火向林冠火的演变蔓延）。这样可以有效避免林火发生时的水平蔓延和垂直蔓延。割灌机还可以开设防火通道、人员避难的安全岛、直升飞机停放平台等。

早在 20 世纪 90 年代，美国、加拿大等国家就开始进行大型割灌机的研究，并已经有多款产品在森林消防领域得到推广应用。这些产品的共同特点是：自身无动力源，使用时与其他动力机械配置使用，采用全液压驱动与控制的方式，主要分为刨铣式和切割式。刨铣式割灌机具有切割和粉碎的作用，主要分为轴式刨铣和盘式刨铣 2 种。美国 D&M Machine DiVision Inc. 研究开发了 Slashbuster 系列清林割灌机，该机是采用盘式刨铣的方式，与挖掘机配合使用，具有作业范围宽、作业灵活等特点。加拿大 DENIS CIMAF Inc. 公司研制的 DAH 系列清林割灌机是采用轴式刨铣，在直轴上安装硬质合金刀齿，当直轴旋转时对林地进行刨铣。切割式割灌机相比刨铣式割灌机，只有切割的功能，主要针对灌木和草本进行切割作业，主要分为往复式切割和圆锯片式切割。法国 NOREMAT 公司研制生产了 Lamier 系列圆锯片式割灌机和 S6cateur 系列往复式割灌机，该类割灌机采用与拖拉机悬挂的形式，通过液压悬臂的伸缩可以改变作业幅度。

我国森林消防主要配备的是便携式割灌机，便携式割灌机相比大型清林割灌机具有劳动强度大、作业效率低等缺点。而大型高效清林割灌机具有作业效率高、劳动强度低等优点，是防火清林割灌机的发展方向。黑龙江省森林工程与环境研究所在 2004 年对多功能清林割灌机进行了引进研究，北京林业大学俞国胜教授在自走式割灌机和液压悬臂式割灌机方面进行了研究，都取得了一定的成果。但是专门针对森林消防的大型割灌设备还很缺乏，所以有必要针对森林消防的特点研制开发适合森林消防需求的大型清林割灌设备。

2.3.2.8 森林消防飞机

森林消防飞机按照外部形状可分为固定翼飞机、非固定翼飞机(直升机)2种。固定翼飞机载重量大、低飞性能好,有的还可以自吸加水,灭火效率高;直升机对火场、机场和水源环境的要求低,机动灵活,而且可以搭载扑火队员和消防物资。

(1) 固定翼飞机

固定翼飞机的主要任务是巡逻报警、侦察火情、空运防火物资、化学灭火、培训观察员等。固定翼飞机以Y-5型飞机为例,结构简单,单发动机、载量小,抗风力差,所以在安排任务进行飞行时,必须根据Y-5飞机的特点和主要性能,机动灵活组织飞行,既保证安全,又确保护林任务的完成。

目前世界主要用于灭火的固定翼飞机包括加拿大CL-215、CL-415和美国C-130、德国C-160及俄罗斯BE-200水陆两用机等,我国正在使用的森林消防固定翼飞机主要有夏延、赛斯纳、Y-5、Y-5B\Y-11、Y-12\Dhc-6等。

俄罗斯M-26直升机具有超常的载重和输送能力,因此在其基础上改装的灭火直升机能够载运大量水或化学灭火剂进行空对地强力灭火,也可将大量消防队员及装备器材空运到交通不便的地区执行任务。CL-215和CL-415是加拿大生产的专用于森林消防的水陆两栖飞机。近年来,美国俄勒冈州常青藤国际航空公司将波音飞机改装成专门用于森林火灾扑救的灭火飞机,该种飞机可以一次携带水60~75t,在美国和以色列森林火灾扑救中效果显著。

(2) 直升飞机

直升飞机是扑救森林火灾时运送扑火队员的重要交通工具。它的速度快、机动灵活性强、抗风力标准高。

当接到扑火命令时,机组驾机可以在最短时间内起飞,将扑火人员运送到火场附近,选择距火场附近而安全的场地着陆,使扑火人员减少体力消耗,迅速而准确地投入扑火战斗。随着森林航空消防直升飞机在森林防火中的作用越来越显著,被视作快速扑灭林火的要素之一。

森林消防直升飞机除用于空运扑火队员、实施机降灭火之外,同时执行巡护、索降灭火、洒水灭火、急救等任务。直升飞机与固定翼飞机一样,在森林防火中发挥着不可替代的作用。

由于直升飞机航程短、飞行费收费标准高,在安排直升飞机进行巡逻飞行时,必须抓住关键地段,选择最佳巡护时间,选择最佳航线,抓住关键时机,科学合理地组织飞行。

目前世界上森林消防用直升飞机包括澳大利亚S-64F、美国Fire Hark、日本AS332、俄罗斯M-26及法国的小松鼠直升机等。我国正在使用的森林消防直升机有M-26、K-32、M-171、M-8、AS350、Z-9、A-119、BR206-L4、EC-135等。

S-64F直升机由澳大利亚伊利克森公司制造,它配备了一种机载灭火系统,是澳大利亚森林防火的重要力量;当直升机在空中飞行时,可以喷射出不同浓度、不同覆盖面积的灭火剂;S-64F直升机每小时可以投放11 400L水或灭火剂;根据设计,当直升机以60km/h左右的速度飞越水面时,就能够吸起海水或清水进行充注;另外,S-64F直升机也可以采用吊桶的方式进行灭火作业。

(3)无人侦察飞机

无人侦察飞机主要由飞行器分系统、任务设备分系统、监测与信息传输处理分系统和地面保障分系统组成，具有机动快速、灵活方便等特点，系统拆卸、组装简单快捷，可操作性强，可采用车载或火箭助推两种起飞方式和滑降或伞降两种降落方式。

无人机系统能够在大雾、高海拔等恶劣环境下正常工作，通过搭载不同的任务设备，可以随时执行火情侦察和火场探测任务。通过无人侦察机系统，工作人员可以随时掌握火场动态信息或对林区进行全天候监测，及时发现火情，并报告火场位置，对已出现火情的地区进行实时火情发展态势观察。

无人机系统的投入使用，将解决目前林区森林防火瞭望和地面巡护无法顾及的偏远林火的早期发现问题，对于监测重大森林火灾现场，准确把握火场信息等都具有非常重要的意义。为实现"打早、打小、打了"创造条件，使有火不成灾变为现实。

【本章小结】

本章介绍了森林燃烧的概念、特点、条件及森林燃烧过程和灭火的基本原理，阐述了林火行为及其特征，介绍了一号工具、二号工具、三号工具、灭火水枪、灭火器、灭火弹、点火器等常见扑火机具和风力(风水)灭火机、油锯、森林消防车、消防水泵、防火推土机、防火犁、防火耙、清林割灌机、森林消防飞机等森林消防机械的适用条件及研究进展情况。

【思考题】

1. 什么叫森林燃烧？它有什么特点？
2. 森林燃烧的基本条件是什么？
3. 可燃物、火源、气象条件对森林燃烧有什么影响？
4. 请阐述森林燃烧的过程。
5. 森林火灾灭火的基本原理是什么？
6. 什么叫林火行为？
7. 请举例说明，森林火灾中有哪些林火行为？
8. 请问林火蔓延的影响因素有哪些？
9. 在森林火灾扑救中，飞火和火旋风有什么危害？
10. 简述林火蔓延计算机模拟的研究进展。
11. 什么叫林火强度和林火烈度？两者有什么区别？
12. 简述森林火灾扑救常见的扑火机具及特点。
13. 简述我国常见森林消防机械及适用条件。
14. 试论述如何实现森林火灾"打早、打小、打了"。

第 3 章

森林火灾扑救的原则及类型

3.1 森林火灾扑救的原则

3.1.1 森林火灾扑救的指导思想

《国务院办公厅关于进一步加强森林防火工作的通知》(国办发〔2004〕33号)明确指出,处置森林火灾具有高度危险性和时效性,扑救工作必须树立"以人为本,科学扑救"的思想。国务院副总理回良玉在2005年重点省区森林防火工作座谈会上强调,"森林防火必须坚持以人为本,严格按科学规律办事,实行科学设防、科学指挥、科学扑救"。2009年1月1日正式实施的修订后《森林防火条例》第34条规定"扑救森林火灾,应当坚持以人为本、科学扑救,及时疏散、撤离受火灾威胁的群众,并做好火灾扑救人员的安全防护,尽最大可能避免人员伤亡"。因此,我们把"以人为本、科学扑救"作为森林火灾扑救的指导思想。

森林火灾现场指挥员必须认真分析地理环境和火场态势,在扑火队伍行进、驻地选择和扑火作战时,要时刻注意观察天气和火势的变化,确保扑火人员的人身安全。扑火中,应始终贯彻"以人为本,科学扑救"的指导思想。若遇到危及扑火队员安全时,绝不能死打硬拼,扑火队员一定要避险自救。"尽最大可能避免人员伤亡"凸显了以人为本的理念,国家宝贵的森林资源固然重要,但人民生命安全要更加珍惜。

科学扑救是根据森林火灾燃烧的规律,建立严密的指挥系统,组织有效的扑火队伍,运用有效的、科学的、先进的扑火设备、扑火方法和扑火技术扑灭火灾,确保扑火决策的科学性,最大限度地减少火灾损失。把握森林火灾发生、发展、蔓延的规律,根据火场环境、气候风向、植被类型等科学制订扑救方案,实行科学指挥、科学扑救,确保扑火人员安全。

3.1.2 森林火灾扑救的基本原则

扑救森林火灾的基本原则就是在扑火过程中，必须遵循的法则。我国扑救森林火灾的基本原则是"打早、打小、打了"。打早是指及时扑火；打小是指扑打初期火灾；打了是指扑火的彻底性，既要扑打明火，又要清理暗火，消灭一切余火。三者相互联系，相互影响，打早是灭火的前提，打小是灭火的关键，打了是灭火的核心。

3.1.3 森林火灾扑救的具体原则

在扑火过程中，还要根据火场的实际情况，要主观指导与客观实际相符合。并在客观的人力、物力条件下，充分利用天时、地利，发挥主观能动性，把制胜的可能变为现实。依据这一要求，扑救森林火灾的原则有以下几条：

3.1.3.1 主客观一致的原则

"知己知彼，百战不殆"，在森林火灾扑救过程中，要非常熟悉扑火任务、战术要求、队伍实力、装备给养等情况，及时了解、掌握火场大小、火势强弱、火速快慢、火形态变化以及发展趋势等，熟悉火灾发生地地形特征、植被情况和当时及未来几天的天气情况。

地形是火环境的重要因素，不但决定着林火发展趋势，同时也决定着扑火队伍如何行动。气象条件也是火环境的重要组成部分，林火的发展变化与气象条件密切相关。不预知气象条件的变化，就无法知道未来林火发展趋势，扑火行动就会失误。林情是扑救森林火灾的决定因素，森林是可燃物的集合体，它和地形、气象同称为火环境。森林的具体情况不但决定着林火形态、发展趋势，还决定着我们保护的重点与扑火的方式。

3.1.3.2 机动灵活的原则

在扑救森林火灾过程中，要采取适时而机动的指挥，才能在错综复杂的火场上摆脱被动，争取主动，把森林火灾的损失降到最低限度的关键。机动灵活的原则具体表现在发挥主观能动性、机动灵活的战术、善于捕捉有利时机、果断行事等。

主观能动性是实施机动灵活原则的基础。因为只有主动才能积极，才能在瞬息万变的火场上有更多的机会获得有利于扑火的时机。火场情况是千变万化的，用不变的扑火战术动作和方式、方法，扑救千差万别的火场，就会受到火的惩罚。火场情况变化急剧，时机稍纵即逝，要及时发现并抓住有利扑火时机，果断迅速地采取行动，才能赢得扑火胜利。在扑救森林火灾过程中，当情况突变而不能按原方案行动，或联系中断不能向上级请示时，指挥员或扑火队应根据上级总的行动方案和当时的具体情况，采取恰当行动以应付紧急情况，这就是果断行事。在行动中再设法与上级指挥员或指挥部取得联系，说明情况，取得支援与配合。

【案例分析】

2010 年贵州省安顺市西秀区老落坡林场"2·24"重大森林火灾扑火案例

1. 火灾概述

2010 年 2 月 24 日，贵州安顺市西秀区国营老落坡林场发生重大森林火灾，在解放军、武警、消防战士的共同努力下，通过 1 200 余人的昼夜奋战，2 月 25 日 17：00 许终将大火扑灭，确保了临近的国家级九龙山森林公园、周边村寨的安全，在整个扑救过程中没有人员伤亡事故的发生。

2. 火场基本情况

火灾现场位于西秀区国营老落坡林场鹅项工区石灰冲，距安顺市区15千米，地形为山林地，山高坡陡，地形复杂，植被茂密，当日天气晴朗，气温24℃，风力4~5级。

火灾造成过火面积为1 010.4 hm^2（林场为540.9 hm^2，周边村寨为469.5 hm^2），受害森林面积为955.9 hm^2（林场为500.6 hm^2，周边村寨为455.3 hm^2），受害树种主要为马尾松。

3. 火灾扑救情况

(1) 火灾处置

2月24日13：50火灾发生后，老落坡林场立即组织扑火队员、干部职工和周边群众共计120多人上山扑救林火，但因当时风大、火猛、蔓延速度快，火势未能得到有效控制。

(2) 预案启动

2月24日14：50，安顺市委、市政府，西秀区委、区政府和市、区林业局领导接到火情报告后，迅速带领相关人员在第一时间赶赴火灾现场查看火情，并立即成立"2·24"火灾扑救指挥部，按照森林火灾应急处置预案启动的规定，迅速调集武警、消防官兵战士、林场专业扑火队、区级机关干部，以及周边乡（镇）干部职工和村民近500人上山参与火灾扑救。

由于当时火场山高坡陡、森林茂密、风大、风向不定等因素的存在，火势反复性较大，扑救人员难以靠近，灭火工作进展缓慢。

(3) 扑救方案调整

2月24日23：00许，针对林火燃烧、蔓延发展趋势情况，及时调整扑救方案和措施：一是抽调200人继续对火线进行扑打和堵截，控制火势蔓延速度；二是顺火势蔓延前方的九龙工区水沟头、杨宝关两地分别开设两条隔离带，堵截火势蔓延；三是立即向消防大队调用消防车辆对第二条隔离带进行喷洒处理，降低可燃度，确保万无一失。

2月25日12：25，两条隔离带顺利开设完成。同时，消防、武警增援部队和区委办、区政府办、城管等区级国家机关干部职工陆续赶到火灾现场投入战斗。在现场指挥部的统一组织指挥下，经千余人奋力扑救，火势于14：50被成功控制在距第一条防火隔离带（九龙工区水沟头）100m以外。

2月25日17：00许，明火全部被扑灭，指挥部安排抽调180余人留守火场，清理余火，防止死灰复燃，其余人员全部安全撤离火场。

2月26日7：00许，余火全部清理完毕，在整个灭火过程中没有发生人员伤亡事故。

3.1.3.3 集中兵力、准确迅速的原则

集中兵力、准确迅速的扑救原则，其含义是根据火情和扑救的需要，集中调派足够灭火力量于火场，集中使用足够灭火力量于火场的主要方面，迅速在火场的主要方面使灭火力量对比火势形成相对的优势，以最快的速度，在最短的时间内，采取有效的技战术措

施，实施准确迅速的扑火行动，制止火势蔓延，减少人员伤亡和财产损失，消灭火灾。

森林火灾的危害程度和扑救难度一般情况下随着火灾燃烧时间的延长而增大。大量的灭火实践证明：火灾发生后，接处警响应及时、灭火力量调集于火场准确迅速、到场力量及时而集中，并被集中而高效地用于火场的主要方面，就能在火场迅速形成灭火力量的相对优势，并在扑救森林火灾中争取更多主动权；火场指挥和扑火行动的各个环节力求做到准确迅速，就能保证灭火战斗的顺利进行、在最短时间内控制或消灭火灾、取得森林火灾扑救的最大成效。

集中兵力首先是调派第一出动力量于火场，再根据火场的实际需要，及时地调集和投入增援力量，为取得火灾扑救的主动权，提供必要的力量；其次是集中使用扑火力量于火场的主要方面，即把扑救力量集中部署在关系到火场灭火全局的主要方面。只有当二者有效地结合起来，才能为成功灭火提供必要的人力物力保证。

在森林火灾扑救过程中如何应用好这一原则，应注意把握好如下几个方面。

(1) 准确迅速调派第一出动力量

第一出动力量是指在接到火灾报警时，按照森林火灾扑救预案或根据报警人提供的火情确定的，被集中调往火场的首批投入的灭火力量。森林火灾扑救预案确定的第一出动力量是经过对火灾对象的调查和研究，在科学地预测扑救初期阶段火灾，或控制中期阶段火灾所需最大限度灭火力量的基础上确定的。

确定第一出动力量的一般要求是：能够扑灭初期火灾；在增援力量到场之前，能够控制住火灾的火势蔓延扩大，为后续灭火工作顺利进行创造必要的条件和奠定良好基础。

此外，对于特殊森林火灾、特殊天气或威胁到重要目标的火灾，应加强第一出动力量。如原始森林火灾、大风天气、威胁到居民区或重要物资的森林火灾等，应在调派辖区森林消防队的同时调派邻区森林消防力量。

【案例分析】

2009年黑龙江省呼玛县铁帽"5·24"火场扑火案例

1. 火灾综述

2009年5月24日13时，呼玛县北疆乡铁帽山因雷击发生森林火灾，过火面积890 hm^2，其中：有林地42 hm^2，荒山草地848 hm^2，参加扑火人员4 800人(其中武警森林部队675人、专业森林消防队1 375人、半专业森林消防队300人、群众队伍2 450人)，于25日7:00扑灭。

2. 火场基本情况

火灾发生前，大兴安岭地区正处于春季高森林火险期，大风天气、高温、少雨时段。火灾发生地呼玛县铁帽山地貌类型属草塘丘陵地貌，地形起伏不大，谷宽坡缓，平均海拔为410m，平均坡度在15°以下；沟谷走向大部分与主风带平行。森林植被为针阔混交林，以落叶松为主。火场东北部间有白桦、松柞、蒙古栎，下木为杜鹃、都柿及杂灌木，杂草丛生，蒿草过膝，局部已达人高，周边道路交通条件一般，有部分农田道路能通行小型运兵车辆。

在火灾发生后，在大风的作用下山火迅速蔓延，由于可燃物多且干燥，风力大，瞬间变为高强度的急进地表火。白天火场以急进高强度地表火和树冠火为主，夜间以稳进中强度地表火为主。由于草塘面积大且较为开阔，林下杂草灌木丛生，瞬间狂燃现象时有发生,起火后山火在偏南风的作用下向东北方向迅速蔓延。

3. 火灾扑救情况

2009年5月24日13:00,呼玛县北疆乡铁帽山发生雷击火。呼玛县包片领导公安局政委金某立即赶到火场,开始指挥专业队扑救,但当时风力较大,达5级以上,瞬间可达7级,在偏南风的作用下,火势猛烈向偏北方向快速发展,火头高度达6~8m,扑火队员无法靠近火头,只能扑打侧翼的蔓延火。公安局政委金某根据火场的发展形势分兵以老道店至北疆乡的公路为依托堵截火头,终因当时到达火场的人数较少,加之火势过猛,另外还需派兵保护铁帽山村,故截火未能成功。

面对迅速蔓延的山火,大兴安岭地委、行署领导高度重视,立即启动《大兴安岭地区处置重特大森林火灾预案》,成立前线火场指挥部,14:10时左右火头扑向道北,在火场7级大风作用下,山火直扑道北大草甸,火借风势,风助火威,瞬间火线就达数千米。面对狂燃的火魔,队员无法靠前扑救,山火迅速蔓延。

地区前线指挥部立即转变战略方针,根据火场态势和火头发展方向有零星耕地这一实际情况,果断决策、科学判断山火发展态势,提前制订出扑救方案,在增援的大部队还没有到达前将火场分成四个战区(老道店至北疆乡公路南侧为南部战区、公路北侧火场为东线战区、火场西线、火场北线)。各外援扑火队伍按到达顺序和各火线需求直接带进各战区,避免大批队伍到达时造成拥挤、堵塞、贻误战机,大部队到达后既没停留也没有拥挤,非常有序地进入火场,立即进行扑火,为火场的合围赢得了宝贵的时间。真正实现了扑火预案化、程序化、科学化。

各增援队伍按指定地点进入火场后,迅速向两侧展开,扑打明火,森警队、专业队和群众队按一定比例配备,明火扑灭后群众队迅速跟进守住火边。夜间风力不减,在全体指战员的共同拼搏、奋勇扑救下,外围明火于25日凌晨3:40即得到有效控制,25日早7:00全线胜利合围,火场封闭,全线转入火场清理。

4. 案例评析

(1) 重兵投入,迅速集结

雷击火发生后,地防指按照重兵投入、首战成功、突出快速反应、第一时间扑救、集中优势兵力打歼灭战的作战原则,迅速组织各地快速调动兵力,各战区严格执行命令,就近调集重兵,连夜奔赴火场,均在指定时间到达指定火场,迅速展开扑救工作。短短7个小时就集结了4 800人。尤其是驻防在北疆乡铁帽山村的呼玛县专业森林消防大队50人,仅用5min就进入了火场,靠前布防的地区直属一大队和二大队在1h之内赶到火场,其他扑火队伍也按计划时间快速到达火场。为实现打早、打小、打了的目标赢得了宝贵时间,确保了扑救工作的顺利进行。

(2) 科学指挥,战术灵活

火情发生后,坚持"混成编组、重拳合击、空地协同"的原则,科学指挥扑救。在安全防范上,确定了"一保人,二保村,三保林"的原则,以河流、道路为依托,实施防控结合,打清结合,确保扑火人员、群众和村屯的绝对安全。

(3) 明确分工,落实责任

在扑打过程中,坚持"扑火分段、守火按片、明确分工、落实责任"的原则,利用GPS

定位划分责任区,对分段插入扑火的作战单位,定点定位,明确火线扑打区段,做到首尾相接,不留空当,防止了因任务不明、责任不清而出现"打乱战"的现象。明火扑灭后为了有效控制火场,把清理和看守火场按坐标点划分责任区段,对每个区段进行细化责任,对每个人按30~50m进行分段,并沿火线边缘向火区内清理100~150m实现"三无",砍杆立界,责任到人,保证了火场清理及时,看守到位。成立了营林局、组织部、纪检委等有关部门组成的多支督查组,深入到火场各条火线进行检查,对不服从命令、不听从指挥、达不到要求的,从重予以处罚公开处理并立即整改,确保前指的政令畅通、落实有力。

(2)及时和集中调派增援力量

在灭火实践中,准确迅速调派第一出动力量是集中兵力于火场的重要方法,但同时,还需考虑适时调集增援力量的问题。这是因为:第一出动力量是按照辖区一般情况和森林火灾扑救预案出动的,预案可能对辖区环境的新变化和新情况以及火场上火势或险情的发展变化难以完全预料和考虑得十分周全。因此,第一出动到火场的指挥员要根据实际林火燃烧的范围、猛烈程度、扑救难度等情况结合控制和消灭林火的任务需要,进行准确的分析和判断,迅速评估所需增援的灭火力量,及时向森林防火指挥部报告,请求增援,以便在最短的时间内,以最快的速度调集增援力量。

需要调集增援力量的情况主要有:在出动途中或到场后,第一出动力量的指挥员根据实际火情,估计兵力明显不足时;已控制火势,但要迅速消灭火灾,发起全面进攻力量不足时;火势突然发生变化,现有扑火力量很难控制时;森林防火指挥部根据实际火情,确认有必要增援力量时。

调集增援力量一般要求是:既要及时,不要过分自信而不请求增援,而当火势扩大到难以收拾的地步再请求增援,延误时间;又要集中,即一次性调足所需增援力量,防止零打碎敲的调集方式而使火场难以迅速形成力量优势,失去宝贵的有利时机;同时也要注意防止盲目地请求增援,使到场的灭火力量大大超过实际需要。

(3)集中使用兵力于主要方面

在最短时间内把所需的灭火力量集中调派到火场后,扑火力量怎样部署也是集中兵力原则中的另一个重要问题。灭火实践证明,扑火力量集中到火场后,火场指挥员必须根据火情和兵力的具体情况,把扑火力量集中部署和使用于火场的主要方面,才能发挥灭火力量应有的最大作用。

在森林火灾扑救的全局中,能影响或决定整个扑火成败的任务、行动,或者火场火势蔓延扩大的关键部位、涉及抢救人命和重要目标的地方就是火场的主要方面。例如,当火场上居民区受到火势严重威胁时,抢救人命和居民区的财产安全是火场的主要方面;当火场上有重要目标(油库、部队物资库等)受到火势威胁,有可能造成重大经济损失和严重政治影响时,保护和疏散重要目标的重要设施是火场的主要方面;原始森林和次生林比较,原始森林为主要方面。

正确认识和判明火场的主要方面,是各级消防指挥员的基本功,是关系灭火成败的重要因素。有些火场燃烧面积大,情况复杂,火场指挥员应根据现场实际情况,准确判断,确定重中之重的方面,作为主要方面予以关注。切忌面面俱到,主次不分,分散兵力。此外，还应注意火场主要方面的转变。随着森林火灾扑救的进行，火场的主要方面和次要方面在一定的条件下可能发生转变，火场指挥员必须密切观察火场上的情况变化，及时调整灭火力量部署。

在火场上遇到下列情况时，可采取相应的扑救力量部署。当灭火力量优于火势时，火场指挥员应把主要兵力部署在火场的主要方面，同时在火场的次要方面部署余下的力量，以达到包围控制火势、速战速决的目的。当灭火力量劣于火势时，火场指挥员应把第一出动力量全部集中部署在火场的主要方面，堵截控制火势的发展蔓延，等待增援力量到场后，再采取包围消灭。

(4) 准确与迅速应相辅相成并相得益彰

准确与迅速是为了保证森林火灾扑救行动高效和安全的本质要求，并体现在扑救行动中的每个环节。接警出动快，执勤的消防人员应以准确熟练的动作、最快的速度完成接警出动；森林消防车、运兵车驶向火场时，在保证安全的前提下，森林消防车驾驶员要选择最佳的行车路线，用最快的速度奔赴火场；侦察火情快、判断情况准，火场指挥员应根据火情迅速确定火场的主攻方向；扑救展开快，以最快的速度确定采用有效的灭火技战术，选择最佳的进攻路线，及时控制火势，迅速消灭火灾。总之，消防人员在扑救火灾时，必须以最快的速度投入森林火灾扑救，力争用最短的时间和最高效的方法扑灭火灾。

在森林火灾扑救中，准确与迅速是相辅相成并相得益彰的。准确是迅速的前提，火情准、任务明、方法正确，则行动迅速才有实际有效的意义；否则，可能出现欲速而不达甚至出现人身安全问题。迅速是准确展现出价值的基本保证，任何情况、决策或行动方法要求再如何准确或正确，若其实施的行动缓慢或延迟，这种准确在灭火作战中也起不到应有作用，因为火场情况复杂多变，扑救的有利时机易失去。因此，只快不准，森林火灾扑救行动会出差错；求准而不快，则往往拖延时间，贻误时机。准确与迅速只有相伴相随，才是符合森林火灾扑救的实际需要，才能保证森林火灾扑救行动科学高效地展开。

3.1.3.4 先控制、后消灭

先控制、后消灭的扑救原则，其含义是森林火灾扑救力量到达火场后，针对迅猛发展的火情，应首先遏制火势或险情的继续发展、蔓延和扩大，为后续全面灭火创造有利条件；在火势得到有效控制和现场已备足灭火力量时，应抓住有利时机，及时集中力量展开全面的灭火进攻行动，彻底消灭火灾。

先控制后消灭的扑救原则是根据火灾发展及森林火灾扑救规律提出来的。火灾发生后，因其发展蔓延速度快，尤其火借风势、风助火威，在短时间内易形成大面积燃烧。对于发展迅速的火灾，火灾的扑救需要森林消防人员通过针对性的扑救行动来实现，这是一个循序渐进的过程。当第一出动力量到达火场时，如果火灾快速蔓延，火势相对于最先到场的灭火力量来说，一般在整体上前者强于后者。因此，先期到场的有限消防力量必须先集中用于控制火势发展蔓延，将燃烧限制在一定的范围之内，同时积极调集和准备足够力量，为彻底、安全、高效地消灭火灾创造必要和有利条件，而不是贸然地急于将有限力量用于单方面的灭火进攻；不然的话，便会导致顾此失彼，火灾既无法及时扑灭，火势又未得到全面控制的不良后果。

在森林火灾扑救过程中，先控制后消灭二者紧密相连，不能截然分开。前者是扑灭火灾减少损失的有效手段，后者是前者的继续和发展，是在控制过程中消灭火灾。后消灭不能理解为消极地等待控制住火势之后，再组织进攻消灭火灾，因为消灭火灾是森林火灾扑救的最终目的，然而，彻底扑灭火灾的行动往往是自控制住火势后开始的，直到最终彻底消灭火灾。

【案例分析】

武警云南省森林总队扑救玉溪易门、昆明安宁"3·18"森林火灾案例

1. 火灾综述

2012年3月18日17时10分，云南省玉溪市易门县发生森林火灾。林火在强风作用下形成多个火头，急速向安宁草铺镇王家滩蔓延。武警云南省森林总队先后调集昆明支队、普洱支队、教导队和总队机关直属队共380名官兵，连续奋战4个昼夜，扑灭火头50余个，扑灭火线20多千米，开设防火隔离带20多千米，清理火线40多千米，保卫村庄4个，圆满完成了森林火灾扑救任务。

这起火灾发生在全国"两会"刚刚结束的特殊时期，火线长、面积大、来势凶猛，破坏性强，引起了党中央、国务院和省委省政府的高度关注。针对火场重要目标密集、作战环境艰苦的实际，总队按照"重兵投入、快速增援、一次奏效"的原则，定下"打东清南、守西控北，突出重点、保证民生，分段用兵、分而歼之"的作战决心，力争在最短时间内扑灭林火，降低森林火灾损失。

2. 火场基本情况

火灾发生地玉溪易门和昆明安宁交界处，历来为火灾重灾区，距2009年"4·8"易门县火场仅6km。一是气象多变。2012年，云南省连续3年遭遇百年不遇的特大旱灾，2月份全省提前进入防火紧要期，连续57天达五级高火险天气。火场7级以上阵风不断，且风向不定，林火瞬息万变，火线长、火点多、火势猛、蔓延快、易复燃等特点十分突出。二是地形复杂。火场平均海拔2 200余米，平均坡度达60°以上，密灌丛生，地势险峻，部分山体落差达800m以上，人员通行异常困难。三是植被茂密。火场内云南松、密灌、荒草等植物连续分布，腐殖层厚度在30cm以上，站杆、倒木遍布火场，地下火、地表火、树冠火、飞火立体燃烧，险象环生，时刻挑战参战官兵的心理、生理极限。

3. 火灾扑救情况

第一阶段：快速增援，南线初战告捷（3月19日00：10至20日07：40）。3月19日00：10，总队调昆明支队直属、安宁大队及昆明大队西山中队共260名官兵赶赴火场，组织扑救。17：20，再次调总队机关直属队、普洱支队驻楚雄执勤分队、总队教导队共120人增援火场。18：20，总队前指总指挥总队长郭某某令曹某参谋长带领昆明支队260人扑打向安宁方向的东线、东南线林火；令张某某副参谋长带总队直属队120人扑打向易门方向蔓延的南线林火。20日07：40，南线林火扑灭，转入清理看守。

第二阶段：科学布兵，成功封控东线（3月19日20：30至20日20：50）。19日20：30，总队参谋长曹某调整部署，兵分两路。20日03：50，昆明支队齐某副支队长带安宁大队共120人，依托防火隔离带封控火场东线林火；05：10，昆明支队熊×支队长带直属大队和西山中队共140人，采取"一点突破，两翼推进"战术扑打火场东南线林火。20

日 17：30，火场东线、东南线明火扑灭，有效防止了火势继续向东发展蔓延。至 20 日 20：50，火场东线、东南线、南线得到有效控制。

第三阶段：合力攻坚，决战决胜北线（3 月 21 日 03：15 至 22 日 18：50）。21 日 03：15，火场东北侧产生飞火形成新的火场，总队前指调昆明大队西山中队 45 名官兵先期组织扑救，11：30，曹某参谋长率昆明支队安宁大队、直属大队 215 名官兵增援西山中队，在北线依托沟箐和隔离带实施点烧，22 日 05：30 将明火封控在河底村至九度村以西一线。06：30，火场北线东段林火逼近九度村，联指调整部署，令解放军 200 人沿九度村以南山脊一线开设隔离带，总队张某某副参谋长率普洱支队、教导队 70 人依托隔离带阻击林火，西南航空护林总站 M-26 直升机配属我部行动。11：50，火场突变，越过隔离带，严重危及九度村安全，安宁大队水泵分队采取泵车结合战法，指挥直升机连续实施吊桶洒水，强力阻歼林火。22 日 14：05，成功将突破隔离带的大火扑灭。22 日 18：50，明火全部扑灭，灭火作战取得决定性胜利。

4. 案例评析

(1) 战法运用分析

总队前指针对火场地形复杂，林火行为多变，兵力部署分散的实际，实施分线分级指挥，因情就势，活用战法，科学组织灭火行动。一是着眼全局，科学布兵。总队前指牢牢把握火场全局态势，科学部署兵力，先后在火场主要方向的易门境内南线和安宁境内北线、东线开设了 3 个分前指。二是因情施策，活用战法。在人员无法接近火线时，采取吊桶灭火与地面扑打相结合的方式实施立体灭火。在林火突破隔离带威胁河底村安全时，及时组织部队采取打烧结合的战术封控林火。尤其在火场北线决战决胜的关键时刻，组织轻型消防车和水泵分队实施以水灭火，确保了九度村的绝对安全。三是密切协同，集群攻坚。总队 380 名官兵投入战斗后，省森防指又迅速调集解放军、内卫、公安消防部队和地方干部群众共 3 200 余人和 1 架米-26 直升机、13 台大型工程机械、50 余辆消防车投入火场。

(2) 组织指挥分析

此次灭火作战，军警民多种力量并肩作战，参战单位较多，各级科学指挥，果断决策，密切协同、严密组织灭火作战，前线指挥部靠前指挥，定下了"打东清南、守西控北，保重点、保民生、分段用兵、分而歼之"的作战决心。参战各方思想统一，步调一致，使灭火作战组织指挥达到了完整统一，作战行动高效顺畅。

(3) 灭火安全分析

官兵牢固树立"以人为本、安全第一"的思想，狠抓安全工作落实。针对林区山高路险，坡陡弯急的实际，部队开进途中，落实"一长两员"，严格控制车速，确保行车安全。灭火行动前，各级指挥员认真勘察火场地形，准确判断火情，明确主攻方向、兵力配置、任务区分和主要战术手段，制订多种险情的紧急避险方案，并提前开设安全区域，选择撤离路线，做到了未雨绸缪。灭火作战中，把官兵人身安全放在首位，针对夜间作战天黑路险的实际，组织官兵使用手电筒、强光方位灯等照明器材，由向导带领接近火线，防止人员掉队。参战官兵按规定穿着 05 系列防护服，每人携带 2 枚灭火弹，按照要求展开灭火行动。宿营休整时，派出安全员轮流观察火情火势，防止官兵被火围困。撤离归建时，组织部队认真清点人员装备，落实安全规定，坚决防止归建途中发生问题。

3.1.3.5 安全第一的原则

一般来说，保护森林资源固然重要，但在一般情况下，人的生命是第一位。所以，在扑救森林火灾过程中，必须坚持安全第一的原则。在森林火灾扑救过程中，森林消防指挥员和扑火队员应该时刻注意地形、植被和火势的变化，避免死打硬拼，能够准确预测危险情况，在危险到来之前，提前做好撤离准备。这样就要求扑火队员尤其是指挥员应时刻保持清醒，在提前规划好安全撤离路线。

2009 年实施的修订后的《森林防火条例》第 34 条规定："森林防火指挥机构应当按照森林火灾应急预案，统一组织和指挥森林火灾的扑救。扑救森林火灾，应当坚持以人为本、科学扑救，及时疏散、撤离受火灾威胁的群众，并做好火灾扑救人员的安全防护，尽最大可能避免人员伤亡。"第 35 条规定："扑救森林火灾应当以专业火灾扑救队伍为主要力量；组织群众扑救队伍扑救森林火灾的，不得动员、孕妇和未成年人以及其他不适宜参加森林火灾扑救的人员参加。"

【案例分析】

2009 年福建省沙县高砂镇"2·12"重大森林火灾案例

1. 火灾综述

2009 年 2 月 12 日 11：15，福建省沙县高砂镇端溪村东窠后山山场，因高砂镇端溪村第七村民小组在采伐迹地上炼山，7：30 许炼山结束后，炼山山场火烧剩余物未清理干净且未留人看守而引发森林火灾。经过 40h 全力扑救，大火于 2 月 14 日凌晨 3 点扑灭。这起森林火灾过火面积 498.7 hm^2，受害森林面积 491 hm^2。为扑灭这起火灾，陆续向火场投入扑火力量 3 497 人，其中：森警部队 220 人，人民解放军 447 人，武警 620 人，当地干部群众 2 210 人，扑火费用达 28 万多元。

2. 火场基本情况

火灾发生地点沙县高砂镇端溪村东窠后山山场，处于凹部迎风口内。该炼山山场下方为抛荒山垅田，周边都是连片有林地。

火场属丘陵地形，山体不大，海拔不高，相对高差不大，绵绵起伏。植被多为松、杉中龄林，林相较好，郁闭度较高，林下、林边易燃性植被多，可燃物载量大。

当时气候干燥、温度高，风力大，火险等级高，易燃物集中连片，可燃物载量大，林火燃烧猛烈，蔓延速度极快。火场常出现飞火现象，整个林火初期以急进地表火和急进林冠火协同蔓延为主，根本无法组织扑救，第二天林火以稳进与间歇性地表火和林冠火交织为主。

3. 火灾扑救情况

(1) 火情报告

12 日 12：09，高砂镇森林防火指挥部接到端溪村发生森林火灾的报告，镇主要领导、林业站站长等立即赶往现场察看火情，同时组织端溪村扑火队员 45 人、镇骨干扑火队员 30 人前往火场扑救。12：20 县防火办接到报告后，相关人员迅速赶赴火场，迅速调集国有林场、国有采育总场骨干扑火力量 120 人前往扑救，并向县政府领导和上级防火部门报告，同时启动扑火预案。

(2) 成立前线指挥部

14：00，县委、县政府主要领导也即赶往一线，随即成立前线扑火指挥部，县委书记担任总指挥。15：00，三明市委书记等领导分别赶到火场，并由三明市副市长担任森林火灾扑救总指挥，具体组织、协调、部署、指挥扑救森林火灾。下午17：00后，省森林防火指挥部总指挥等领导先后赶赴火场指导火灾扑救。由于当天风力大，林内植被干燥，林火蔓延迅速且火强度大，难以组织直接扑救。约13：30位于山边的福建环科化工有限公司的原料堆场被山火点燃并发生强烈燃烧，约14：00在上升气流和大风共同作用下发生飞火，火球飘过沙溪河和鹰厦铁路，点燃龙江村山林枯草，随即快速蔓延。在方圆数千米范围内形成有多处火场，大火随时危及林区部分居民点、学校、加油站等的安全，并造成福银高速公路大年岭隧道路段、205国道沙县后底至青州路段一度封闭和鹰厦铁路三明段的暂停营运，多条高压线暂停运行。

(3) 保民生保重点阶段

面对失控且严重威胁人民群众生命财产和重点设施安全的森林大火，前线扑火指挥部立即作出部署，确定了以"两保"为重点，加强防守的扑救方案，即保人民群众生命安全，保交通动脉畅通。与此同时，县森林防火指挥部及时将严重的火情向上级有关部门报告，请求调动扑救力量支援扑救。在省市领导的指挥协调下，迅速调动三明和南平消防支队、三明森林武警支队和三明武警内卫部队、三明军分区、解放军某部队共1 400多人及25辆消防车先后赶到火场支援扑救。一是保人民群众生命安全。组织当地干部群众、县森林扑火大队、县党政机关干部、民兵预备役部队等到火点周边居民区、学校等人员聚集区，动员组织群众、学生及将易燃易爆物品等迅速转移到安全地带。在居民区与火点之间设立隔离带，防山火进家。至2月12日20：00，共组织3个村、2所学校600多人转移。二是保交通动脉畅通。利用山沟、道路、山脊等有利地形开设隔离带，组织消防部队保护加油站，在加油站周围喷水降温增湿，阻止林火蔓延。组织森林武警、当地治安巡逻队、专业扑火队守护龙江火车站，扑灭铁路、高速公路沿线的森林火灾。同时组织交通、铁路、电力等施工队伍，做好福银高速公路、鹰厦铁路、205国道和供电设施的恢复畅通准备，力争铁路、高速公路运输尽早恢复通行。至2月12日17：30，京福高速公路沙县段已解除车辆分流，恢复正常通行；2月12日19：30前，鹰厦铁路三明段已恢复营运，没有客、货运列车滞留沙县境内。至此第一阶段"两保"已顺利完成。

(4) 分片围歼，彻底扑灭

至12日晚，火势仍然未得到有效控制，火点多，火线长，火势强。前线扑火指挥部在认真总结前一阶段工作基础上，对当时火情、林情等情况进行了综合分析，考虑到一是组织扑救人员比较多，扑救队伍比较杂，协同作战有一定困难。二是前一段扑火作战时间较长，体力消耗大，需要休整。三是火场地形复杂，夜间组织打火危险性大。于是决定在第二天凌晨组织扑救。各类扑火队伍就近休息待命，各乡(镇、街道)主要负责人继续组织干部密切观察林火走向，掌握火情动态，做好火灾防控；与火源相邻、可能蔓延的乡(镇、街道)继续做好人员排查，确保火灾点附近群众和山场人员及时转移。

当晚，前线扑火指挥部进行认真研究分析，根据各火场情况重新进行部署。按照分组分区扑救原则，以解放军部队、武警部队、森警官兵、民兵预备役部队和县专业扑火队、治安巡逻大队等专业扑救力量为主，以县、乡、村三级干部群众非专业扑救力量为辅，将扑救人员分成7组，制订了分片包火场方案实施扑救。2月13日凌晨4：00，各参战队伍按照指挥部统一部署分赴指定责任区域，抓住凌晨气温较低、湿度较大、火势较小的有利时机，全面开展扑救，扑打火头，清理余火。至2月13日上午10：30左右，所有十几个火点的明火全部控制。11：00左右风场又刮起大风，有3处已控制的火点复燃并迅速蔓延。为此，扑火指挥部再次进行部署，组织解放军部队、消防支队、武警支队和扑火专业队为主，县机关干部、当地镇村干部和村民配合清理余火，看守火场。扑火力量分成三组，集中优势兵力打歼灭战，彻底扑灭林火，至14日凌晨3：00，这起重大森林火灾彻底扑灭，扑救没有发生人员伤亡。

实践表明，扑救森林火灾是一项具有高度危险性和时效性的工作，对扑救人员专业技能要求较高，必须充分发挥和依靠专业森林火灾扑救队伍。如果依靠广大群众或者非专业队伍，不但不能及时扑救森林火灾，还容易造成群众人身伤亡。如2011年2月5日11：50，浙江省淳安县姜家镇浮林村发生森林火灾。火灾发生后，村民自发上山扑救，自发上山扑火人员在陈家山的山坳里被突如其来的山火包围，由于火势、风势较大，风向突变，扑火人员来不及撤离，被当场烧死6人、重伤2人、轻伤1人。

3.2 森林火灾扑救类型和特点

森林火灾扑救是扑火人员采取各种有效措施和手段迅速扑灭森林火灾的行动。其目的是消灭森林火灾、保护森林资源和生态安全，保护国家和人民生命财产的安全。因此，深入研究森林火灾扑救的特点、不断总结扑火经验，进一步完善扑火理论，对正确指导森林火灾扑救具有重要意义。

3.2.1 森林火灾扑救类型划分的原则和方法

(1) 划分原则

森林火灾扑救类型划分是一项科学严谨的工作，划分森林火灾扑救类型必须遵循以下原则。

①规定性　即划分森林火灾扑救的类型具有质的规定性，森林火灾扑救类型必须具有特定的内涵、反映其特有的森林火灾扑救方法。每种森林火灾扑救类型所表现的内容应当能够严格区别，有各自的独立性。

②完整性　即各种森林火灾扑救类型具有内容上的完整性，某种扑救类型所反映的内容应该是一个系统有机联系的整体。这些内容以扑火战法为核心，包括森林火灾扑救的指导思想、运用条件、兵力部署、具体行动方法等诸多方面。

③客观性　即森林火灾扑救类型作为扑火方法的表现形式，具有相对的客观性。从森林火灾扑救的要素构成来讲，扑火对象、人员编成、扑火手段、火场环境、扑火规模等，与其他形式的抢险救灾相比是完全不同的。

(2) 划分方法

森林火灾扑救类型划分的方法有多种，但主要可按森林火灾扑救类型和森林火灾扑救样式两个层次进行划分(表3-1)。

表 3-1　森林火灾扑救类型的划分方法

层次级别	层次名称	分类依据	类　别
第一层次	森林火灾扑救类型	按火灾发生的不同地域、不同植被条件	原始森林火灾扑救
			次生林火灾扑救
			人工林火灾扑救
			高山森林火灾扑救
			特种林火灾扑救
第二层次	森林火灾扑救样式	按火灾种类	地表火扑救
			树冠火扑救
			地下火扑救
		按照林火强度	中低强度火扑救
			高强度火扑救
		按照扑火地形条件	上山火扑救
			下山火扑救
		按照森林火灾扑救规模	一般森林火灾扑救
			重特大森林火灾扑救

3.2.2　各种森林火灾扑救类型的主要特点

（1）原始林火灾扑救特点

在原生裸地上，经过一系列植物群落演替，由长期适应当地气候、土壤等条件的基本成林树种组成的、比较稳定的森林植物群落称为原始林。其特点为：

①森林价值高　可燃物类型复杂，原始林是一个巨大的生物基因库，保留了物种的原始性、系统性、多样性和特有性。其经济价值和科研价值都是不可替代的。同时，原始林郁闭度高、林木蓄积量大、针叶林所占比例大，林下杂草灌木丛生、枯枝落叶层、腐殖质层厚，站杆、倒木、病腐木纵横交错，苔藓地衣相对发达，可燃物积累多。

②易发生雷击火　火场多且分散，原始林区雷暴天气多，极易引发森林火灾。

③多种林火并发，火灾破坏性强　原始林内腐殖质和地下泥炭层厚度达 30~70cm，容易形成大面积地下火，针叶林含有大量挥发性油脂，火强度高，火行为多变，地表火、地下火和树冠火一起呈立体燃烧，对林木破坏极强，对生态环境的影响很大，尤其是地下火，对林木造成毁灭性危害，过火后全部枯死。

④扑火人员投入难，组织扑救困难　原始林分布偏远，林区道路稀少，地面难以输送兵力，空中无法直接机降扑火，由于机降点远离火线，需要徒步几小时甚至十几小时才能到达火线，往往失去有利扑火时机，加之火场情况复杂，扑打、清理难度大，扑救时间长，常规扑救方法难以奏效。必须灵活采取多种方法，才能有效扑救火灾。五是扑救危险性大，易发生人员伤亡，对扑火人员构成严重威胁。

（2）次生林火灾扑救特点

次生林是原始林受到大面积的反复破坏（不合理采伐、火灾、垦殖过度、放牧等）后，在原生植被几乎完全丧失的次生裸地上,由于原有的生态环境发生了巨大变化,由阳性树种、灌木等组成的植物群落称为次生林。其特点为:

①火灾发生率高,易引发居民区火灾　次生林经过采伐和火烧破坏后,林内干燥、易燃可燃物多,加之次生林区人口密度较大,易发生人为火。火灾蔓延时常烧入居民区,造成更大经济损失。

②交通不便,机动困难　次生林区道路路面窄、路况差,接近火场时,常常是摩托化、机降、特种车辆、徒步等输送方式并用,易发生交通事故。

③抓住扑火战机,利用夜间扑救　次生林火强度较大,火线蔓延较快,并可形成局部地下火和树冠火,火场面积迅速扩大,扑救难度增大,常利用夜间有利条件,打歼灭战。

④扑救手段多样,地空立体扑火　次生林火灾扑救,通常投入扑火装备种类多,方法灵活,空中充分发挥直升机和固定翼飞机的优势,快速灵活输送兵力,或机群洒化学药剂等手段进行先期扑救,压制火势,控制火场蔓延。地面主要使用开设隔离带等手段,实施立体打击,彻底控制火灾的蔓延。

(3)人工林火灾扑救特点

人工林是宜林荒山、荒地或无林地(含飞播造林、采伐迹地、火烧迹地)上人工栽培林木恢复的森林统称人工林。其特点为:

①火灾发生极高　人工林多数为纯林,特别是针叶树组成的纯林,因含油脂量比较多,通常比阔叶树容易着火,火灾危险性大,又以生长在干燥地方的松林最易燃烧,阔叶树因枝条粗大,含水量高不易着火。如常绿阔叶树油茶、落叶阔叶树栎、杨、柳等树种称为抗火树种。因此,采用易着火树种和抗火树种混交,以减少火灾发生。

②人工林多分布在交通比较方便的地域　该地域人口密度最大,居民区最集中,居民生产生活用火多,发生人为火多,造成林区和居民区火灾损失更严重。

③交通方便,利于扑救　一旦发生火情,要充分利用交通便利的条件,使用摩托、汽车、特种车辆、机降、徒步等输送方式,尽快组织大量人力,迅速赶赴火场,24h内控制火灾蔓延。四是方法灵活,立体扑救。火情早期若为微弱地面火,可用二号工具沿火线边缘逐步扑打,地面还可开设宽1~2m的生土带或隔离带以阻止地面火蔓延,若火势发展为树冠火时,空中采取机群洒化学药剂压制火势,控制火势蔓延,实施快速地空立体扑救。

(4)高山森林火灾扑救特点

①社情复杂,火灾发生频繁　高山森林火灾起火原因多由生产生活用火不慎引起,其中烧垦烧荒、上坟烧纸等用火引起的森林火灾占到70%以上,是造成火灾频发的主要原因。

②火势迅猛、火情多变　高山林区针叶林面积大,高度易燃。防火期内风干物燥、山高坡陡,加快了林火的蔓延速度,加大了火强度,易形成立体燃烧。陡峭山林地发生火灾后,燃烧的球果、站杆和烧红的岩石滚落到谷底或半山坡,形成新的上山火,由于山高坡陡,两山间距狭小,山谷走向复杂,受林间小气候的影响,林内风无定向,火无定势,遇到大的迎头阵风,火还会烧回来,形成二次燃烧。

③火场交通不便,火灾扑救难度大　高山森林火灾多发生在海拔2 000m以上的山腰地带,距离公路远,山高林密,直升机难以降落,需负重徒步翻山越岭很长时间才能到达火场,体力消耗大,易贻误扑火战机。发生在悬崖峭壁的火场,扑火人员无法站立,难以

直接扑打，高山缺氧，风力灭火机、水泵等扑火装备启动困难，难以发挥应有效能。

④火场危险因素多，实施避险困难　高山森林火灾火势猛，易发生突变，扑火人员易被火袭击或围困，高山悬崖峭壁林立，易发生人员摔伤、摔亡和迷山。

⑤火场观察不便，指挥困难　受复杂地形、茂密植被的影响，通视范围小，通信效果差，对指挥员勘察火情和指挥扑火十分不利。

（5）特种林火灾扑救特点

①火灾后果严重　特种林主要分布在自然保护区和风景名胜区，生存有濒危和珍稀野生动植物，特种林区由于特殊的地理气候环境，秀美的自然风光，造就了得天独厚的旅游资源，很多风景名胜区列入世界自然和文化遗产，其科研、经济和观赏价值高，一旦发生森林火灾，必将造成重大损失。

②发生火灾社会关注程度高　风景名胜区发生森林火灾，当地政府高度重视，同时也会引起全社会，甚至国外媒体的广泛关注。

③易引发建筑物火灾　风景名胜区内建有文物古迹、寺院、房屋和旅游设施等，特种林发生火灾后，极易引燃建筑物火灾。

④展开扑火困难　旅游风景区通常地势险要，林木茂密，进出道路少，扑火人员机动和旅游人员疏散非常困难，易造成大量人员伤亡。发生火灾时建筑物和旅游设施同时燃烧，增加了扑救难度。

【本章小结】

本章介绍了森林火灾扑救"以人为本、科学扑救"的指导思想、森林火灾扑救"打早、打小、打了"的基本原则及森林火灾扑救的具体原则，介绍了森林火灾扑救的分类和原始林、次生林、人工林、高山森林和特种林森林火灾扑救的特点。

【思 考 题】

1. 什么是森林火灾扑救的指导思想？它有什么含义？
2. 什么是森林火灾扑救的基本原则？如何实现？
3. 森林火灾扑救的主客观一致原则的具体含义是什么？
4. 森林火灾扑救过程中如何做到机动灵活？
5. 森林火灾扑救过程中如何把握集中兵力、准确迅速的原则？
6. 森林火灾扑救的先控制、后消灭的具体含义是什么？
7. 森林火灾扑救的如何分类？
8. 原始林火灾扑救的特点是什么？
9. 次生林火灾扑救的特点是什么？
10. 人工林火灾扑救的特点是什么？
11. 高山森林火灾扑救的特点是什么？
12. 特种林火灾扑救的特点是什么？

第 4 章

扑火组织与保障工作

森林火灾扑救指挥是积极消灭森林火灾，减少灾害损失，最大限度保护人民群众生命财产安全、生态安全和森林资源安全的一种特殊的组织领导形式，是实现森林火灾扑救"打早、打小、打了"的目标，安全低耗高效夺取扑救森林火灾胜利的关键，也是落实"预防为主，积极消灭"森林防火工作方针的重要保证。要消灭森林火灾、减少损失，必须充分认识和掌握自然规律和森林火灾的特点，并在此基础上，建立和完善科学的森林火灾扑救指挥体系，为扑救森林火灾的胜利提供保证。如果违背自然规律和法则，只注重强调主观意识，忽视客观因素的存在，不但难以及时扑灭森林火灾，还会扩大森林资源和物资装备损失，甚至会酿成人员伤亡事故。

在森林火灾扑救过程中，当地人民政府、最高行政领导和森林防火指挥机构、林业主管部门对该区域森林火灾扑救的组织、指挥、决策、控制、协调、保障等各项工作，以及在这个过程中的责任、权利和义务，对森林火灾扑救全局影响重大，是决定森林火灾扑救成败的关键因素。

4.1 我国森林防火管理体制

森林火灾的扑救是一项涉及面广，参与部门多，管理复杂的工作，需要各部门之间密切配合。

4.1.1 国家层面森林防火管理体制

2009 年修订后的《森林防火条例》第四条规定："国家森林防火指挥机构负责组织、协调和指导全国的森林防火工作。国务院林业主管部门负责全国森林防火的监督和管理工作，承担国家森林防火指挥机构的日常工作。国务院其他有关部门按照职责分工，负责有关的森林防火工作",明确了国家层面森林防火管理体制及各自森林防火工作职责。

4.1.1.1 国家森林防火指挥部

《国务院办公厅关于成立国家森林防火指挥部的通知》(国办发〔2006〕41号)(以下简称国办发41号)规定:"为进一步加强对森林防火工作的领导,完善预防和扑救森林火灾的组织指挥体系,充分发挥各部门在森林防火工作中的职能作用,成立国家森林防火指挥部"。国务院设立的国家森林防火指挥机构是非常设机构。在实践中,国家森林防火指挥机构是指国家森林防火指挥部。

(1)国家森林防火指挥部主要职责

国家森林防火指挥部主要职责是指导全国森林防火工作和重特大森林火灾扑救工作,协调有关部门解决森林防火中的问题,检查各地区、各部门贯彻执行森林防火的方针政策、法律法规和重大措施的情况,监督有关森林火灾案件的查处和责任追究,决定森林防火其他重大事项。

(2)国家森林防火指挥部的组成

国家森林防火指挥部的组成单位包括外交部、国家发展和改革委员会、公安部、民政部、财政部、交通运输部、工业和信息化部、农业部、中国民用航空总局、国家新闻出版广电总局、国家林业局、中国气象局、国务院新闻办公室、中国人民解放军总参谋部动员部、中国人民解放军总参谋部陆航部、总后勤部基建营房部、中国人民武装警察部队总部、中国人民武装警察部队森林部队指挥部、国家旅游局、中国铁路总公司。国家森林防火指挥部既是全国森林防火工作的最高指挥机构,也是一个跨部门、跨行业、跨系统的重要议事协调机构,在党中央、国务院的领导下,负责统一组织、协调和指导全国森林防火工作。

4.1.1.2 国务院林业主管部门森林防火工作的职责

根据有关文件规定,国家林业局承担组织、协调、指导、监督全国森林防火工作的责任,承担国家森林防火指挥部的具体工作。因此,国务院林业主管部门负责全国森林防火的监督和管理工作,承担国家森林防火指挥机构的日常工作。此外,根据《国务院办公厅关于成立国家森林防火指挥部的通知》规定,国家森林防火指挥部办公室设在国家林业局,其主要职责是:联系指挥部成员单位,贯彻执行国务院、国家森林防火指挥部的决定和部署,组织检查全国森林火灾防控工作,掌握全国森林火情,发布森林火险和火灾信息,协调指导重特大森林火灾扑救工作,督促各地查处重要森林火灾案件。

4.1.1.3 国务院其他有关部门森林防火工作的职责

国务院其他有关部门不仅包括国家森林防火指挥部成员单位中有关部门,如外交部、国家发展和改革委员会、公安部、民政部、财政部、交通运输部、工业和信息化部、农业部、民航总局、新闻出版广电总局、国家林业局、中国气象局、国务院新闻办公室等,还包括国家森林防火指挥部非成员单位的相关部门,如教育部、科技部等,这些部门同样对森林防火工作具有一定的责任。

森林防火的公益性和社会性很强,国务院有关部门既要各司其职、各负其责,又要树立大局意识,密切配合,互相支持,共同做好森林火灾的预防和扑救工作。

2006年6月15日,国家森林防火指挥部第一次全体会议审议通过的《国家森林防火指挥部工作规则》，明确了国家森林防火指挥部各成员单位的森林防火责任。国务院副总理回良玉在国家森林防火指挥部第一次全体会议上强调，各地区、各有关部门要自觉维护国家森林防火指挥部的权威，认真执行指挥部的决定，坚决服从指挥部的指挥，确保政令畅通、行动一致，确保森林防火工作有力有序有效开展。

4.1.2 地方层面森林防火管理体制

我国森林防火实行地方各级人民政府行政首长负责制。

县级以上地方人民政府根据实际需要设立的森林防火指挥机构，负责组织、协调和指导本行政区域的森林防火工作。县级以上地方人民政府林业主管部门负责本行政区域森林防火的监督和管理工作，承担本级人民政府森林防火指挥机构的日常工作。县级以上地方人民政府其他有关部门按照职责分工，负责有关的森林防火工作。

森林防火工作是一项社会系统工程，需要各方面通力合作。因此，加强森林防火工作的统一领导，确保火灾扑救的统一指挥和调度，充分发挥各有关部门的作用，确保森林防火工作的顺利进行。

4.1.2.1 行政首长负责制

我国森林防火工作实行地方各级人民政府行政首长负责制，即地方各级人民政府行政首长对本地区的森林防火工作负责，在森林火灾扑救过程中，负责组织、指挥和领导。森林防火工作的行政首长负责制涵盖了森林火灾预防和扑救的全过程，是一种常年的工作制度。

森林防火行政首长负责制的具体要求：一是乡(镇)级以上各级森林防火指挥部及其办事机构健全稳定，高效精干；二是森林防火指挥部要明确其成员的森林防火责任区，签订防火责任状，加强对火灾预防工作的领导，并经常深入责任区督促检查，帮助解决实际问题；三是森林防火基础设施建设纳入同级地方国民经济和社会发展规划，纳入当地林业和生态建设发展总体规划；四是森林火灾预防和扑救经费纳入本级财政预算；五是一旦发生森林火灾，有关领导及时深入现场组织指挥扑救。森林防火工作的长期性和广泛性、火灾扑救的艰巨性和时效性，决定了这项工作必须坚持在各级政府的统一领导下，森林防火工作实行地方行政首长负责制和部门分工负责制，只有这样，才能充分发挥各有关部门的职能作用，才能充分动员和利用各方面的力量和资源，把防控森林火灾的各项措施真正落到实处。

4.1.2.2 县级以上地方人民政府森林防火指挥机构

县级以上地方人民政府根据本行政区域内气候和森林火险的实际情况，以及社情、林情等因素决定是否设立森林防火指挥机构。

4.1.2.3 县级以上地方人民政府林业主管部门和其他有关部门森林防火职责

县级以上地方人民政府林业主管部门负责本行政区域森林防火的监督和管理工作，承担本级人民政府森林防火指挥机构的日常工作。县级以上地方人民政府其他有关部门按照职责分工，负责有关的森林防火工作。县级以上地方林业主管部门和其他有关部门应在本级人民政府的领导下，服从本级森林防火指挥机构的统一指挥，按照统一部署，根据分工，各负其责，密切配合，切实履行本部门的职责。

4.2 扑火前线指挥部

当发生森林火灾后，当地森林防火指挥部就要按照森林火灾应急预案，立即委派一定的扑火指挥员和一定工作人员，赴火场组建扑火前线指挥部（以下简称"扑火前指"），进行现场指挥扑火工作。扑火前指是各级森林防火指挥部派往火场，全面负责指挥扑救森林火灾工作的临时性组织，具有一定的责任和权力。在扑救森林火灾过程中，是否能够做到事半功倍，把火灾的损失降到最低限度，关键在于扑火前指的指挥是否得当。

4.2.1 扑火前指的设立

——各级地方人民政府在组织扑救森林火灾时，应根据相关预案，在火灾现场设立扑火前指。

——根据火场态势和火情发展蔓延趋势，县、市、省级森防指主要领导应及时赶赴火场，靠前指挥。启动《国家森林草原火灾应急预案》后，根据国务院领导指示，组建国家级扑火前线总指挥部。

——扑火前指应尽量设在靠近火场、环境安全、交通便利、通信畅通、便于后勤保障的地方，办公地点应有明显标志，工作人员应佩戴专门的袖标或胸签。

——当同一地区发生多起火灾，或者一个火场发展为多个火场时，可设立一个扑火总前指，并设立相应的分前指。

——森林火灾发生概率较高的重点火险区应建立固定的扑火指挥基地，有关人员可在高火险期提前进驻。

4.2.2 扑火前指的组成及职责任务

扑火前指是火灾扑救的决策指挥机构，负责掌握火灾情况，分析火情发展趋势，制订扑救方案；组织扑火力量，科学扑救森林火灾；向社会及时发布火情及扑救信息。

扑火前指一般由当地政府领导、参战部队和有关部门的负责同志组成。扑火前指总指挥由当地政府主要领导或分管领导担任，扑火前指副总指挥由森防指成员单位和军地主要参战力量负责同志担任，扑火前指总调度长由森林防火专职副指挥或防火办主任担任，新闻发言人由当地主管新闻宣传的党政负责同志担任。

同时，扑火前指下设扑救指挥组、综合材料组、力量调配组、航空调度组、火情侦察组、通信信息组、宣传报道组、后勤保障组、火案调查组、气象服务组、救护安置组、扑火督察组，这些小组可根据火场具体情况而设（图4-1）。

总指挥负责统筹火场的组织扑救工作，组织制订扑救方案，调度指挥各方力量对火灾实施有效扑救，处置紧急情况。必要时，可以对不服从指挥、贻误战机、工作失职的有关人员就地给予行政处罚，后履行组织程序，或提出处罚意见。副总指挥协助总指挥落实各项具体工作任务。总调度长负责扑火前指的工作协调，督促落实扑火前指的有关指令、各项工作方案和扑救措施，及时汇总火场综合情况并组织起草综合调度情况报告。新闻发言

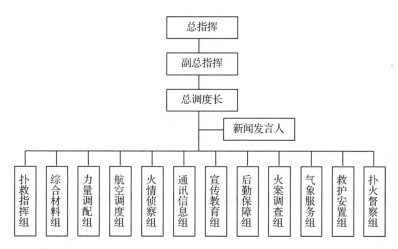

图 4-1　我国森林火灾扑救指挥系统架构

人组织有关媒体做好采访报道工作，适时发布官方信息，回答媒体提问，正确引导舆情。

扑救指挥组负责调度火场情况，标绘火场态势，协调组织扑火力量，落实扑救措施，检查验收火场。综合材料组负责扑火前指的文秘工作，起草有关文字材料和情况报告。力量调配组负责火场扑救人力物资的统计和调配，协调落实航空、铁路、公路运输等事宜。航空调度组负责扑火现场有关飞机调度、地面保障、火情侦察等工作。火情侦察组负责火场侦察，制作火场态势图，提出扑救建议。通信信息组负责建立火场通信联络，统一协调、划分通讯频道和指定呼号，保持扑火前指联络畅通。宣传报道组负责联系新闻媒体记者，协调做好扑火宣传和新闻发布工作。后勤保障组负责火灾扑救期间所需食品、被装、机具、油料等后勤物资的组织和配送。火案调查组负责火因调查、火案查处及扑火前指安全保卫工作。气象服务组协调气象部门提供火场气象服务，做好人工增雨工作。救护安置组负责协调救护伤病员和安置灾民工作。扑火督察组负责督办各项扑火任务的落实情况。

扑火前指可根据工作实际，对前指岗位设置进行调整。

4.2.3　扑火组织指挥原则

（1）统一指挥原则

参加扑火的所有单位和个人必须服从扑火前指的统一指挥。坚持逐级指挥，下级扑火前指必须执行上级扑火前指的命令，上级扑火前指一般不越级下达命令，避免指挥混乱。

（2）分区指挥原则

需要设立扑火分前指时，各扑火分前指在扑火总前指的统一领导下，贯彻总体战略意图，具体负责本战区的组织指挥工作。

（3）协同作战原则

武警森林、内卫部队、解放军、公安消防等扑火力量在执行灭火任务时，主要首长参加扑火总前指或分前指，在扑火总前指的统一领导下，负责组织本系统力量执行扑火任务，同时根据各种扑火力量实际，搞好协同配合。

（4）以专为主原则

组织扑火应以武警森林部队和专业（半专业）森林消防队为主，其他扑火力量为辅。

(5)安全扑火原则

坚持"以人为本",重点保障扑火人员、人民群众生命财产、居民地、重要设施和森林资源的安全。

(6)科学扑火原则

尊重自然规律,根据林火行为和火场环境,"阻隔、扑打、点烧清理"相结合。集中优势兵力,突出扑救重点,分段包干落实责任,努力减少森林资源损失。

4.2.4 扑火前指工作制度

(1)例会制度

扑火前指适时召开例行会议,汇总信息、通报情况、总结工作、安排部署下一步行动计划。

(2)会商制度

充分利用卫星监测、飞机观察、地面巡视等手段,全面了解火场情况,由总调度长适时组织参战力量和有关专家对火场动态及发展趋势进行会商,提出工作建议。

(3)通信制度

各分前指和参战力量应保持通信设备完好,随时与扑火前指保持通信联系,遇有紧急情况及时报告,未经扑火前指批准,不得关闭通信设备或随意占用通信频道。

(4)火情报告制度

扑火前指应定时报告火灾扑救情况及火场态势图。省级森林防火指挥部汇总情况后于每日7:00、14:00、20:00向国家防火办报告,紧急情况或上级森林防火指挥部需要时应随时报告。

(5)飞机使用制度

扑火前指统一调度指挥投入火场的所有飞机,于当日提出次日的飞行计划和任务,优先保证一线使用。

(6)宣传报道制度

新闻报道应以火场新闻发言人提供的火场态势和扑救进展等官方权威信息为依据,稿件须经新闻发言人审核并报扑火前指审查。

(7)后勤保障制度

原则上,所有参加扑火的队伍应自备3天的给养和油料。3天后的给养,由扑火前指统一协调供给。当地政府要保障扑火前指的给养、宿营和办公条件,切实做好后勤服务工作。

(8)安全保障制度

扑火前指要充分考虑扑火人员的安全和受威胁的居民地安全,战前动员时要明确安全防范事项和避险措施。

(9)责任追究制度

明确各参加扑火单位的任务,责任落实到带队领导。由于领导不力、责任不落实、不服从命令等造成贻误战机、火场失控、复燃跑火、人员伤亡的,追究带队领导责任。

(10)火场验收制度

明火扑灭后,扑火队伍和清理看守火场队伍要办理交接手续。要组织人员分段包干清理和看守火场，原则上看守3天。负责看守火场的单位要向扑火前指提出验收申请，由扑火前指对火场进行全面验收，达到"无残火、无暗火、无烟点"的标准，确保不会死灰复燃，清理看守人员方可撤离火场。

4.2.5 扑火前指内业建设

——扑火前指要配备扑火作战指挥图，在图上标绘火场的边缘、明火点、火线的位置和扑火队伍数量、位置、指挥员等情况，直观地反映扑火动态。

——扑火前指应张贴火场动态示意图、组织机构表、兵力分布表、通信联络表、飞行动态调度表等，为工作开展提供便利条件。

——扑火前指形成的综合情况报告、编发的文件应由总指挥或其授权的人员签发。

4.2.6 扑火前指基本装备配备

根据扑火前指工作业务需求和工作环境的特殊性，为保证扑火前指工作顺利开展，应参照以下标准进行基本配置：野外办公文具（地形图、本、笔、尺、纸、GPS、工作灯、电子地图导航仪、标绘仪等）、通讯设备（固定电话、手机、卫星电话、手持对讲机、短波电台、移动中继台、便携式卫星地面站、便携式打印机、无线上网设备等）、多媒体办公设备（照相机、摄像机、笔记本电脑、便携式打印机、大屏幕显示器、便携式投影机等）、野外宿营装备（个人帐篷、行军床、睡袋等）、个人用品（指挥服、鞋袜、手套、帽子、洗漱用品、常备药品等）。

其他配备包括便携式发电机、指挥帐篷、行军桌椅、餐具等。

4.2.7 前线指挥部的位置选择

选择前线指挥部的位置要遵循五项原则，即距离火场近，便于指挥；便于了解和掌握火情变化；便于集结、调动扑火队伍；便于通信联络；比较安全。

4.2.8 前线指挥部的工作内容

扑火指挥部的总指挥必须抓住以下几项工作，具体包括掌握火情变化；通信畅通、及时、准确；制订和实施扑火方案，根据变化了的情况调整方案，准确下达指令；牢牢掌握住扑火队伍；采取得当的战术对策；机具有效配套充足；保障人身安全；保证运输畅通，满足后勤供应。

4.2.9 前线指挥部的工作特点

扑火指挥过程是一项系统工程。随着扑火科学、技术、机具的发展，扑火的节奏加快，机动性高。现代扑火指挥部的工作具有以下几个特点。

（1）复杂性

扑救森林火灾的队伍中，有武警森林部队、专业森林消防队、半专业消防队、群众消防队、应急森林消防队、航空消防队伍参战，要把这些扑火队伍有条不紊地组织起来，形成一个有机整体，其复杂性是可想而知的。另外，火场瞬息万变，指挥部要统筹兼顾、科学调度。火场变化万千,要"因火制胜",就要迅速改变扑火战术动作,就要不断调动扑火队伍。扑火机械化程度的提高,燃料、装备、食品消耗大,而扑火队员自身携带能力有限。需要有一个稳定而可靠的保障系统。

(2)紧张性

森林火灾的突发性和扑救森林火灾的速决性,决定了扑火指挥部工作的紧张性。突发的森林火灾使扑火行动的指挥时间极为短促,往往是边打边组织,这就要求指挥部必须迅速采取响应对策。

(3)果断性

在火场上,时机稍纵即逝,不要坐失良机。在扑救森林火灾过程中,指挥要当机果断决策。

(4)连续性

扑救森林火灾的每一阶段和每个阶段中的每一程序,都是连续不断进行的,每个环节稍有停顿、忽视,就会酿成不堪设想的后果。因此,指挥员与指挥部必须不断了解情况,分析、判断情况,实施扑火指挥行为。在指挥行为过程中,及时抓住重心,把握关键,处置意外,这样才能一步一步地实现灭火的目的。

4.2.10 扑救森林火灾组织指挥的形式

前线指挥部的设置在火场出现后,根据实际情况而定,即根据火场的大小、力量多少和火场的发展态势进行组织。一般有3种组织形式,即一人独立指挥、单层次扑火指挥部和多层次扑火指挥部。

(1)一人独立指挥

这种形式适用于少数扑火队伍、扑救较小森林火灾的指挥工作。由一个人在火线或在现场直接指挥1~3支扑火队伍扑火,要求从发现火情开始作出反应,3 h内控制火势,5 h内消灭明火。一人独立指挥,指挥必须熟悉扑火指挥和有丰富的实战经验;各支扑火队伍由队长带领,在指挥员的统一指挥下,各自完成扑打明火、清理和看守火场等各阶段的工作任务(图4-2)。

图4-2 独立指挥框架图

(2)单层次扑火指挥部

这种形式适用于多支扑火队伍,扑救同一区域且火场面积在100hm^{2}以下的森林火灾的组织指挥。前线指挥部由当地政府和林业等有关部门的领导3~5人组成,设指挥1名,副指挥若干名,组织指挥整个火场的扑火行动,由指挥统一下达扑火指令。如果出现多个火场,前线指挥部要指定分火场的火场指挥,由火线指挥根据前线指挥部的指令,指挥各扑火队伍的扑火行动(图4-3)。

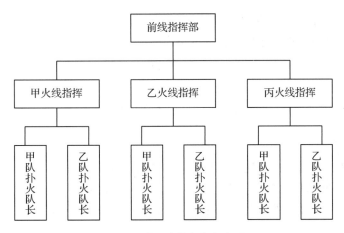

图 4-3　单层次指挥部框架图

(3) 多层次扑火指挥部

这种形式适用于扑救跨乡镇、跨县、跨市的森林火灾或重大、特大森林火灾的组织指挥工作。由于森林火灾火场面积大，出现多个火场，有若干单位的队伍参加扑火，情况复杂，扑救工作难度大，容易造成指挥混乱，因此必须设立前线总指挥部。

前线总指挥部负责整个扑火行动的统筹组织指挥，包括制订扑火方案、确定扑火战术、各参战单位的协调、扑火任务的分配、后勤保障工作的安排以及明火扑灭后的火场清理和留守等工作的部署。

前线总指挥部可以根据火场情况和扑火指挥需要设立若干分火场指挥所，指定火场指挥员。扑火过程中，各单位的队伍在各自复杂的分火场作战，必须严格执行前线总指挥部的指令，由分火场指挥员统一指挥，在火线指挥员的具体组织下完成本火场扑打明火到清理和看守火场各阶段的扑火任务。如果多个单位的队伍在同一个火场协同作战，前线总指挥部要做好分工安排，明确各单位的队伍负责不同扑火阶段的任务(图4-4)。

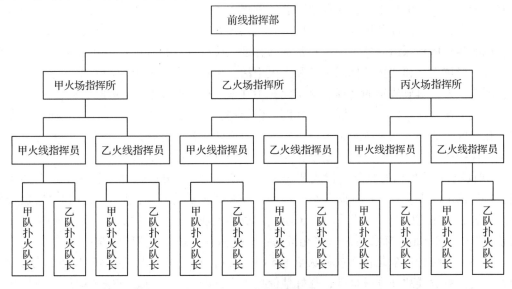

图 4-4　多层次指挥部框架图

指挥若干参战单位的各支队伍,一定要做到精心组织,周密部署,统一指挥,纪律严明,任务明确,团结协作,确保安全。避免出现多头指挥,各自为战,互相推诿,互相观望。

4.3 扑火队伍

近20多年来,我国已初步建立起以森林消防专业队伍为主力,以武警森林部队为骨干,以森林航空消防队伍为尖兵,以应急森林消防队伍(解放军、武警、预备役部队、公安民警等组成)、半专业和群众扑火队伍为基础的森林扑火组织体系。

4.3.1 武警森林部队

武警森林部队是国家一支非常重要的扑救森林火灾的专业队伍。历年来,在扑救重、特大森林火灾中发挥了不可替代的作用。《中华人民共和国森林法》第二十条第二款规定,武警森林部队执行国家赋予的预防和扑救森林火灾的任务。根据文件规定,武警森林部队承担森林防火、灭火任务,根据部队所在省(自治区、直辖市)政府的统一部署,保护森林资源,保护人民群众生命财产安全。

部队执行所在省(自治区、直辖市)森林火灾防火和灭火任务时,由火灾发生地县级以上人民政府森林防火指挥机构统一调动指挥。如果当地扑火力量不足时,根据省级森林防火指挥部提出的申请,由国家森林防火指挥机构统一调动其他省(自治区、直辖市)的武装警察森林部队,实施跨区域支援扑火。

4.3.1.1 发展历史

(1)武警森林部队的前身

抗日战争结束后,东北一时陷入无政府状态,社会恶势力纷纷出道,浑水摸鱼。针对东北及全国形势,中共中央迅速调整部署,调集大批部队和地方干部出关,经过一个时期的艰苦努力,东北大部分地区得以解放。一些国民党军队残部、日伪残余、在逃地主、土匪、烟匪等潜伏到深山老林之中,经常威胁林区人民群众、抢劫财物、扰乱治安、制造森林火灾,严重干扰和破坏了林区生产和人民生活,也在一定程度上牵制了东北解放军的兵力,影响了人民解放战争的进程。鉴于此,中共东北行政委员会于1948年8月25日下达命令,决定在合江、松江、龙江、吉林四省组建一支东北武装护林队,任务是侦察和发现潜伏在林区内的国民党军队残余力量,引导主力部队作战,抓捕逃亡地主、烟匪等反革命分子,保护林区生产和人民生活安全,这就是武警森林部队的前身。

20世纪50年代初的黑龙江省武装护林队初期编制为1 006人,下辖3个营,共8个连,每连约120人左右。护林队各级干部由解放军部队就近委派,战士由各省政府负责征招。护林队虽然建队晚、兵力少、任务重、作战经验缺乏,但指战员个个训练刻苦、作战勇敢,"天当房、地当床、野果雪水充饥肠;茫茫林海雪原路,搜歼残匪日夜忙"。

据不完全统计,东北林区护林队至1953年5月,共消灭、捕获残敌和反革命分子200余人,迫使数股残敌外逃或解散,很好地保护了人民群众,有力地支援了解放战争、社会主义建设和抗美援朝战争。但由于受形势、认识和经验等方面的影响，仅在5年时间内，护林队就经历了几次大起大落的变更。

1949年8月，松江省人民政府鉴于各地以工人、农民为主体的人民自卫队能够执行清奸、清匪、护厂、护村等任务，决定撤销护林队建制，组建仅一年的护林武装被解散，大部分队员转业。

1950年10月6日，一些省份又采取了"一县一队"的自卫队布局。几个月之后，人们发现"一县一队"的布局问题很多，如兵力过于分散、机动困难、通信不畅等，一些省份又先后决定再次恢复现役性质的护林大队。

1952年4月，内蒙古自治区经请示中央，将人民解放军某骑兵团转隶到林业战线，成立了中国人民解放军内蒙古公安司令部林务大队。

1953年5月1日，毛泽东主席、周恩来总理发布命令，将全国各地企业部门的现役武装部队正式改编为经济警察，原则上不准许企业部门再编有现役性质的武装。1953年7月，自卫队解散，一部分队员后来参加了抗美援朝，成为志愿军官兵。

（2）护林警察部队的创建与撤销

1952年初，林业部电告东北行政委员会林业局，要求变更护林队组织领导关系，提出"护林队仍有搜捕林区残匪任务，但要兼负防火宣传等职能，同意东北护林队改称中国人民护林警察"。

1953年10月27日，东北行政委员会遵照中央指示精神，发布《关于现役"护林队"改为"护林警察队"的决定》，主要内容是：原则上属林业局的护林队，归属中国人民经济警察系统，改称省护林警察队。其政治、军事、业务上的训练教育、干部管理以及供给待遇等，均由各省林业厅负责。

不久，吉林省、辽东省、内蒙古自治区先后将护林大队改编为非现役的护林警察大队。改编后的护林警察队其日常工作，主要是向群众宣传护林政策、法令；巡护森林、控制人员非法入山、检查监督林区生产单位防火制度执行情况；报告火情、引导群众灭火；辅助经营和搞好生产工作等。从现役武装改为非现役武装，现役部队那种锐气逐渐弱化。

（3）武警森林部队成立

1978年，职业制与义务兵役制相结合的"一队两制"阶段。经国务院、中央军委批准，武装森林警察部队从1978年起实行义务兵役制，连以下干部、士兵实行现役制，营以上干部和部分警士仍实行职业制。

1978年，黑龙江武装森林警察总队成立；1981年，内蒙古森林警察总队成立；1982年，吉林森林警察总队成立。

1987年，震惊世界的大兴安岭火灾发生。当时的国务院有关领导通过电话向扑火前线副总指挥问道："你们现在还有什么要求？"回答说："增加风力灭火机，增加森林警察！"从此，这支被称为"烈火中的红孩儿"的部队开始被国人所知。

1988年，经国务院、中央军委批准，森林部队列入中国人民武装警察部队序列，全部实行现役制，部队正式成为国家武装力量的组成部分。

1995年，武警云南森林警察总队成立。

1998年，我国开始实施"天然林保护工程"。翌年8月，经国务院、中央军委批准，武警森林指挥部在北京挂牌。

(4) 新体制下武警森林部队快速发展

1999年，武警森林部队实行新的领导管理体制，部队建设发展进入新阶段。国务院、中央军委决定，调整森林部队领导管理体制，实行武警总部和国家林业主管部门双重领导的管理体制。武警总部对森林部队的军事、政治、后勤工作实行统一领导，国家林业局负责森林防火业务工作。国家林业局局长兼任武警森林指挥部第一政治委员、党委第一书记。各总队、支队第一政委、党委第一书记由所在省(自治区)、地(市)分管林业工作的领导兼任。部队执行跨省(自治区)森林防火灭火任务，由国家林业局统一指挥，执行所在省(自治区)森林防火灭火任务，由当地人民政府统一指挥。

2001年，国务院、中央军委批准组建武警四川、西藏、新疆森林总队。

2002年10月，为响应党中央西部大开发战略决策，来自全国各地的武警森林官兵奔赴四川、西藏、新疆三个省(自治区)，开始履行保护西部生态环境的重任。

2007年，国务院、党的十七大报告首次提出"建设生态文明"。其后半年的时间，武警福建、甘肃森林总队和森林指挥部机动支队分别在福州、兰州和北京成立。

目前，武警森林部队设黑龙江森林总队、吉林森林总队、内蒙古森林总队、云南森林总队、四川森林总队、西藏森林总队、新疆森林总队、甘肃森林总队、福建森林总队九个总队和直属机动支队、直属直升机支队两个直属支队。

4.3.1.2 武警森林部队的现代化发展

自1948年组建武装护林队以来，一代又一代森林官兵，与大山为伍、与森林为伴。他们斗风雪、战严寒、扑烈火，用穿越半个多世纪的漫漫征程，铸就钢铁般的绿色长城。

森林部队科技装备投入运用不断加大，已彻底告别单纯依靠扫帚、树枝的原始扑火方式，形成立体化、多层次、全方位的现代化作战装备体系，实现了历史性的跨越。组建了包括水枪分队、灭火炮分队、索滑降分队、装甲分队、水泵分队在内的50多个特种分队，配备特种消防车、装甲脉冲式水枪、森林灭火炮、北斗一号卫星定位系统和水陆两用电台等国内外最新灭火装备。融信息获取、战斗力生成、组织指挥于一体的森林火灾预警与扑救决策支持系统，只要用鼠标轻点几下，火情分析、兵力编成、地理背景、火险气象等级预报、卫星遥感监测云图等信息和情况便一目了然。信息化建设同样在向灭火作战一线延伸，火情监测、天气预测预报专网开通，350兆超短波通信网组建，"火场通""动中通"无缝链接，上下、友邻、警地间指挥畅通无阻。

面对瞬息万变的火场态势，森林部队还坚持因时因地创新指挥战法，总结创造出"多点突破、分段扑灭""打烧结合、以火攻火"等多种战法战术，确保每一次扑火作战都实现"抓最佳时段、选最佳地段、用最佳手段"的目标。

部队实战能力的提高，拓展了作战的节奏和空间，直接促成了森林部队远距离机动增援的作战新模式，形成了"立足本地、支援周边、面向全国"的作战新格局。

武警森林部队的扑火模式已实现由单一常规向机械化、信息化复合型转变，从单一地面运输向机降投入和特种运输并举转变，战斗力水平不断跃升，已经成为一支现代化水平较高的专业护林队伍，构筑起"地中空"多兵种协同作战的立体森林防护体系，出色地完成了党和人民赋予的神圣使命，为保护国家森林资源作出重大贡献，被誉为"大森林的保护神"。

总之，经过几十年的建设发展，目前武警森林部队的装备机械化、信息化程度不断提高，实现了卫星遥感、直升机侦察、无人机侦察和空中飞艇监控火情，短波、超短波传递火情，北斗卫星导航和综合通信车传输火情数据；森林火灾扑救采取直升机吊桶洒水，装甲车带水、消防车运水、远程管线输水和水泵接力送水喷灭；灭火手段由过去的以风为主向以水为主转变，灭火方式由人力型向机械化转变，灭火指挥由传统型向科技型转变，灭火战法由地面作战向立体作战转变。逐步发展壮大成为一支现代化水平较高的专业护林灭火队伍，形成了"地中空"多兵种协同作战的立体森林防护体系，出色地完成了党和人民赋予的神圣使命，充分发挥了森林防火灭火生力军、突击队的作用，为保护国家森林资源作出了重大贡献，被誉为森林的保护神。

4.3.2 森林航空消防队伍

森林航空消防是森林防火的重要组成部分，是预防和扑救森林火灾的重要力量，尤其是在扑救重大、特大森林火灾中的作用举足轻重、不可或缺；森林航空消防工作是维护林区社会稳定，促进林区经济发展，保护人民生命财产安全的重要工作；森林航空消防队伍是森林防火的尖兵。这就是森林航空消防在我国经济社会发展中的地位。森林航空消防的作用主要体现在以下几个方面。

(1) 森林航空消防队伍是森林防火的尖兵

人才队伍建设是森林航空消防工作的关键。多年来，国家林业局、各级政府对森林航空消防队伍建设极其重视，建立了一支素质全面、专业技术娴熟的人才队伍。各航站领导、业务技术骨干，大多数是改革开放以来各林业院校的毕业生，政策理论水平较高，科学决策能力较强，现代化管理水平和专业技术水平较高，为做好森林防火和森林航空消防工作奠定了组织领导基础，使得森林航空消防队伍成为森林防火的尖兵。

(2) 森林航空消防是森林防火工作的重要预防手段

东北、内蒙古林区和西南林区，既是国家重点林区，也是森林火灾重发区。地面瞭望塔星罗棋布，瞭望范围广大，辅之以森林航空消防飞机空中巡护和卫星监测，使我国森林防火形成航天、航空、地面相结合的立体交叉监测网，极大地提高了火情发现率。做到有火能够及时发现、及时扑救，将森林火灾消灭在初发阶段，避免小火酿成大灾。防火期内，森林航空消防飞机在空中抛撒森林防火宣传单，做到宣传教育家喻户晓，起到潜移默化的作用。林区职工群众自觉增强了森林防火意识，加强了火源管理，从源头上避免了林火的发生。

(3) 森林航空消防为决策者制订扑火方案提供真实可靠的科学依据

火场侦察翔实准确是森林航空消防的优势之一。飞机发现火情后，便立即改航飞往火场上空，对火场进行侦察，提供第一手火场情况，侦察报告内容翔实，火场要素反映准确，建议扑救措施具体，这就为各级扑火指挥部果断决策、制订切实可行的扑火方案提供了真实可靠的科学依据。与此同时，每一架次的火场飞行，都能将瞬息万变的火场情况记录下来，反馈到扑火指挥部，便于决策者采取应急措施，及时调整火场兵力，修正扑火方案，以较快的速度将火魔制服。

(4)森林航空消防是扑救森林火灾的重要手段

赢得时间就会得到扑火的主动权,时间就是胜利。飞机发现火情及时,扑火行动快捷,能够在短时间内对火场实施各种扑火措施,将林火扑灭在初发阶段。目前广泛开展的机降扑火,机动灵活,行动迅速,调整兵力及时,为扑火赢得宝贵的时间,扑火效率大为提高。

(5)空中直接灭火是实现"发现早、行动快、灭在小"方针的重要举措

利用飞机对森林火灾进行空中直接灭火是森林防火先进国家的一个发展趋势。不断提高森林航空消防空中直接灭火能力,是我国森林航空消防的发展方向。目前采用的固定翼机群航空化学灭火、直升机吊桶(囊)扑火,都是行之有效的空中直接灭火手段。机群航空化学灭火能够集中空中优势,连续将药液喷洒在火头火线上,减弱火势,阻止林火蔓延,不仅为地面扑火队伍创造了有利的扑火条件,同时可以达到将小火直接扑灭的目的。这两种先进科学技术的采用,极大地提高了空中直接灭火能力,有效地保护了森林资源的安全。

(6)森林航空消防在森林防火中的作用举足轻重

森林航空消防是世界先进国家森林防火的主要手段,是随着科学技术的日新月异而快速发展的。在我国,随着综合国力的不断增强,森林航空消防投入的加大,其在森林防火中的作用愈来愈突出,地位越来越稳固。随着业务范围的不断扩大,森林防火越来越离不开森林航空消防。

不仅如此,森林航空消防的作用还体现在森林防火工作的多个方面,诸如空中扑火指挥员的培训、赴火场第一工作组在火场协调指挥扑火、扑火物资装备的补充、火场急救、领导视察林区、抢险救灾等。随着科学技术的进步和森林防火事业的发展,森林航空消防在保护森林资源安全,维护林区社会稳定,促进生态环境建设和社会经济可持续发展中的作用将更加突出。

4.3.3 地方森林消防队伍

地方森林消防队伍是我国森林防火体系的重要组成部分,是扑救和处置森林火灾的主要力量。多年以来,森林消防队伍不断发展,在扑救森林火灾中发挥着极其重要的作用。

4.3.3.1 森林消防队伍建设指导思想

以党的十八大精神为指导,以保护国家森林资源,建设生态文明,全面提高森林火灾预防、扑救综合能力为目标,按照队伍精干、素质过硬、装备到位和战斗力强的要求,加强森林消防队伍正规化建设;坚持体制创新、机制创新、模式创新,坚持标准化建设、实战化训练、规范化管理,确保提高防、扑火战斗力,实现对森林火灾的"打早、打小、打了",为保护森林资源和生态安全,促进林业和社会经济可持续发展提供有力保障。

4.3.3.2 森林消防队伍建设基本原则

坚持统筹规划、按需发展、因地制宜、分类指导的基本原则,重点建设规模适度、管理规范的森林消防队伍体系。坚持"以专为主、专群结合",着力提高专业队和半专业队的扑救能力;坚持"立足实际、稳步推进",着力发展应急森林消防队伍;统筹兼顾基层财力、人力,着力推进规模适度的群众森林消防队伍建设。

4.3.3.3 森林消防队伍分类和建设标准

(1) 队伍分类

①专业森林消防队伍 以森林火灾预防、扑救为主,有较为完善的硬件设施和扑火机具装备,人员相对固定,有稳定的经费,防火期集中食宿、准军事化管理,组织严密、训练有素、管理规范、装备齐全、反应快速,接到扑火任务后能在10min内集结,且出勤率不低于90%。

②半专业森林消防队伍 以森林火灾扑救为主,预防为辅。每年进行一定时间的专业训练,有组织、有保障,人员相对集中,具有较好的扑火技能、装备。在防火高火险期集中食宿,准军事化管理。接到扑火任务后能在30min内完成集结,且出勤率不低于80%。

③应急森林消防队伍 主要由解放军、武警、预备役部队、公安民警等组成,参加当地森林火灾应急处置。经过必要的扑火技能训练和安全知识培训,具有较强的森林火灾扑救能力。接到扑火任务后,能按预案快速出动。

④群众森林消防队伍 以机关、企事业单位干部、职工以及林区居(村)民中的青壮年为主,配备一定数量的扑火装备,经过森林防、扑火业务知识培训,主要承担扑救森林火灾、带路、运送扑火物资、提供后勤服务、参与清理和看守火场等任务。

(2) 建设标准

——人员标准

①专业森林消防队伍以县级单位进行建设。按照《森林防火条例》关于"地方各级人民政府和国有林业企业、事业单位应当根据实际需要,成立森林火灾专业扑救队伍"的要求,有森林防火任务的县级人民政府,应根据林地面积、火险等级组建不同规模的专业森林消防队伍。其中:林地面积在100×10^4亩以下,或国家三级火险地区,组建25人以上的专业队;林地面积在$100 \times 10^4 \sim 200 \times 10^4$亩,或国家二级火险地区,组建50人以上的专业队;林地面积在200×10^4亩以上,或国家一级火险地区,组建100人以上的专业队。国有林场、风景名胜区、自然保护区、森林公园等应根据需要建立20人以上的专业森林消防队伍。②半专业森林消防队伍以乡(镇)级单位进行建设。有森林防火任务的乡(镇)和国有林场、自然保护区、风景名胜区、森林公园等,应根据当地森林防火的实际需要,建立规模适当的半专业森林消防队伍。③有森林防火任务的省级人民政府应组建600人以上的应急森林消防队伍,地(市)级人民政府应组建200人以上的应急森林消防队伍。④各地应根据林地面积、火险等级等实际情况,建立适合当地防扑火需要的群众森林消防队伍。

——营房标准

①专业森林消防队伍应有专属营区,固定营房面积每人$20 \sim 30 \ m^2$,营区有规模适当的训练场地和配备训练器材。②专业森林消防队伍专属营房设有办公室、培训室、活动室、食堂、宿舍、装备库等,并可根据需要配建车库及必要的附属设施。③专业森林消防队伍营区门口设置明显的标志,营区地面平整硬化,庭院绿化美化。半专业森林消防队伍可根据实际情况提供营房。

——装备配备

各省级森林防火主管部门根据国家有关标准和当地的防火任务以及所采取的灭火方式和手段,制定各类森林消防队的装备物资配备标准,按需配备,实现人与装备的最佳组合。

4.3.3.4 管理机制

（1）组织领导

按照森林防火工作实行地方各级人民政府行政首长负责制的规定，地方各级人民政府是推进森林消防队伍建设的主体，实行各级人民政府森林防火指挥机构统一领导各类森林消防队伍的管理体制。林业主管部门要根据本省实际情况，切实加强对森林消防队伍建设的指导，制定措施、确定规模、出台鼓励政策，加强队伍的组建、管理工作。

（2）运行机制

专业森林消防队伍除由本级森林防火指挥部指挥外，同时作为机动作战力量，接受上一级森林防火指挥部的统一调度，实行联动作战。

（3）队伍训练

各地要高度重视森林消防队伍的业务建设，提高安全扑救能力。要将专业、半专业森林消防队伍的训练作为重点来抓，科学规划，严密实施，做到高标准、严要求；应急森林消防队伍每年至少要举行一次扑火技能训练、安全知识培训和应急演练；对群众森林消防队伍应重点进行安全常识教育，适时开展扑火演练。

（4）队伍管理

在人员上，专业、半专业森林消防队伍按准军事化要求严格管理，做到作风良好、反应快速、能征善战。在装备管理上，实行科学管理，做到定期维护保养，确保使用性能良好。

（5）兵力布防

应当根据本地森林资源状况、火灾发生情况，积极采取靠前驻防等方式合理布局队伍，确保火情早发现、队伍早出动、火灾早扑灭。

（6）考核奖惩

各级森林防火指挥部每年要对森林消防队伍建设情况进行考核。对实现建设标准的，应采取挂牌等多种方式给予肯定；对未实现建设标准的，应限期整改。对在预防、扑救森林火灾任务中做出突出贡献的森林消防队伍和个人，按照有关规定给予表彰奖励；对在预防、扑救森林火灾任务中因玩忽职守造成严重后果的有关人员，应根据有关规定予以处罚，情节严重的依法追究责任。

4.3.3.5 保障机制

（1）编制体制

各地要积极协调有关部门将专业森林消防队伍纳入事业单位管理，纳入事业编制序列，由当地政府核定人数，实行聘用制等动态管理，建立比较完善的扑火队员进出机制。

（2）经费保障

各省（自治区、直辖市）和地级市人民政府要加大对森林消防队伍建设的投入。县级专业森林消防队的建设与工作经费要纳入同级财政全额预算。乡（镇）级半专业森林消防队和群众森林消防队伍，要按照政府保障、林业补助相结合等多种方式，建立比较稳定的经费渠道；国有林业企业、事业单位建立森林消防队伍的经费保障按照"谁管辖，谁管理，谁保障"的原则，自行解决。

(3)装备配备

各地要加大对森林消防队伍装备建设的扶持力度,要重点保证专业和半专业森林消防队的交通和通信工具、扑火机具、防护用具等基本装备配足配齐,切实满足扑火需要。对因扑救森林火灾损坏和消耗的装备物资,要及时更新和补充。

(4)基础设施

各地要为专业森林消防队伍解决营房和办公训练场地。

(5)人身保险

各地要为专业、半专业森林消防队队员投保人身意外伤害保险以及相关的保险,为群众森林消防队队员的保险费用提供补助。

4.4 森林航空消防

我国有两个森林航空消防工作管理单位,即国家林业局北方航空护林总站和国家林业局南方航空护林总站,基本建成了较完整的管理体系,森林航空消防工作在森林防火中发挥着举足轻重的作用。

4.4.1 初步开展阶段(1951—1965年)

4.4.1.1 东北森林航空消防机构初步建立

1951年春季,当时的黑龙江省、松江省相继发生了特大森林火灾,烧毁森林几十万公顷,从而引起了党中央、政务院的高度重视。接着,大兴安岭林区甘河流域也发生了森林火灾。针对这种火灾频发、损失严重、影响到社会安定和经济发展的情况,1952年3月,党中央、政务院、东北人民政府发出了一系列防止森林火灾发生的指示;《人民日报》《东北日报》分别发表了《坚决防止和扑灭森林火灾》《为做好护林,保护国家森林资源而奋斗》的社论。与此同时,林业部梁希部长、李范五副部长认为,林区面积大、人烟稀少、交通闭塞,发生火灾难以及时发现和扑救,应当采纳军委民航局关于开展航空护林的建议,在森林火灾多发季节出动飞机巡逻,以发现火情、侦察火场、扑灭火灾,这一远见卓识以文件的形式上报政务院。周恩来总理接到林垦部使用飞机加强护林防火工作的报告后,批示"同意"。随后,东北人民政府农林部、内蒙古林务局、军委民航局共同签订了《关于森林防火使用飞机巡逻报警的协议》。军航给嫩江基地配备爱罗型飞机2架,设立短波特高频导航电台;给牡丹江分基地配备爱罗型飞机1架,设立短波特高频电台;以庆安和"六十二公里(今绰尔站)"为加油站,并各设导航短波特高频电台。

在牡丹江驻地空军的大力协助下,1952年4月1日,我国第一架森林航空消防飞机从牡丹江基地起飞,开始在林区上空飞行,执行巡逻报警任务,这标志着我国森林防火事业开启了新的一页,作为森林防火重要组成部分的森林航空消防事业终于迎来了新纪元!

东北森林航空消防机构建立后,主要工作就是利用飞机在大兴安岭、小兴安岭、长白山林区巡逻报警、发现森林火情、侦察火场。

1955年3月,经国务院批准决定成立"林业部嫩江航空护林总站",统一管理东北、内蒙古的森林航空消防工作。下设呼玛、海拉尔、桦南、敦化四个分站和三河、乌兰浩特两个加油站。这个时期的业务人员，在非森林防火季节全部集中在嫩江飞机场，而森林防火季节开始后，即由嫩江派往各分站工作。当飞机巡护发现森林火情时，观察员即往当地人口较多的居民区或乡镇所在地空投火报袋，或等飞机回到基地后向当地政府通报火情。

1956年12月，林业部根据当地政府的请求，行文撤销了"林业部嫩江航空护林总站"，其各站和基地由所在省（自治区）管理，森林航空消防业务由各站和基地自行规划航线、安排巡护飞行。各站分散管理后，曾一度出现了站、基地的分布密度低、巡护盲区多、省（自治区）之间通报火情困难等不正常情况。

1957年12月，林业部下文恢复"林业部嫩江航空护林总站"，并明确将各站、基地收归总站管理。

由于嫩江所处的位置较偏僻，且交通不便，加上观察员少（当时仅有10人）和机构不健全等问题，自1959年初，各站、基地又划归所在省（自治区）管理，同时将"林业部嫩江航空护林总站"更名为"黑龙江航空护林总站"，站址设在伊春市。

1960年林业部再次决定，对东北、内蒙古各省（自治区）的森林航空消防工作实行统一领导，成立了"林业部东北内蒙古地区林业航空总站"，站址迁回嫩江。总站下设嫩江、呼玛、海拉尔、伊春、敦化等5个站。

1964年，林业部再次将"林业部东北内蒙古地区林业航空总站"更名为"林业部东北航空护林局"，并明确为司（局）级事业单位；同时，将空降大队扩建到300人；将嫩江、海拉尔、呼玛、伊春、敦化、乌兰浩特、加格达奇、根河等8个站扩建，并明确为县（处、团级）事业单位。另外，设立佳木斯、黑河两个临时航空护林点。

4.4.1.2　西南航空护林站成立

1956年，林业部森林经营局结合东北、内蒙古林区森林航空消防情况，曾考虑在西南开展森林航空消防工作，于是向林业部呈报《关于在西南地区开展航空护林工作的意见》。同年9月7日，林业部转发了该意见并指出："为进一步保护好西南地区大面积国有森林，拟在继续加强群众性森林防火工作和积极建立基层森林经营管理机构的基础上开展航空护林工作，以及时发现和扑救火灾，减少损失"。该意见对森林航空消防机构的建立、覆盖范围、开航季节、可使用的机场、组织领导、存在问题以及试航工作等，都做了规划并提出了设想。

1957年3~5月，在林业部的领导直接组织和有关省（区）的积极配合下，成功地进行了西南林区的试航工作。但此后，由于种种原因，在西南建立森林航空消防机构的计划却停滞了。

1961年2月，林业部决定在昆明成立"西南航空护林筹备处"，接着发出了《关于开展航空护林的通知》和提出向民航广州管理局租用飞机护林的相关事宜。8月，根据中共中央关于精简机构的要求，林业部向国务院呈报了精简方案，但强调了在西南成立森林航空消防机构的重要性和森林航空消防任务以及编制等问题。1961年8月30日~10月20日，林业部先后三次向国务院作了《关于在西南地区加强航空护林的报告》《为再次请示加强西南地区航空护林工作的报告》和《为请示加强西南地区航空护林工作的报告》。11月7日，国务院批准成立"林业部西南航空护林站"，并在成都设立分站。12月，林业部向中央组织部提出了配备干部的要求。1962年1月，西南航空护林站正式成立，并宣布撤销"西南航空护林筹备处"，自此，西南林区的森林航空消防工作正式有序地开展起来。

4.4.1.3 初步开展森林航空消防业务

（1）西南航空护林业务初步探索

1962年1月，西南航空护林站成立后，按照林业部"重点巡护、全面调查、总结经验、逐步开展"的原则，"有选择地做好航空巡护、报警，积极试行科学灭火；深入进行群众性爱林、护林教育；在有条件的地区进行飞机防治森林虫害和其他林业航空工作"。先后开展了巡逻报警、防治森林虫害、投弹扑火试验等，森林航空消防工作在西南林区已初见成效，受到了林业部和当地人民群众的好评。

鉴于西南林区的自然地理情况复杂、海拔普遍较高、我国的航空工业发展滞后、飞机数量和机型有限的情况，西南的森林航空消防工作基本上属于试验性飞行，森林航空消防业务项目与东北、内蒙古林区相比，机源和机型选择空间很小，业务项目较为单纯。

（2）东北森林航空消防业务快速发展

1960—1965年，东北的森林航空消防管理机构，统一管理着东北、内蒙古林区的各航空护林站、点，在此期间，业务工作快速发展。

①开展了空投灭火弹试验　早在1962年，当时的林业部东北内蒙古地区林业航空总站和西南航空护林站，就进行了空投装有灭火药液容器（灭火弹）的试验。容器属陶瓷罐，自重约15kg，上方加有六角形尾翼，内装氯化钙、氯化镁和氯化钠无机盐溶液；由Y-5型飞机运载至火场上空后投掷，每次连续投下4个，靠容器本身质量落地摔碎分散灭火剂，其分散半径约3~5m，有效面积18m^2（长6m、宽3m）。4个容器一次投向地表可形成10~20 m长的灭火带。但实验发现命中率仅为19%，由于两次投掷的容器衔接不上，药液分散面积小，所以试验结束后未能投入生产应用。

②伞降扑火试验成功并投入应用　单一的巡逻报警远不能满足森林防火工作需要，更不是森林航空消防工作者的追求目标。于是自1960年起，借鉴俄罗斯伞降扑火的成功经验，林业部报请总参谋部同意，由武汉空军伞兵师挑选121名官兵、复员转业到林业部东北内蒙古地区林业航空总站，组建成我国第一支伞降扑火队伍。经过地面徒手训练、伞降定点着陆训练、跳伞扑火实地演练，于1962年5月21日，伞降扑火获得成功并开始应用于森林火灾的扑救。组建了伞降扑火队且扩大编制，伞降扑火试验成功并参加森林防火扑火救灾实战，仅1964年，就有148人次参加、先后扑灭12起森林火灾。

③航站基本建设逐步实施　林业部批准了航站的基本建设计划，并逐年付诸实施，先后完成了伊春、嫩江、乌兰浩特站的废旧跑道的维修，1965年4月乌兰浩特站开航；增设了齐齐哈尔、黑河两个临时场站。至此，东北、内蒙古林区开展森林航空消防的站、点已达到8个。并建成了东北森林航空消防系统无线电通信网络。

4.4.2　艰难发展阶段（1966—1976年）

正当森林航空消防事业快速发展的时候，1966年开始了"文化大革命"。在这场灾难中，森林航空消防事业也没有逃此一劫。航空护林局和各站再次下放，乌兰浩特站解体，空降大队机构撤销，伞降扑火和场站建设停滞，业务工作艰难维持。刚刚诞生不久的西南航空护林机构也于1969年1月下放给云南省,接着再次被下放、搬迁、合并,直至1972年关闭,森林航空消防业务终止。

即使在艰难发展的时期,东北森林航空消防也取得了一定的效果。1967年春航,我国首先在东北、内蒙古林区试行用直升机侦察火情、侦察火场,受到了当地政府和人民的欢迎。之后又视机源情况,陆续进行了小范围的试验。直至1976年正式使用直升机开展机降扑火工作。目前,机降扑火在我国东北、内蒙古林区和西南林区已经成为扑救森林火灾的主要手段之一。

随着航空技术的提高和森林灭火药剂的研制与成功开发,利用飞机喷洒化学灭火制剂,也就很自然地提到了森林航空消防工作日程之中。在进行机降扑火的同时,航空化学灭火也首先在东北、内蒙古林区试验,成功后开始推广。

伞降扑火、机降扑火和航空化学灭火的成功应用,初步拓宽了我国森林航空消防扑火手段,森林航空消防的空中优势得到了发挥,也增强了森林防火和森林航空消防工作者的信心。在此基础上,又开展了运用航空增雨方式预防和扑救森林火灾的试验,1971年,嫩江基地进行了航空增雨试验,取得了显著的灭火效果。

4.4.3　恢复发展阶段(1978—1990年)

在1976年东北、内蒙古林区开展机降扑火的同时,航空化学灭火试验也获得了成功并投入应用。另外,还研制了82-3森林灭火剂并应用于生产实践。

至1978年,东北、内蒙古林区先后使用过6种机型,用于开展航空巡逻报警、伞降扑火、机降扑火、航空化学灭火,航空增雨灭火等,已飞行3万多小时。每年巡护的面积几乎覆盖了黑龙江和吉林省以及内蒙古自治区的大部分林区。此时的森林航空消防工作,对东北、内蒙古林区的森林防火工作,已经显示出非常重要的作用。

1979年8月,林业部有关司(局)开始运作将已下放黑龙江省领导的东北航空护林局和刚恢复的西南航空护林站一并向国务院报批收归林业部直接管理。由于种种情况,在上报国务院的报告中,并没有将西南航空护林站列入报批文件中,所以最终仅恢复了林业部东北航空护林局的建制,包括8个站也都恢复了,由东北航空护林局管理。直至1985年4月,林业部向国务院写了恢复西南航空护林机构的请示报告,同年6月,国务院作出了批复,西南航空护林站再次收归林业部管理。同时国务院的批复中,对西南森林航空消防建设的原则、基本建设投资、事业费和飞行费用等都作了明确规定。1986年11月,林业部决定将西南航空护林站更名为"林业部西南航空护林总站",这为加快西南森林航空消防建设和工作的开展,为西南林区的森林防火事业尽快发挥作用打下了基础。

1979年6月,中共云南省委决定恢复西南航空护林机构,仍属省管。恢复后的1980、1981两年,以思茅、昆明为基地使用Y-5型和AH-24型飞机,由林业部临时补助飞行费,在喷洒"704"灭火制剂、巡逻报警飞行的同时,进行了航空化学灭火试验以及防治森林虫害作业,先后飞行394h,均取得了良好成效。但从1982年起,由于森林航空消防没有资金来源,虽然机构存留,但森林航空消防业务工作只有再次停顿。

1979—1989年,东北、内蒙古林区已建成的8个航空护林站,仍由东北航空护林局统一管理;由云南省恢复的西南总站也于1985年6月收归林业部管理。这一时期,东北和西南的森林航空消防事业得到了长足发展，体现在以下几个方面。

(1) 改善场站设施设备，新建森林航空消防基地

在东北、内蒙古林区，航站、点上收闭管后，站、点建设项目由东北航空护林局统一规划，集中上报，经林业部批准后付诸实施。从 1980 年开始，先后对加格达奇、塔河、海拉尔、伊春、敦化等航站的跑道、滑行道、停机坪、办公楼、职工住房进行了维修、改造，各站面貌焕然一新，飞机起降更为安全。1985 和 1989 年，又先后新建了黑河和扎兰屯航空护林站。

在此期间，西南总站由于在"文化大革命"中关闭长达 10 年之久，原有房屋年久失修、破烂不堪，设施和设备损坏、丢失，为尽快恢复森林航空消防业务工作，在林业部的领导和关怀下，启动了大量维修、改建工程，陆续从大专院校接收和充实了人员、添置了设施设备。同时按照林业部批准的计划和初步设计，完成了思茅、百色、西昌三个航站的建设工程，并保证了如期开航。

(2) 更新业务设施、设备，确保信息快速准确传递

在加强场站建设的同时，抓紧了设施．设备的更新。大功率无线电通信电台、电子计算机、传真机等先进设备，在森林航空消防工作中得到陆续配备、推广和应用，极大地提高了信息传递速度和工作效率。

(3) 推广扑火新手段，增强直接扑火能力

继东北、内蒙古林区 1976 年推行机降扑火手段成功后，其技术要领、战略战术日趋成熟，陆续在各航空护林站得到推广。1986 年春航，西南总站在思茅、西昌两个高海拔林区进行了机降扑火试验，先后机降 176 人次、扑灭 9 起森林火灾，试验获得成功，并相继在总站所属的各航站推广应用。1987 年，索降扑火在根河航空护林站试验成功。航空化学灭火药剂研制、飞机载药装置开发、航空化学灭火技术操作规程制定等都是在这一时期完成并投入应用的。

(4) 重视人才队伍建设，增强事业发展后劲

在这一时期，东北航空护林局和西南总站接收大、专院校毕业生 50 余名，使与调度、观察、通信、微机等相关的业务岗位增加了新鲜血液，这些年轻同志上岗后，边学习、边工作，在实践中增长才干。现在，他们已成为各岗位的骨干力量，还有一部分担任了重要领导职务，是森林航空消防事业的中流砥柱。

(5) 健全业务规章制度，实行规范化管理

规章制度是业务正规化建设的重要内容。在总结工作经验、教训的基础上，本着实际需要和着眼规范的原则，东北航空护林局和西南总站都制定了较为完备的工作制度、工作细则、管理规定、培训和考核标准等，并汇集成册，在各自所属的处(室)、航站执行。

(6) 培训业务人员，提高综合素质

由于我国从事森林航空消防工作的人员，长期以来受体制多变、机构不稳、管理封闭、资金不足等方面的影响，致使人员的业务水平参差不齐，难以适应现代科学的快速发展和信息获取以及创新先进技术，工作人员迫切需要在改革开放大好形势下，拓宽视野、更新知识，继续学习，加强培训，提高素质。根据工作需要，东北航空护林局、西南总站党委对继续教育、培训人员，态度非常积极、措施非常到位、规定非常具体。例如，每年

结航后，采取自下而上、分散、集中相结合的办法，从系统总结本航期工作入手，分析探索经验、教训，并分别撰写成文，以利今后工作借鉴。东北航空护林局规定每个业务人员每2年必须培训一次，用以学习新知识、新技术，在提高业务素质和工作能力方面，收到了明显的效果。西南总站在结航后，一方面安排相关人员开展地面调查，熟悉当地社情、林情和森林防火工作的开展情况，检验森林航空消防工作的效果，撰写调查报告，总结经验教训，锻炼业务能力，以改进今后的工作；另一方面规定业务人员参加每年不能少于一个月的集中培训，并根据现代科技发展，采取需要什么就学什么，或采取请进来、派出去的办法，由教授、专家讲授基础理论和科技知识。实践证明：领导重视、计划周到、资金保障、措施落实，就能确保培训工作的顺利进行，就能不断提高森林航空消防工作者，特别是业务岗位人员的综合素质。

(7) 加强领导，提高森林航空消防管理水平

森林航空消防队伍的思想政治工作、继续学习和培训工作以及各业务岗位工作等，涉及诸多方面，要在党委的统一领导下，由各职能部门依法或依照规章制度，有序地处理好各环节的工作关系，落实好日常任务目标。例如，在这一时期的业务工作方面，东北航空护林局和西南总站按上级要求，并结合自己的实际，对巡护和扑火飞行、火情报告、信息传输、飞行和扑火数据统计、基建计划、项目管理、资金运筹、人员培训等方面既实施、又监督，全面加强了管理，在这个过程中，实现了森林航空消防管理水平的提高。

据东北航空护林局资料统计，1980—1989年，东北森林航空消防系统先后共飞行5万多小时。其中，航飞主动发现森林火灾1 661起，侦察火场1 981个；航空化学灭火飞行686h，共喷洒灭火药液826t，单独对21个火场实施了航空化学灭火，与机降配合扑灭136个火场；机降扑火飞行5 200h，共机降扑火队员4万多人次，森林航空消防为东北、内蒙古的森林防火事业做出了重要贡献。西南总站于1985年再次收归为林业部的直属机构，并于1986年有两站试验性恢复开航，至1989年的4年间，已经有3个站开航，其中2个航站配备直升机能够实施机降扑火。航线由1986年的12条增加到26条，航线总长也由4 778 km增加到10 237 km；先后巡护、机降扑火共飞行1 795h，发现、侦察森林火灾373起，其中机降扑火队员941人次，扑灭森林火灾49起。森林航空消防在保护西南林区的资源中，再次突显了保护森林的重要作用。

4.4.4　快速发展阶段(1991年至今)

在我国东北1987年令人震惊的大兴安岭"五·六"特大森林火灾发生后的第三年，即1989年，林业部依据《中华人民共和国森林法》的规定，在总结经验教训、明确森林防火责任制的同时，在部第32次办公会议上决定：将林业部东北航空护林局所属的12个站、点下放给所在省(区)管理。进而在1991年，又将林业部东北航空护林局更名为"林业部东北航空护林中心"，原已下放的12个站、点管理体制不变，东航中心(机关)仍为林业部直属事业单位，其职能是负责黑龙江、吉林、内蒙古三省(自治区)森林航空消防的检查、指导、协调、服务工作。

1992年前后，在东北森林航空消防管理体制变更的过程中，西南的森林航空消防管理体制也酝酿着其变更问题，但鉴于西南属于我国经济、文化不发达地区，地理环境又很特

殊，地形和地势复杂，海拔普遍较高，加之森林航空消防机构历经的坎坷甚为严重，各方面的实际与东北差异较大，于1994年8月底决定保留现行管理体制，即在林业部的领导下，由西南航空护林总站对所属各航站、点实施统一管理。多年的实践证明：对这种管理体制的决定，坚持了实事求是、因地制宜的原则，体现了西南林区的特点和需要，能够发挥各方面的积极性，有利于统一指挥、统一规划、统一调度，有利于人才培养，有利于节约资源、减少浪费，提高工作效益，从而促进了森林航空消防事业的发展。

加强生态建设，维护生态安全，是21世纪人类面临的共同主题，也是我国经济社会可持续发展的重要基础。全面建设小康社会，加快推进社会主义现代化，必须走生产发展、生活富裕、生态良好的文明发展之路，实现经济发展与人口、资源、环境的协调，实现人与自然的和谐相处。森林是陆地生态系统的主体，森林航空消防是保护森林的重要公益性基础事业，承担着维护森林安全、预防和扑救火灾、促进林业发展的光荣而艰巨的任务，为此必须加快和完善森林航空消防体系建设，以适应森林防火和森林航空消防抢险救灾的需要。近年来，森林航空消防事业有了长足发展。

(1) *森林航空消防飞机数量增加，预防和扑救森林火灾能力有所增强*

飞机是开展森林航空消防工作的重要工具，所以飞机数量的多少，是衡量一个国家森林航空消防能力强弱的主要标志之一。近年来，我国东北、内蒙古林区用于森林航空消防的飞机数量明显增加，提升了扑救森林火灾的整体能力。在西南林区，由于海拔高、地理环境复杂，适用于森林航空消防的直升机目前还比较少，在某种程度上制约着森林航空消防业务工作的开展。

(2) *森林航空消防站、点数量增加，基础设施建设速度明显加快*

在东北、内蒙古林区，近年又建设了幸福、满归两个航站和长白山、东方红两个航空护林点。在西南林区增建了昆明、贵阳两个航空护林点；百色站原来有田阳一个基地，现增设了柳州和梧州基地；保山、成都、西昌等航站，都增加了森林航空消防基地。同时，在内部硬件上，东航中心、西南总站和各航站，都加快了设施设备建设和更新步伐，工作环境、办公条件以及职工生活都得到了改善，所有这些，都为森林航空消防事业的发展奠定了坚实基础。

(3) *改革飞行费管理体制，调动各方面的积极性*

在财政部的支持下，国家林业局先后对东北、西南林区的森林航空消防飞行费用拨付体制进行了改革，客观上增加了飞行费拨款基数，确定了国家、地方承担的比例，统一了直升机和固定翼飞机飞行费的分担标准。这对于调动中央、地方两个积极性、强化飞行费管理、提高森林航空消防效能将会产生深远影响。

(4) *开通了东航中心和西南总站网站，实现了森林航空消防信息共享*

各有关部门和工作人员通过现代化网络，既可方便快捷地沟通，也可交流和共享业务信息，对于扩宽视野、学习和提高业务水平有着重要作用。

(5) *建立了卫星林火监测系统*

在东航中心和西南总站建立了卫星林火监测系统，同时，GPS技术在整个森林航空消防系统得到普遍推广和正确应用。

(6) *适应森林防火形势需要，森林航空消防区域范围不断扩大*

鉴于愈来愈严峻的森林防火形势，各地对森林航空消防的要求越来越迫切。航空护林站数量的增加,意味着航线的延长和巡护面积的扩大。目前,北京、新疆、河北、辽宁、山西等省(直辖市)采取其他方式开展森林航空消防工作,使我国的森林航空消防覆盖范围进一步扩大。

(7)业务功能不断完善,创造性工作不断涌现

——简化审批程序

经中国人民解放军总参谋部、中国民用航空局、中国人民解放军93175部队等部门同意,东北航空护林中心成立了东北航空护林飞行总调度室,简化了飞行计划审批程序,使各种灭火飞行更加快捷,为森林航空消防抢险救灾赢得了宝贵的时间。在民航系统之外设立调度指挥系统,乃前所未有。标志着森林航空消防工作实现了新时期全功能的飞跃。

——接收航行地面保障系统,实现了自行保障森林航空消防飞行

对航行地面保障设备进行了更新、改造,所有保障人员按照民航的规定持证上岗,接受民航管理部门的检查、监督和年度考核。航行地面保障系统的接收,为森林航空消防注入了新的活力,拓展了森林航空消防发展空间。

——组建移动航站,实现了就近指挥、组织扑火

移动航站由飞机、航行管制指挥车、森林防火通信指挥车、加油车、电源车等设备组成,航行地面保障、信息传输、飞行侦察等方面相关人员参加。移动航站在协调各方关系、指挥和组织扑救火灾、调配火场力量、安排并指挥飞行、调配航油、侦察和掌握火场蔓延态势、传输火场图像等方面发挥着重要作用。

——完善规章制度、标准和规程,业务工作实行规范化管理

鉴于森林航空消防管理体制的变更、森林航空消防范围的扩大、业务岗位的增加和新技术、新设备的应用,部分原来制定的规章制度,已不适应现在的工作需求。为此,东航中心对所有业务岗位职责、规章制度、扑火规程、业务管理等作了进一步修改、补充和完善,这样将利于森林航空消防业务工作的规范化管理。

——夏季开展森林航空消防工作,有效地防止雷击火发展蔓延

在认真分析近年东北、内蒙古林区森林火灾发生发展规律的基础上,夏季在大兴安岭北部和西北部林区的航站配备直升机,开展夏季森林航空消防工作,从根本上扭转了发生雷击火以后、临时组织调动飞机扑火的被动局面,能够快速有效地处置雷击火,使小火不至于酿成大灾,保护了森林资源的安全。

4.4.5 国家林业局南、北方航空护林总站航站管理模式

(1)国家林业局南方航空护林总站的航站管理模式

国家林业局南方航空护林总站机构设在云南省昆明市,在国家林业局的直接领导下,负责上海、江苏、浙江、安徽、福建、江西、山东、河南、湖北、湖南、广东、广西、海南、四川、重庆、贵州、云南、西藏等18个省(自治区、直辖市)的森林航空消防协调管理和组织实施工作。目前,在云南的普洱、保山、丽江,四川的成都、西昌,广西的百色分别建有6个直属于南方总站的航空护林站;在江西、河南、广东、重庆、山东、湖南、湖北分别建有7个省属的航空护林站。到2013年,已有云南、四川、广西、贵州、江西、河南、广东、重庆、山东等9个省(自治区、直辖市)开展了森林航空消防工作。

（2）国家林业局北方航空护林总站的航站管理模式

东北各航站有3种情况：一是国家林业局的直属单位管理，有加格达奇航站及塔河航站；二是地方政府管理（林业厅管理、林业企业管理、林业厅及林业企业委托地市林业部门管理的多种管理模式），有海拉尔、黑河、扎兰屯、嫩江、牡丹江、乌兰浩特、敦化（长白山）、根河（满归）等站（点），其中根河（满归）为内蒙古大兴安岭林管局管理；三是森工企业管理，有伊春、佳木斯（东方红）、幸福等航站（点）。

4.4.6 森林航空消防工作展望

"把生态文明建设放在突出地位，融入经济建设、政治建设、文化建设、社会建设各方面和全过程，努力建设美丽中国，实现中华民族永续发展"。党的十八大报告首次单篇论述生态文明，首次把"美丽中国"作为未来生态文明建设的宏伟目标，把生态文明建设摆在总体布局的高度来论述。

森林是建设生态文明的物质基础，森林防火工作与生态建设密切相关。森林航空消防利用飞机对森林火灾进行预防和扑救，是保护国家森林资源，维护陆地生态平衡的一种重要的森林防火先进手段，在保护我国宝贵森林资源中发挥着不可替代的重要作用。

根据中央编办函（2012）165号及国家林业局林人发（2012）251号文，自2012年10月23日起，"国家林业局东北航空护林中心"更名为"国家林业局北方航空护林总站"，"国家林业局西南航空护林总站"更名为"国家林业局南方航空护林总站"。

2012年，批复建设了山东、广东、新疆3处航空护林站，协调部队派出了22架直升机支援森林航空消防工作，推进了武警森林部队直升机支队一大队实战应用和二大队组建，首次调动武警森林部队直升机支队2架直-8直升机赴大兴安岭执行森林航空消防任务，首次在山东、重庆两省（直辖市）开展了森林航空消防业务，森林航空消防综合能力显著增强。2012年，北京、河北、山西、内蒙古等16个省（自治区、直辖市）开展了森林航空消防工作，总航护面积达$265\times10^4 km^2$；全年共租用各类飞机184架次，累计飞行3 100架次、6 540h，空中发现火场163个，参与扑救火场154个，运送扑火物资10t，配合地方森林防火部门投撒防火传单20万份。特别是在云南昆明"3·18""3·28"和大兴安岭松岭区南瓮河"6·2"等森林大火扑救中发挥了重要作用。

东北、内蒙古林区的森林航空消防起步较早，虽然机构历经了"五统四分"，但其存在的连续性和各项规章制度建设的稳定以及地理环境、社会人文诸情况，加上机源不存在太多困难，都表明其有相对明显的优势。南方航空护林总站现行管理体制，已经证明有其优势，但在巡护面积方面，与站、点的布局，每个站、点和每位在职人员理论上所承担的保护面积，每架飞机实际承受的巡护面积与北方航空护林总站比较相差甚远。这无疑会给抢险救灾造成困难，甚至力不从心、顾此失彼。而且由于西南林区特殊的高海拔地形，适合的作业机型有限，也限制了其发展。

总之，就现阶段我国森林航空消防事业整体而言，必须对现有站、点加强后续建设，完善设施、设备更新改造，适当扩充人员编制，努力提高队伍综合素质，引进大型直升机和水陆两用飞机。

4.5 火险预警及林火监测

森林防火的工作方针是"预防为主，积极消灭"，预防工作是防止森林火灾发生、有效控制林火和减少火灾损失的关键，而林火预测预报是林火预防中至关重要的一环。有了科学的、准确的林火预测预报，特别是处在高火险时期，适时发布森林火险预警信息，防火部门和社会公众就可以事先知道可能发生林火的危险性，从而采取相应的响应行动，做到积极主动地预防。扑火队伍可以根据预警等级进入相应的战备状态，提前做好应急扑火的各项准备。同时，对林火进行有效监控，及时发现森林火灾，以实现"打早、打小、打了"的扑火战略目标。

4.5.1 火险预警

4.5.1.1 森林火险等级

森林火险是森林可燃物受天气条件、地形条件、植被条件、火源条件影响而发生火灾的危险程度指标。森林火险等级是将森林火险按森林可燃物的易燃程度和蔓延程度进行等级划分，来表示森林火灾发生危险程度的等级，通常分为一至五级，其危险程度逐级升高。

4.5.1.2 森林火险预警信号标识

按照森林火险气象条件、林内可燃物易燃程度及林火蔓延成灾的危险程度，统一将森林火险预警信号划分为四个等级，依次为红色、橙色、黄色和蓝色，同时以中文标识，其中红色预警信号代表极度危险，森林火险等级为五级；橙色预警信号代表高度危险，森林火险等级为四级；黄色预警信号代表较高危险，森林火险等级为三级；蓝色预警信号代表中度危险，森林火险等级为二级。一级森林火险（低度危险）仅发布等级预报，不发布预警信号。

（1）森林火险红色预警信号

森林火险红色预警信号，表示有效期内森林火险达到五级（极度危险），林内可燃物极易点燃，且极易迅猛蔓延，扑火难度极大，如图4-5所示。

（2）森林火险橙色预警信号

森林火险橙色预警信号，表示有效期内森林火险达到四级（高度危险），林内可燃物容易点燃，易形成强烈火势快速蔓延，具有高度危险，如图4-6所示。

图4-5　森林火险红色预警信号图标

图4-6　森林火险橙色预警信号图标

(3) 森林火险黄色预警信号

森林火险黄色预警信号，表示有效期内森林火险等级为三级（较高危险），林内可燃物较易点燃，较易蔓延，具有较高危险，如图4-7所示。

(4) 森林火险蓝色预警信号

森林火险蓝色预警信号，表示有效期内森林火险等级为二级（中度危险），林内可燃物可点燃，可以蔓延，具有中度危险，如图4-8所示。

图4-7　森林火险黄色预警信号图标

图4-8　森林火险蓝色预警信号图标

森林火险等级与预警信号对应关系见表4-1。

表4-1　森林火险等级与预警信号对应关系

森林火险等级	危险程度	易燃程度	蔓延程度	预警信号颜色
Ⅰ	低度危险	不易燃烧	不易蔓延	
Ⅱ	中度危险	可以燃烧	可以蔓延	蓝色
Ⅲ	较高危险	较易燃烧	较易蔓延	黄色
Ⅳ	高度危险	容易燃烧	容易蔓延	橙色
Ⅴ	极度危险	极易燃烧	极易蔓延	红色

注：一级森林火险仅发布等级预报，不发布预警信号。

4.5.1.3　森林火险预警信号的制作和发布

森林火险预警信号由各级森林防火指挥部办公室或森林防火预警监测信息中心负责制作，由当地森林防火指挥部或森林防火办公室领导签发后对外发布。

当预测某一地区未来连续3天以上出现（二至五级）森林火险等级时，依据前期天气、干旱、物候、火源、火灾历史资料等信息，经与气象等部门会商后决定预警等级和预警期限，制作发布森林火险（蓝色、黄色、橙色、红色）预警信号。

发布的森林火险预警信号应当立即以文件、短（彩）信等方式报告本级森林防火指挥部、林业主管部门领导，通知相关地区森防指、林业主管部门领导和防火办相关人员及有关单位，并通过广播电台、电视台、报纸、网络、微博、短（彩）信、小区广播等媒体向社会公众发布警示信息。发布的森林火险预警信号应当在森林防火指挥中心显示；主要林区应当以电子屏、指示牌、悬挂彩旗等多种方式发布森林火险预警信号。

当各级森林防火指挥部或森林防火办公室发布的预警信号级别不同时，高级预警信号优于低级预警信号。森林火险预警信号发布后，在预警信号有效期内发布单位可根据火险等级的变化，调整预警级别或提前解除预警信号。

4.5.1.4 森林火险预警响应措施

各级森林防火指挥部或森林防火办公室发出森林火险蓝色、黄色、橙色、红色预警信号时，有关单位或地区应当立即启动蓝色、黄色、橙色、红色预警响应，并落实相应的防范措施。

各省(自治区、直辖市)要根据季节性的《天气和森林火险形势预测报告》《未来一月(周)森林火险等级预报》《节假日(重点时段)森林火险等级预报》对森林火险形势的预测，适时调整防火期时间，调整飞机调进、调出场的时间，组织各森林专业消防队伍的部署和人员训练，做好扑救器材和设备维护检修、物资储备等工作，结合本地区、本单位实际，落实各项防火工作任务。

(1)蓝色预警响应

发布蓝色预警后，应关注蓝色预警区域天气等有关情况，及时查看蓝色预警区域森林火险预警变化，注意卫星林火监测热点地区检查反馈情况。

(2)黄色预警响应

发布黄色预警后，黄色预警地区利用广播、电视、报刊、网络等媒体宣传报道黄色预警信号及其响应措施，应加强森林防火巡护、瞭望监测，加大火源管理力度，森林防火指挥部应认真检查装备、物资等落实情况，专业森林消防队进入待命状态，做好森林火灾扑救有关准备。

(3)橙色预警响应

发布橙色预警后，橙色预警地区利用广播、电视、报刊、网络等媒体宣传报道橙色预警信号及其响应措施，加大森林防火巡护、瞭望监测，严格控制野外用火审批，按照《森林防火条例规定》，禁止在森林防火区野外用火。森林防火指挥部适时派出检查组，对橙色预警地区森林防火工作进行督导检查，了解掌握橙色预警地区装备、物资等情况，做好物资调拨准备，了解橙色预警地区专业森林消防队伍、武警森林部队布防情况，适时采取森林消防队伍靠前驻防等措施，专业森林消防队进入待命状态，做好森林火灾扑救有关准备，开展森林航空消防工作的地区和航站加大飞机空中巡护密度。

(4)红色预警响应

发布红色预警响应后，应协调有关部门，在中央、地方电视台报道红色预警响应启动和防火警示信息，红色预警地区利用广播、电视、报刊、网络等媒体宣传报道红色预警信号及其响应措施，进一步加大森林防火巡护密度、增加瞭望监测时间，按照《森林防火条例规定》，严禁一切野外用火，对可能引起森林火灾的居民生活用火应当严格管理，加强火源管理，对重要地区或重点林区严防死守。适时派出检查组，对红色预警地区的森林防火工作进行蹲点督导检查。掌握红色预警地区装备物资准备情况及防火物资储备库存情况，做好物资调拨和防火经费的支援准备。掌握红色预警地区专业队伍、森林武警部队部署情况，督促红色预警地区专业森林消防队进入戒备状态，做好应急战斗准备。开展森林航空消防工作的地区和航站加大飞机空中巡护密度，实施空中载人巡护。北方航空护林总站、南方航空护林总站视情赴红色预警地区检查航护工作。同时，做好赴火场工作组的有关准备。

4.5.2 林火监测

森林火灾是林业的最主要自然灾害,一旦发生森林大火,林业建设成果将付之一炬,生态安全将受到严重威胁。对林火的及时发现,是森林火灾扑救"打早、打小、打了"的前提。近年来,我国的林火监测工作快速发展,监测体系不断完善,队伍不断壮大,能力不断提高。目前,全国已经构建起具有中国特色的包括卫星遥感、航空巡护、高山瞭望、地面巡逻等全天候的立体化监测体系,力求达到早发现、早处置、早扑灭。

4.5.2.1 卫星林火监测

卫星林火监测可以对全国森林火灾提供大面积、高效率的林火监测服务,这是常规的监测手段无法与之相比的。自20世纪90年代中期卫星遥感林火监测用于实践以来,卫星林火监测已经成为各地发现早期火灾,尤其是重大火灾的连续跟踪监测最主要、最快捷、最经济的技术手段,在多年的防火实践中发挥了重要的作用,被誉为林火监测的"千里眼",卫星林火监测在森林防火,乃至现代林业和生态文明建设中的地位举足轻重。

1987年发生"5·6大火"时,首次由气象部门利用气象卫星遥感监测火灾情况,1993年林业部防火办建立了自己的卫星林火监测系统,1995年开通了全国卫星林火监测信息网,建设了西南、西北林火监测分中心,后来又建设了东北监测分中心,形成了覆盖全国的卫星林火监测体系,开始为全国提供卫星林火监测服务。2000年,国家防火办开通了林火信息系统为全国用户提供卫星林火监测信息的网络服务,2003年开通的中国森林防火网形成了卫星林火监测成果发布、图像浏览、现场核查、网络反馈与火情处置的林火监测信息服务工作机制。期间国家防火办还会同中国资源卫星中心,利用资源卫星、环境卫星、海洋卫星、减灾卫星等中高分辨率的卫星为重大森林火灾提供高分辨率的监测图像,对重大森林火灾的过火面积进行卫星遥感评估。目前,可自主接收的监测卫星6颗,可用于监测的其他高分辨率卫星4颗,每天可对同一地区扫描10余次,卫星过境后30min内可以提交监测成果。据统计,2001—2014年,全国共监测到热点15万余个,反馈为林火2万多起,其他林内用火近10万起,有效地弥补了传统监测的死角和盲区,为及时发现森林火灾,减少火灾损失,实现"打早、打小、打了"目标,发挥了重要作用。

(1) 工作任务

监测中心和分中心负责对全国的林火热点和森林火灾进行监测,具体任务是:对各省、自治区、直辖市(以下简称各省)的热点和林火进行常规监测;对已发生的森林火灾进行连续跟踪监测;按国家林业局防火办的要求或火情监测需要,对指定区域和特定时段进行重点监测;根据各省森林防火部门的请求,对重点林区、火灾高发地区进行重点监测;按《卫星林火监测技术规范》的要求,制作监测成果;为各省开展林火监测工作提供技术支持和服务;承担常规热点数据库的建立、管理、更新和维护工作,并结合地面调查,提高林火监测准确率;负责对监测区内各省森林防火部门热点信息反馈情况进行考核。

(2) 监测成果

卫星林火监测的成果包括卫星轨道预报、监测热点报告和火情图像三部分。

①卫星轨道预报是指24h内卫星过境时间和覆盖范围的预报。可从森林防火网站业务系统下载,以了解卫星过境时间,便于及时浏览和下载监测成果。

②监测热点报告是将卫星监测到的大于（或等于）3个像素的热点，以省（自治区、直辖市）为单位制作成报告单的形式与监测图像一起发布。可在森林防火网站业务系统上浏览、下载和反馈。监测热点报告包括热点监测图像和监测报告单两部分。热点监测图像标识了热点位置、编号、热点数、经纬度和背景信息等。监测报告单包括热点编号、经纬度、热点像素数、有无烟云、是否连续、土地类型、行政位置和反馈信息等。

③火情图像是对卫星局部原始数据压缩后，以区域或省（自治区、直辖市）为单位进行发布。可从森林防火网站业务系统下载，解压缩后用林火监测图像处理软件对国家林业局森林防火办公室未通报的热点进行处理。

(3) 监测成果的发布

①卫星轨道预报的发布　每日9时前，在森林防火网站业务系统"监测图像"的"卫星轨道"中发布24h卫星轨道预报。预报内容包括卫星扫描覆盖范围、卫星名称、出入境时间、成果提交时间和监测效果评价等内容。

②监测热点报告　卫星过境后30min内，将监测到的大于（等于）3个像素的热点，以省为单位制作成报告单的形式与监测图像一起，在森林防火网站业务系统的"监测图像"中发布。热点较多时，监测报告提交的时间适当顺延。

③火情图像　在防火期内，卫星过境后30min内，除发布监测热点报告外，还将在森林防火网站业务系统的"火情图像"中，以压缩文件的方式发布火情图像。火情图像的发布仅限于白天过境卫星，夜间的数据将根据工作需要或有关单位的要求发布。

(4) 热点信息的反馈

根据国家森林防火指挥部办公室2013年4月10日印发的《森林火灾信息报送处置暂行规定》，卫星林火监测热点核查实行零报告制度。省级防火办对国家防火办通报的卫星监测热点，应当迅速核查，无论是否为森林火灾，都应当按规定及时反馈。据统计，2013年我国林火监测热点的平均反馈率为99.46%。

卫星林火监测热点核查结果，省级防火办应当在2h内按要求进行反馈，对于5像素以上的热点要重点关注、及时反馈，确因特殊情况无法按时反馈，应当说明原因并尽快反馈。据统计，我国2013年林火监测热点2h反馈率仅为70.13%，这与我国复杂的地形、植被和道路交通情况有关。

省级防火办应当对卫星监测热点核查反馈情况和森林火灾发生扑救情况按规定进行统计汇总，报告国家防火办；当日发生的森林火灾，在按规定立即报告热点反馈和扑救等情况基础上，还应当填写《森林火灾调度日报表》。

4.5.2.2　航空巡护

我国森林航空消防的一个主要任务就是航空巡护，即侦察火情。利用飞机来侦察火情，可以及时发现森林火情，为森林火灾的"打早、打小"提供有力支持。

(1) 巡护前的准备工作

观察员应在每日15：00，到调度室领取次日的飞行任务，明确任务的性质、特点和要求，次日按飞行预报时间，提前30min到调度室征求值班调度员的意见，若飞行预报无变化，即按计划执行任务，如有变化，应接受新任务。飞行临时航线时，应做好图上作业。

巡护前应收集掌握有关资料，包括各地在林区及林区边缘生产用火计划和林区人员主要活动区域,以使巡护飞行有所侧重;掌握巡护区各类扑火兵力部署情况,以便发现火情时就近组织扑救;阅读地图,熟知巡护区地形、地物的特征,以保证对火情的准确判断等。

其次,还要准备好各种表册和用具,如飞行日志、飞行任务书、火情空中报告单、飞行扑火报告单等。

还要做好地形图和图上作用准备,观察员到有关部门领取本巡护区的1∶50万地形图(供巡护飞行使用)和1∶20万地形图(供勾绘火场图时使用)。

(2)巡护飞行

地面准备就绪后,按飞行预报时间准时起飞,飞机离地后,观察员即实施观察工作。

——观察森林火情

飞机进入航线后,观察员即应集中精力,从飞机窗口向外瞭望,做到有火及时发现。

在观察过程中应正确区分林火与烧荒。沿航线巡护时,由于烟的发生位置不同,燃烧的物质也不同,判断是否为林火或草原火,有的则归纳为烧荒、烧枝、烧防火线等生产性用火,如不认真识别,会影响到对森林火灾的处置,林火发生于森林,而其他火一般发生在森林之外或居民点附近。能见度较差时,在林缘发现的烟应特别注意观察,以免判断失误。

应注意烟与雾、霾、霰、低云的区别,烟是燃烧时所产生的气状物质,其特点是有烟柱,烟云,并不断变化,烟柱与地面形成一定角度,烟呈灰白、灰黑、蓝灰、灰等颜色,烟影响能见度,当低空飞行经过烟层时可闻到烟味。雾是接近地面的水蒸气基本上达到饱和状态时遇冷凝结后飘浮在空中的微小水滴,其特点是呈堆状白色,多出现在云少微风的夜晚或雨后转晴的次日早晨。霾是空气中存在的大量细微烟尘、杂质而造成的浑浊现象,特点是一般在上午10点后至日落前较浓,影响能见度,有时发生在空中某一高度层上,形成霾层,形似烟云。霰是空中降落的白色不透明的小冰粒,霰在西南高海拔林区时有出现,但主要发生在东北林区,其特点是多在下雪前或下雪时出现,霰柱上连云底,下接地面,从透明度观察上实下虚,与烟柱恰好相反,顺阳光观察霰柱呈白色,逆阳光观察呈灰黑色。

巡护飞行时,当发现无风天气时地面冲起很高一片烟雾、有风天气时远处有一条斜带状烟雾、无云时天空突然出现一片白云横在空中且下部有烟雾连接地面、风较大时较好的天气状况下突现霾层、干旱天气时突现蘑菇云等,应特别注意,认真观察。

——观察火场

观察员在巡护飞行中发现火情时,应立即记下发现时刻,并参照火场附近的明显地标,判定火场位置。如果火场在国境线我侧10km范围内,必须立即向本场(机场)报告,并按指示行事,如果火场位置不属于本站巡护范围,应及时通报给有关航空护林站,如果同时发现多处火灾,应按规定遵循先重点后一般的原则逐个处置。

确认森林火灾属于本站巡护范围后,在定位巡护飞机准确位置的基础上,要求机长改变航向、并记录下该航点(地标)和时刻,直飞机场,同时对正地图,对照地面,向前观察和搜索辨认地标,随时掌握飞机位置,飞机到达火场上空或侧方时判定出火场的准确位置,以火场中心为准,用红"×"符号标在图上,火场位置用经纬度表示。为进一步验证火场准确位置可在火场上空盘旋飞行，再次进行校对。

火场准确位置确定后，在垂直能见度较好的条件下，为增加视野内明显地标的数量，要求机长提高飞行高度，绕火场飞行进行高空观察。同时做好以下几项工作：①勾绘火区图。根据火场边缘和火场周围的地标位置关系，采用等分河流、山坡线的方法，利用图上等高线确定火场边缘；其中火线、火点、火头分别用红线、红点、红箭头标绘；无焰冒烟部分用蓝色标绘；已熄火烧迹地用黑色标绘；起火点特别注记；火区图通常勾绘在1∶20万地形图上。现在很多航站都配备了航空森林消防标绘系统，所有标绘均在系统上完成即可。②估测有林地占火场面积的百分比。将火场面积视为10份，看有林地面积占几份。③观察火势和火的蔓延方向。火势通常分为强、中、弱3个等级。火的蔓延方向以红色箭头标记。④判定火场风向、风力等级。在判定火场风向时，主要观测烟飘移的方向；其次根据火场附近的河流、湖泊的"水纹"、树木的摇摆方向也可测定；风向通常用八个方位表示，判断风力等级时，主要观测烟柱的倾斜度，根据经验，一般情况下，如果烟柱的倾斜线与垂直的夹角是11°，那么火场风是1~2级；如果是22°，风是3级；如果是33°，风是4级，依此类推。即每级之间相差11°角。⑤补标地图。观察火场附近的自然和社情，将在地图上没有标绘的河流、道路及居民点，标绘在地图上，作为扑火指挥的参考。

高空观察结束后，降低飞行高度，进行低空观察。低空观察的飞行高度以保证飞行安全和观察清楚为前提。观察内容包括：①火灾种类。空中观察，只见地面枯枝落叶层、草类燃烧，火线具有不规则的延长形状，烟呈浅灰色，烟量较多，即为地表火；空中很容易发现在树干和树冠上燃烧的火焰，火场延伸很长，烟黑色形成烟柱，并在风力较低时，有时烟柱高度达1 000m以上，即为树冠火；类似强度不大的地表火，形状不像地表火那样延长，烟量也较少即为地下火，发生不久的地下火，烟从整个火场冒出后，仅从周围冒烟，在飞机上看不到火焰。②火场主要树种。空中观察时，主要看林相和树的颜色，如东北、内蒙古林区的樟子松比落叶松深绿，秋季落叶后，松叶呈灰黄色；西南林区树种繁多、林相复杂，空中观察一般先区分常绿阔叶林和针叶林，在此基础上再根据林相并结合树种的地域分布，加以判断。如果是混交林，按10分法，标注出主要树种所占比例，如7落2桦1杨。③火场扑火人员、机械及其数量。④在可能的情况下，进一步观察判断起火点及起火原因。

根据观察情况，测算火场面积。通常采用地图勾绘法、目测法和求积仪法来测算。

火场观察完毕，将情况及时填写在火情空中报告单上，并向基地报告，报告内容包括：火场位置、面积、有林地占的百分比、被害主要树种、火势及蔓延方向、风向风级、火头数、火线长度、有无人员扑救、扑火工具和需进一步采取的扑火措施等。

报告完毕后，根据实际情况决定飞机返航还是加入原航线。如加入原航线，入航点应选择在航线前进方向的转弯点或明显地标点，无论返航还是加入航线，一定要掌握飞机位置，同时注意观察新火情的发生，飞行结束，与机长共同填写飞行任务书，并双方签字。

飞行全部完成后，连同飞行、扑火报告单和飞行任务书及火场情况，及时详细地向值班调度员报告。

4.5.2.3 近地面监测

近地面监测主要包括瞭望塔(台)和视频监测等手段，而这些监测手段又常常是相互配合，紧密联系的，所以它们之间可以说又是一个有机的整体，为森林火灾的发生提供了更为完善和细致的观测。

瞭望塔是林区的固定观察设施，瞭望塔的分布应尽可能以较少的瞭望台保证较高的监测覆盖率，因此在建设上对其进行科学的规划是很有必要的，对其选择主要是考虑观测的区域、瞭望塔个数的确定以及瞭望塔具体所在地的选择。防火期内，一般8：00～16：00应坚持瞭望，在火险天气很高的日子应坚持24h全天候瞭望。全国劳动模范、五一劳动奖章获得者、国家林业局优秀乡村护林员余锦柱摸索出了识别烟火性质的"二十四字诀"：观两面；察浓淡；分季节，析晴雨；测远近，观动静；别粗细，区缓急。辩证总结出森林火灾瞭望员应具备的业务素质和正确判断森林火情的方法和经验。

视频监控技术就是利用计算机技术、视频图像处理技术以及模式识别和人工智能知识，对摄像机获取的图像序列进行自动分析，对被监控场景中的运动目标进行检测、跟踪和识别，描述和判别被监视目标的行为，并在有异常现象发生的情况下能够及时地做出反应的智能监视技术。近年来，视频监控也由模拟信号向数字化和网络化转变，结合可见光和热红外仪器的配合使用，从而实现全天候监控能力。

林火视频监控系统的功能包括：①实时视频图像监测（可见光、红外）。通过高清晰度摄像机和大倍率镜头实时监控林区图像，集成透雾、防抖功能，配合红外镜头实现双光的实时观测。②GIS联动及辅助决策。结合数字云台，实现野外现场采集图像与GIS系统联动、火点定位、地图视频嵌入、实时信息查询，为扑救森林火灾提供辅助决策功能。③海量信息存储和查询。海量数据存储功能，可以对所有数据进行存储，支持多种文件检索方式的查询，便于历史数据查询和回放，存储信息冗余备份。④智能识别和火情监测。具有智能火情识别功能，可以智能识别疑似火情，对险情发生地点的准确定位，具有自动报警和联动报警录像功能，可以及早发现火情及火点位置。⑤远距离传输、具备多级联网，开放式集中管理。远距微波IP传输模式，租用光纤等适合林区复杂的地形且不易受干扰和被中断，依据地形和大气透明度等条件，每个监测点的最大监测面积半径可达5～10km，各监测点设备的网络管理和远程集中控制。

4.5.2.4 地面巡护

地面巡护一般由护林员、森警部队以及地方专业扑火队的人员执行。主要任务是进行森林防火宣传，清查和控制非法入山人员，依法检查和监督防火规章制度执行情况，及时发现和报告火情并积极组织扑救。

在不同火险天气条件下，地面巡护的时间和地段不同。Ⅰ级火险天气条件，仅限于在林区从事火险作业的地点，以及旨在防止有人违反防火安全条例的其他森林地段；Ⅱ级火险天气条件，巡护时间为11：00～17：00，巡护地点为Ⅰ级和Ⅱ级森林火险区以及劳动者在林内休息地点；Ⅲ级火险天气条件，巡护时间：10：00～17：00，巡护地点包括Ⅲ级森林火险区；Ⅳ级火险天气条件，需增加巡护组的数量，不仅要观察森林，还有观察施工地点、林中的贮木场和其他目标，巡护时间为8：00～20：00；Ⅴ级火险天气条件，特别加强对森林的观察，整个白天都要进行观察，火险最严重地段，昼夜观察。

4.6　应急预案的制定与实施

森林火灾应急预案是政府组织管理、指挥协调相关应急资源和应急行动的整体计划和程序规范，对扑救森林火灾的指挥组织体系、应急行动的整体计划和程序规范，对普及森林火灾的指挥组织体系、应急支持保障部门、预警、监测、信息报告和处理、火灾扑救、后期处置、综合保障等做出了详细且明确的规范。

《森林防火条例》第三十三条规定："发生森林火灾，县级以上地方人民政府森林防火指挥机构应当按照规定立即启动森林火灾应急预案；发生重大、特别重大森林火灾，国家森林防火指挥机构应当立即启动重大、特别重大森林火灾应急预案。森林火灾应急预案启动后，有关森林防火指挥机构应当在核实火灾准确位置、范围以及风力、风向、火势的基础上，根据火灾现场天气、地理条件，合理确定扑救方案，划分扑救地段，确定扑救责任人，并指定负责人及时到达森林火灾现场具体指挥森林火灾的扑救。"森林火灾发生后，各级森林防火指挥机构只要根据应急预案进行操作，既可以使应急工作高度规范，又可以有效避免一些盲目操作。森林火灾应急预案的实施，可以规范森林火灾扑救的程序，提高指挥决策和减灾行动的效率。

4.6.1　制定森林火灾应急预案的意义

应急预案是森林火灾应急救援系统的重要组成部分，针对各种不同的紧急情况制定有效的应急预案不仅可以指导应急人员的日常培训和演练，保证各种应急资源处于良好的备战状态，而且可以指导森林火灾救灾行动按计划有序进行，防止因行动组织不力或现场扑救工作的混乱而延误救灾应急响应行动，从而实现降低损失的目的。

(1)使森林火灾扑救工作规范化

森林火灾扑救应急预案即预先制订针对扑救森林火灾的行动方案，指的是根据国家和地方的法律、法规和各项规章制度，结合本部门、本单位的经验、实践和当地特殊的交通、通讯和队伍等实际情况，事先制订的一套能切实迅速、有效、有序解决问题的行动计划或方案，旨在使得政府对森林火灾的应急管理更为程序化、制度化，做到有法可依、有据可查。

(2)提高森林火灾扑救工作的应急反应能力

在辨识和评估潜在的重大危险、事故类型、发生的可能性、发生过程、事故后果及影响严重程度的基础上，对森林火灾应急管理机构与职责、人员、技术、装备、设施(备)、物资、救援行动及其指挥与协调等方面预先做出的具体安排。

(3)充分发挥各部门在森林火灾扑救中的作用

预案明确了在突发事件发生前、发生过程中以及结束后，谁或哪个机构负责做什么，何时做，如何做，以及相应的策略和资源准备等。

(4)建立高效运行机制，提高森林火灾扑救整体水平

通过在突发事件发生前进行事先预警防范、准备预案等工作，对有可能发生的突发事

件做到超前思考、超前谋划、超前化解，把政府对森林火灾扑救的应急管理工作正式纳入经常化、制度化、法制化的轨道，从而化应急管理为常规管理，化危机为转机，最大程度地减少森林火灾造成的损失。把各种可能出现的问题尽可能估计得充分一些，并且宁可估计得严重一些，把准备工作做得更扎实一些，森林防火机关能够极大缓解森林火灾扑救时所面临的巨大的压力，同时也避免了因经验不足、精神紧张、工作疲劳等而发生的工作疏忽。

总之，从规范角度对森林火灾扑救应急相关事务形成制度性的设计，就能够确保一旦发生森林火灾，相关部门迅捷有序地根据事前的制度安排采取不同的应对措施，相互交织却有机协同，从而做到有效组织、快速反应、高效运转、临事不乱。

4.6.2 制定森林火灾应急预案的步骤

应急预案的编制一般可以分为5个步骤，即成立预案编制组、开展调查研究、预案编制、预案修改和审议、预案正式公布和实施。

4.6.2.1 成立应急预案编写组

森林火灾扑救应急预案涉及多学科、多专业、多部门，是复杂的系统工程，鉴于个人的知识、能力、经验的限制，而且责任重大，一个人或一个单位很难独立完成。应当成立由行政负责人、相关专家和一线扑火指挥员组成的应急预案编写组，行政负责人负责协调运作、资源供给；相关专家负责危险识别、评价分析、编制救灾程序、制定救灾措施；扑火指挥员制定火灾扑救战术；森林防火指挥部负责人负责具体的编制。通过分工协作，相互取长补短，编制出较为完善的森林火灾扑救应急预案。

4.6.2.2 开展调查研究

为了提高预案的可操作性和科学性，必须切实搞好调查研究工作。

(1) 法律法规和现有预案分析

分析国家、省和地方的法律、法规与规章，如《中华人民共和国森林法》、修订后的《森林防火条例》《国家突发公共事件总体应急预案》《中华人民共和国突发事件应对法》和《国家森林草原火灾应急预案》等。需要调研的现有预案主要有地方政府制定的，如疏散预案、环境保护预案、保险预案、财务与采购程序、安全评价程序、风险管理预案、资金投入方案、互助协议等。

(2) 内、外部资源和能力分析

紧急情况所需要的内部资源和能力主要包括：扑救人员（扑火队的性质、扑火队员的数量、年龄结构等），消防装备（扑救设备、通信设备和后勤必需品供应等），扑救能力（扑火经验和培训情况等）。

在紧急情况下需要大量的外部资源，应与相关单位建立必要的联系，如地方应急管理办公室、气象、交通、部队、民政、公安、财政、宣传、卫生和人事等部门。

(3) 脆弱性分析

森林火灾应急预案属于突发公共事件预案（分为自然灾害、事故灾难、公共卫生事件、社会安全事件四类预案）中的自然灾害预案。制定时应该遵从突发公共事件应急预案确立的六条原则：即以人为本，减少危害；居安思危，预防为主；统一领导，分级负责；依法规范，加强管理；快速反应，协同应对；依靠科技，提高素质。按各类突发公共事件的严重程度、可控性和影响范围等因素分为特别重大（Ⅰ）、重大（Ⅱ）、较大（Ⅲ）和一般（Ⅳ）四级应急预案，对突发公共事件的预测预警、信息报告、应急响应、应急处置、恢复重建及调查评估等机制都有明确规定，形成了包含事前、事发、事中、事后等各环节的一整套工作运行机制。

为此必须利用脆弱性分析，分析各类紧急情况的可能性和火灾的潜在影响。通过数值系统详细说明紧急情况的可能性、评估事故的影响和所需要的资源。脆弱性分析主要包括潜在紧急情况分析和火灾对人身、财产的潜在影响。

潜在紧急情况分析该地区或相邻地区历史火灾情况、极端天气火灾情况、交通情况、通信情况、该地区重点保护单位情况和人的因素。

评价森林火灾的潜在影响。评价在不同可燃物类型、气候条件、地形条件、监测条件、通讯条件、交通条件和扑火能力情况下，森林火灾可能产生的危害。

在此基础上进行综合分析，制定出不同森林火灾级别下的分级响应预案。

4.6.2.3 预案编制

根据森林火灾和应急响应能力现状，按照法律、法规和本单位相关规定编制应急预案。确定具体的工作目标和阶段性工作时间表；编制工作任务清单，并落实到具体的人员和时间；确定预案总体和各章节的结构；将预案按章节或内容分配给每一位编写组成员。在应急行动涉及其他相关部门时，应与他们事先沟通协调。森林防火部门在编制预案时应将相关的情况报告地方政府主管部门和上级行业主管部门，将地方政府和上级行业主管部门的应急要求和精神纳入本单位的应急预案。

4.6.2.4 预案修改和审议

将第一稿发放给各编写组成员审校，并进行充分的讨论、修订。在第二次审校时，召开包括各行政管理部门和具体应急管理部门人员会议，开展桌面演练，设计一个森林火灾场景，各位参与人员讨论各自的职责，针对事故场景做出反应。充分讨论之后，找出并修订职责模糊不清或重复的内容。注意做到设定的应急措施比较完备、合理，并根据事故种类和级别对相关的应急步骤及处置措施进行具体细化，具备较强的实用性和可操作性。同时与会专家对应急预案进行评审，同时针对预案中存在的问题和不足，提出修改意见，要求编写组对预案进行修改、补充和完善。

4.6.2.5 预案正式公布和实施

预案应经单位各级管理人员、应急管理人员和应急响应人员充分讨论和修订、评审，经批准后发布预案，从发布之日起施行。

4.6.3　森林火灾应急预案的文件结构

应急预案要形成完整的文件体系。通常完整的应急预案由总预案、程序文件、指导说明书和森林火灾扑救应急行动记录四部分构成。

（1）总预案

总预案包含了应对紧急情况的管理政策、预案的目标、应急组织和责任等内容。总预案涉及应急准备、应急行动、应急恢复以及应急演练等各阶段和各部门。总预案是纲领性的，主要明确应急的原则、职责和总体目标，具体的内容由其他文件详细说明。

(2) 程序文件

程序文件说明某个具体行动的目的和范围。程序文件的内容十分具体，包括具体内容、执行人员、时间和地点等，如应急通讯程序、现场扑救指挥组织程序、后勤保障程序等。程序文件的目的是指导较为复杂的应急行动，使某些应急行动程序化和标准化，确保应急人员在执行应急任务时不会产生误解。程序文件可采用文字叙述、流程图表或是两者的组合等格式，应根据具体情况和具体的程序内容选用最适合的程序格式。

(3) 指导说明书

程序文件应当简洁明了，而一些具体的细节则应在说明书里介绍。应急行动细节的内容往往是供应急行动人员使用，尤其是只涉及少数应急人员的具体工作时，相应的文件应在指导说明书中描述，如应急通讯设备的使用说明书，组织指挥人员、现场扑救人员、医疗救护人员、后勤人员的职责说明书等也应纳入指导说明书。

(4) 森林火灾扑救应急行动记录

包括应急行动时的相关记录，如通信记录、指挥与行动记录、现场监测数据记录、应急演练与培训记录等。这些记录是文件体系必要的组成部分，是改善应急行动与预案的基础，也可能是追究法律责任的依据。

从记录到总预案，层层递进，组成了一个完整的森林火灾扑救应急预案文件体系，从管理角度而言，可以根据这四类预案文件等级分别管理，既保持了预案文件的完整性，也便于查阅和调用。

4.6.4 森林火灾应急预案的主要内容

森林火灾应急预案应该根据2004年国务院办公厅发布的《国务院有关部门和单位制定和修订突发公共事件应急预案框架指南》进行编制。应急预案主要内容应包括：

(1) 总则

说明编制预案的目的、工作原则、编制依据、适用范围等。

(2) 组织指挥体系及职责

明确各组织机构的职责、权利和义务，以突发事故应急响应全过程为主线，明确事故发生、报警、响应、结束、善后处理处置等环节的主管部门与协作部门；以应急准备及保障机构为支线，明确各参与部门的职责。

(3) 预警和预防机制

主要包括信息监测与报告、预警预防行动、预警支持系统、预警级别及发布。

(4) 应急响应

应急响应包括分级响应程序、信息共享和处理、通信指挥和协调、紧急处置、应急人员的安全防护、群众的安全防护、社会力量动员与参与、事故调查分析、事故后果评估，新闻报道，应急结束等11个要素。

(5) 后期处置

后期处置包括善后处置、社会救助、保险、事故调查报告和经验教训总结及改进建议。"前车之鉴，后事之师"说明了总结事故教训的道理。通过对事故、事件原因的分析，找出引以为戒的教训，再制定有针对性的整改措施，达到防止事故发生的目的。尤其是对防止同类事故再次发生有着非常大的实用价值。很多规章、制度和技术标准都是在吸收事故教训的结果上得以完善的。实践证明，事故的发生与其原因有着一定的因果关系，通过总结火灾教训，找出发生事故的原因，可防止事故的发生。

(6) 保障措施

主要包括通信与信息保障、应急支援与装备保障、技术储备与保障、宣传、培训和演练、监督检查等。

(7) 附则

主要包括有关术语、定义、预案管理与更新、奖励与责任、制定与解释部门、预案实施或生效时间等。

(8) 附录

主要包括相关的应急预案、预案总体目录、分预案目录、各种规范化格式文本、相关机构和人员通讯录等。

4.6.5　地(市)、县和乡镇制定森林火灾应急预案的注意事项

编写应急预案前必须加强调查研究，注意预案的可操作性。

预案必须简洁明了，内容要多利用直观图(地形图、林相图、森林防火设施图、交通图和森林火险图等)或表(电话号码表、指挥部成员表、扑火队员名单等)来进行编制。

预案的编制仅仅是一个方面，还要预设各种可能发生的情况，进行充分的讨论，使各个部门加强配合协作，同时弥补漏洞或修正预案，使预案科学、可行，也使各个部门的配合更加高效。

4.6.6　应急预案的演练

4.6.6.1　应急预案演练的原则

应急行动培训与演练的指导思想应以加强基础、突出重点、边练边战、逐步提高为原则。应急培训与演练的基本任务是锻炼和提高队伍在突发事故情况下的快速反应能力，并能有效减少危害后果。

4.6.6.2　应急预案演练的目的

评估森林火灾主管部门的应急准备状态，发现并及时修改应急预案、执行程序、行动核查表中的缺陷和不足；评估本辖区森林火灾扑救应急能力，识别资源需求，澄清相关机构、组织和人员的职责，改善不同机构、组织和人员之间的协调问题；检验应急响应人员对应急预案、执行程序的了解程度和实际操作技能，评估应急培训效果，分析培训需求。同时，作为一种培训手段，通过调整演练难度，进一步提高森林火灾扑救应急响应人员的业务素质和能力；促进公众、媒体对应急预案的理解，争取他们对重大事故应急工作的支持。

4.6.6.3　训练和应急演练类型

(1) 训练类型

①基础训练　主要包括队列训练、体能训练、防护装备和通信设备的使用训练等内

容。训练的目的是使应急人员具备良好的战斗意志和作风,熟练掌握个人防护装备和通讯设备的使用等。

②专业训练　主要包括火灾扑救装备的使用以及火场安全等技术。通过专业训练可使救灾队伍具备一定的救灾专业技能,有效地发挥作用。

③战术训练　可分为班(组)战术训练和分队战术训练。通过训练,可使各级指挥员和救援人员具备良好的组织指挥能力和实际应变能力。

④自选科目训练　自选科目训练可根据各自的实际情况,选择开展如通信、气象、交通、综合等项目的训练,进一步提高森林火灾应急扑救队伍的救灾水平。

⑤救援队伍的训练　救援队伍的训练可采取自训与互训相结合,岗位训练与脱产训练相结合,分散训练与集中训练相结合的方法。在时间安排上应有明确的要求和规定。为保证训练有素,在训练前应制定训练计划,训练中应组织考核,演练完毕后应总结经验,编写演练评估报告,对发现的问题和不足应予以改进并跟踪。

(2)应急演练类型

①桌面演练　桌面演练是指由参与森林火灾扑救应急各部门的代表或关键岗位人员参加的,按照应急预案及其标准运作程序,讨论紧急情况时应采取行动的演练活动。桌面演练的主要特点是对演练情景进行口头演练,一般是在会议室内举行的非正式活动。主要作用是在没有时间压力的情况下,演练人员在检查和解决应急预案中问题的同时,获得一些建设性的讨论结果。主要目的是在友好、较小压力的情况下,锻炼演练人员解决问题的能力,以及解决应急组织相互协作和职责划分的问题。

桌面演练只需展示有限的应急响应和内部协调活动,应急响应人员主要来自各相关部门,事后一般采取口头评论形式收集演练人员的建议,并提交一份简短的书面报告,总结演练活动和提出有关改进应急响应工作的建议。桌面演练方法成本较低,可为功能演练和全面演练做准备。

②功能演练　功能演练是指针对某项应急响应功能或其中某些应急响应活动举行的演练活动。功能演练一般在应急指挥中心举行,并可同时开展现场演练,调用有限的应急设备,主要目的是针对应急响应功能,检验应急响应人员以及应急管理体系的策划和响应能力。例如,指挥功能的演练,目的是检测、评价多个政府部门在一定压力情况下集权式的应急运行和及时响应能力,演练地点主要集中在若干个应急指挥中心或前线指挥部,并开展有限的现场活动,调用有限的外部资源。功能演练比桌面演练规模要大,需要动员更多的应急响应人员和组织,因而协调工作的难度也随着更多应急响应组织的参与而增大。演练完成后,除采取口头评论形式外,还应向预案制定部门提交有关演练活动的书面汇报,提出改进建议。

③全面演练　全面演练指针对应急预案中全部或大部分应急响应功能,检验、评价应急组织应急运行能力的演练活动。全面演练一般持续的时间较长,采取交互式进行,演练过程要求尽量真实,调用更多的应急响应人员和资源,并开展人员、设备及其他资源的实战性演练,以展示相互协调的应急响应能力。

与功能演练类似,全面演练也应有负责应急运行、协调和政策拟订人员的参与。演练完成后,除采取口头评论、书面汇报外,还应提交正式的书面报告。

三种演练类型的最大差别在于演练的复杂程度和规模,所需评价人员的数量与实际演练、演练规模、地方资源等状况有关。无论选择何种应急演练方法,应急演练方案必须适应辖区重大事故应急管理的需求和资源条件。应急演练的组织者或策划者在确定应急演练方法时,应考虑本地区重大事故应急预案和应急执行程序制定工作的进展情况,本地区面临风险的性质和大小,本地区现有应急响应能力、应急演练成本及资金筹措状况,相关政府部门对应急演练工作的态度和各类应急组织投入资源的状况等因素。

森林防火主管部门尽量每年进行一次针对森林火灾扑救的全面演练,并在全面应急演练前,开展若干次桌面演练和功能演练,并形成相关的制度。

4.6.7 我国的《国家森林草原火灾应急预案》

2020年10月26日,国务院办公厅在《国家森林火灾应急预案》《全国草原火灾应急预案》的基础上,正式发布修订后的《国家森林草原火灾应急预案》。

修订后《预案》与修订前《预案》相比有了较大的变化:修订后新《预案》对森林草原火灾应急处置的指导范围有所扩展,更有利于保护国家的森林草原资源;修订后《预案》规范了森林草原火灾应急处置中各级政府、有关部门的地位、作用、责任与相互关系,进一步完善了森林草原火灾的应急处置工作流程;修订后《预案》明确了森林草原火灾应对工作实行地方各级人民政府行政首长负责制,火灾发生后,地方各级人民政府及其有关部门立即按照职责分工和相关预案开展处置工作。省级人民政府是应对本行政区域重大、特别重大森林草原火灾的主体,国家根据森林草原火灾应对工作需要,给予必要的协调和支持;修订后《预案》规定了森林草原火灾应对工作遵循分级响应的原则,火灾发生后,基层森林草原防灭火指挥机构第一时间采取措施,做到打早、打小、打了。初判发生一般森林草原火灾和较大森林草原火灾,由县级森林(草原)防灭火指挥机构负责指挥。初判发生重大、特别重大森林(草原)火灾,分别由市级、省级森林(草原)防灭火指挥机构负责指挥。必要时,可对指挥层级进行调整;修订后《预案》将国家层面应对工作设定为Ⅳ级、Ⅲ级、Ⅱ级、Ⅰ级四个响应等级,并对每个等级的启动条件和响应措施分别作出了具体规定。

修订后《预案》还对森林草原火灾的预警响应、信息报告、后期处置、综合保障等方面工作作出了规定。

《国家森林草原火灾应急预案》的修订,坚持了统一领导、军地联动,分级负责、属地为主,以人为本、科学扑救的指导思想,贯彻了近年来党中央、国务院对森林(草原)防灭火工作的一系列指示精神,体现了近年来森林(草原)防灭火工作的实践经验,也体现了国务院各有关部门、地方政府和专家的集体智慧。修订后《预案》与修订前《预案》相比,定位更加准确、结构更加合理、内容更加全面、职责更加清晰、措施更加具体,指导性、适应性、可操作性更强。修订后《预案》的实施必将为建立健全森林(草原)火灾应对工作机制,依法有力、有序、有效实施森林(草原)火灾应急,最大程度减少森林(草原)火灾及其造成人员伤亡和财产损失,保护森林(草原)资源,维护生态安全发挥极其重要的推动作用。

4.7 森林火灾扑救基本保障

森林火灾，特别是耗时较长的大面积森林火灾扑救过程中，除了扑火队员扑火外，还要做到很多保障工作，才能使得森林火灾扑救有效运转。

4.7.1 给养保障

给养保障包括机动途中给养保障和灭火实施阶段给养保障。

机动途中给养保障根据行军方式不同，给养方式也不同。采用铁路运输方式，列车上有餐车的依托餐车保障，没有餐车的以携带食品自行保障。以车辆行军方式，可以炊事车实施伴随保障，或在途中提前设置饮食保障点，通过就地采购、地方代供等方式提供饮食保障。也可以自带方便食品或利用自带炊具和给养进行自我保障，消耗的给养要及时补充。

灭火实施阶段给养保障依据扑火时间而定。灭火任务可在三日内完成时，火场饮食保障通常采用本级保障与遂行保障相结合的方法组织实施。扑火队伍到达火场第一天，以随身携带的一日量应急食品自我保障。灭火行动持续一天以上时，要组织力量从集结地或宿营地搬运给养，扑火区域远离集结地时，扑火队员应携带三日量给养，自行保障。遇有重、特大森林火灾，扑火时间超过三日时，扑火队员三日后的饮食保障应由前线指挥部后勤保障组协调上级和地方政府统一组织实施。

4.7.2 医疗保障

森林火灾发生后，应根据具体情况，协调医疗部门成立医疗救护组负责伤员的救治和后送。组织伤员后送时，要根据地形、道路、距离和伤员伤情，采取人背、担架抬送等方式后送，烧伤伤员通常采用担架后送，道路条件允许时采用汽车后送，必要时，使用直升机后送。组织伤员后送时，应对伤员的伤情进行检查，对昏迷、窒息、休克或其他危险伤情的伤员要在实施必要的急救措施后后送，危情伤员后送要指派医护人员随行护理，就近送往当地医院抢救。

4.7.3 装备和油料保障

应根据森林火灾发生地实际情况，选择合适的扑火工具，扑火工具不足时，可由后勤保障组从物资储备库调拨。

4.7.4 通信保障

利用现有有线通信、无线通信、计算机通信、卫星通信和图像通信等方式，在林区不同地点建立通信站(点)，形成通信网络，以完成森林灭火信息传递、火情报警、调度指挥等工作。

对于小火场(过火面积小于$100hm^2$)，本县的力量能够扑灭，不需要外援，可组建小火场通信组网(一级组网)。小火场通信组网方式应以本级平时使用的无线电通信网为基础，临时增设火场指挥台、车载台和手持台，形成火场通信网络枢纽，对上可以加入本级通信网络，对下可指挥移动电台工作。

当森林过火面积为 100~1 000hm² 时成为大火场，这种火场本县已无力扑救，需要相邻单位、外系统或森林警察部队增援灭火，要有省、地、县级有关单位领导组成前线联合指挥部实施统一指挥。大火场的通信组网方式是在小火场通信组网的基础上，在火场前线指挥部增设 1~2 部短波电台，与省、地指挥部、航站及有关部门建立联系。用超短波和短波电台相结合，组成大火场前方指挥通信枢纽，担负火场对上、对下及各方面的通信联络。

当森林过火面积超过 1 000 hm² 时称为特大火场，这种火场一般火势凶猛，火烧面积大，有时甚至跨越省界，这就需要各地区、各行业、军民的通力配合。特大火场通信网的形式可按火场组网方式实施，但因火场面积大，参加扑火人员多、单位多，因而要根据实际情况增加电台、频率、网络的数量，形成多级网络。

【本章小结】

本章介绍了我国的森林防火体制，扑火前指的设立、组成、职责任务、工作制度、内业建设、基本装备配备、位置选择、工作内容、工作特点、扑火组织指挥的原则和形式；阐述了我国武警森林部队、森林航空消防队伍、专业森林消防队伍、半专业森林消防队伍、应急森林消防队伍和群众森林消防队伍的基本情况、建设要求和任务；介绍了我国森林火灾航空巡护的流程、火情观察的方法和我国森林火险预警响应及我国目前扑火监测手段；介绍了制定森林火灾扑救应急预案的意义、步骤、文件结构和主要内容，并阐述了我国《国家森林草原火灾应急预案》的主要内容以及森林火灾扑救的给养保障、医疗保障、装备和油料保障及通信保障。

【思考题】

1. 简述国家森林防火指挥部的主要职责。
2. 简述国务院林业主管部门森林防火工作的职责。
3. 简述森林防火行政首长负责制的具体要求。
4. 简述扑火前线指挥部的职责和任务。
5. 简述森林火灾扑救中统一指挥原则的含义。
6. 简述森林火灾扑救中分区指挥原则的含义。
7. 简述森林火灾扑救中协同作战原则的含义。
8. 简述森林火灾扑救中以专为主原则的含义。
9. 简述森林火灾扑救中安全扑火原则的含义。
10. 简述森林火灾扑救中科学扑火原则的含义。
11. 简述扑火前线指挥部位置选择的要求。
12. 简述扑救森林火灾组织指挥的形式。

13. 简述专业森林消防队伍的基本要求和任务。
14. 简述半专业森林消防队伍的基本要求和任务。
15. 简述应急森林消防队伍的基本要求和任务。
16. 简述群众森林消防队伍的基本要求和任务。
17. 简述专业森林消防队伍建设的人员标准。
18. 简述国家林业局南方航空护林总站的航站管理模式。
19. 简述国家林业局北方航空护林总站的航站管理模式。
20. 简述森林火险预警等级及表示方法。
21. 简述森林火险蓝色预警响应措施。
22. 简述森林火险黄色预警响应措施。
23. 简述森林火险橙色预警响应措施。
24. 简述森林火险红色预警响应措施。
25. 简述我国卫星林火监测现状。
26. 简述森林火灾航空巡护中火情观察方法。
27. 简述制定森林火灾扑救应急预案的意义。
28. 简述制定森林火灾扑救应急预案的步骤。
29. 简述森林火灾扑救应急预案的主要内容。
30. 简述地(市)、县和乡镇制定森林火灾应急预案的注意事项。
31. 请分别阐述森林火灾应急演练和训练的类型。
32. 请问哪些森林火灾信息，国家森林草原防灭火指挥部应立即向国务院报告，同时通报指挥部成员单位和相关部门？
33. 我国《国家森林草原火灾应急预案》中Ⅳ级响应的启动条件和措施是什么？
34. 我国《国家森林草原火灾应急预案》中Ⅲ级响应的启动条件和措施是什么？
35. 我国《国家森林草原火灾应急预案》中Ⅱ级响应的启动条件和措施是什么？
36. 我国《国家森林草原火灾应急预案》中Ⅰ级响应的启动条件和措施是什么？
37. 简述我国森林火灾按照受害森林面积和伤亡人数的分级标准。
38. 浅谈如何做好森林火灾扑救后勤保障工作？

第 5 章

森林火灾扑救指挥

　　森林火灾扑救是森林消防队伍与森林火灾进行斗争的一种主要表现形式。森林火灾发生前应加强林火监测，注意火险预警，加强森林消防队伍的训练和扑火物资的储备和保养，森林火灾发生后，森林消防队伍接警出动、奔赴火场、开展灭火与疏散群众等系列行动，直至完成各项任务后归队，构成森林火灾扑救的全过程。

　　从森林火灾扑救进行的阶段性及其行动任务的目的性分析，森林火灾扑救的全过程可划分为 4 个阶段，即准备阶段、控制阶段、清理阶段、撤离阶段。任何一次森林火灾扑救过程均可由以上 4 个阶段构成。

　　准备阶段从发现火情以后开始，一直到扑火队到达火场开始进行有效地扑救森林火灾之前；控制阶段从扑火队开始进行有效地扑救森林火灾时开始，到火线不再向外扩展时为止；清理阶段是从控制阶段后开始，将火场内明火和残火全部熄灭并进行一段时间的看守火场为止；撤离阶段是从验收火场工作开始，直至所有扑火队伍安全返回原出发地，整个火场取得最后胜利时为止。

　　这 4 个阶段，就整个火场或火场的某一局部来说，其过程的更替是十分清楚的。但是火场中的局部与局部比较的话，它们的阶段更替进度并不是同步的。有的局部处于控制阶段，有的局部可能处于清理、守护阶段。对于这一问题，指挥员必须心中有数。

　　在森林火灾扑救实践中，把扑火的整个过程大体分为制订方案、调用队伍、扑打明火、控制火场、清理火边、看守火场、验收火场、队伍撤离 8 个程序。这 8 个程序对于火场的某一部位来说，是相互联系、一环扣一环的，而对整个火场的所有部位来说，并不是同步的。特别是在火场中更是如此。所以，作为火场指挥员，心中必须明了这个程序。否则，指挥员的行动就无所遵循。特别是在扑救大面积森林火灾时，更应该牢记每个程序，明确每个程序中的注意事项。

5.1 扑火指挥员

在森林火灾扑救实践中,扑火指挥员的作用举足轻重,一场森林大火能否快速、高效地成功扑救,扑火指挥员的决策起着重要的作用。扑火指挥员仅有优良的消防装备、充足的扑火力量是远远不够的,其个人素质能力直接影响着森林火灾扑救的成败。

在一些森林火灾扑救中,扑火指挥员如果不能实施正确的指挥,就会使一些普通的火灾最终变成重大或特别重大森林火灾,给国家和人民财产带来不可弥补的损失,甚至造成扑火人员的伤亡。

5.1.1 扑火指挥员的基本含义

森林火灾扑救指挥员是专门从事森林火灾扑救的领导者和责任人,是森林火灾扑救指挥机关的核心;是实施森林火灾扑救指挥活动的决策者和指挥者;同时又是灭火队伍执行决策的监督者。

在森林火灾扑救指挥的实践中,森林火灾扑救指挥员,有上级和本级行政机关任命或指派的,也有群众推荐的,有专职的,也有兼职的,甚至还有临时的。但无论是哪一种形式产生的指挥员,由于责任重大,作用关键,都必须具备森林火灾扑救指挥的基本条件,适应森林火灾扑救指挥需要。扑救指挥员要由具备灭火实践经验和扑救指挥能力的人担任,在森林火灾的多发区,扑救指挥员一定要设专职的,一般地区可设兼职的,但不能搞临时的。特殊情况下临时指派的指挥员,要依法行使权利义务。

5.1.2 扑火指挥员的基本素质

森林火灾扑火指挥员的素质高低直接影响森林火灾扑救效率甚至扑火安全,一个合格的森林火灾扑火指挥员应具备以下素质。

(1) 思想素质

森林火灾扑火指挥员在思想上要对森林火灾扑救这项艰苦的事业有高度的责任感,有强烈的事业心和持久的积极性,要有公而忘私、能吃苦耐劳的政治思想素质。

(2) 业务素质

要有丰富的气象、林学、地理、林火、地形图等自然科学知识,具有十分丰富的扑火经验,要熟悉并掌握扑火机具和装备的性能,能够组织专业技术培训,具有多方面的综合技术能力,能够非常熟悉并掌握与森林火灾扑救相关的业务知识。

(3) 心理素质

林火受地形、植被、气象等因素的影响,错综复杂,森林火灾扑火指挥员经常面临突发的紧急状况,扑火指挥员的心理素质就显得非常重要。扑火指挥员心理上要有果断、顽强、灵活、平和、勇敢的心态,遇事临危不乱,沉着冷静,具有科学分析、判断的思维方法。

(4) 身体素质

扑火指挥员要有强健的身体、充沛的精力,能够适应扑救森林火灾的高强度、连续作战指挥特点的需要。

5.1.3 扑火指挥员的基本能力

作为森林火灾扑火指挥员除具备以上基本素质外，还应具备现场观察能力、现场判断能力、组织协调能力、指挥决策能力和安全保护能力。

(1) 现场观察能力

观察能力是森林火灾扑救指挥员实施正确指挥的前提，是森林火灾扑救指挥员对火场态势的发展变化、兵力装备的调配使用、战法运用、协调保障等问题的感应。观察能力越强、感应敏感程度越高，扑救指挥灭火作战的效果就越好。扑救指挥员的观察能力必须全面、细致、准确，切忌主观、片面、盲目。

(2) 现场判断能力

现场判断能力是森林火灾扑救指挥员实施正确指挥的基础，是森林火灾扑救指挥员谋略水平高低的度量计。现场判断能力体现在时效性、灵活性、坚定性和准确性上。正确的判断，对森林火灾扑救指挥的分析决策与协调控制起基础性决定作用。相反，基础性工作做得不好，判断错误必然导致决策失误，灭火失利。

(3) 组织协调能力

组织协调能力包括组织能力和协调能力。组织能力主要包括：善于制订正确的扑火行动方案，指令目的明确，运筹周密，决策果断；善于建立精干有力的指挥机构，指挥忙而不乱，井然有序；善于调用扑火队伍，充分发挥不同特点的扑火队的作用；善于有效地使用人力、物力，讲究扑火效益，以小的代价换取大的成果；善于把握和控制扑火队伍。协调能力是森林火灾扑救指挥员实施正确指挥的条件，是森林火灾扑救指挥员妥善处理各种关系的能力体现。从灭火实践来看，火场越大，灾情越重，需要协调的问题就越多、越复杂。扑救指挥员协调能力关系着整个灭火作战的秩序，协调能力强，各种关系就顺，各项工作效率就高，各类保障也就好，灭火的效果也最佳，反之则会影响灭火作战的顺利进行。

(4) 指挥决策能力

指挥决策能力是森林火灾扑救指挥员实施正确指挥的关键，是森林火灾扑火指挥员的知识、性格、能力、水平在制定作战决策时的综合体现。火场态势瞬息万变，火情错综复杂，扑火指挥员决策要抓住关键，科学果断，简练明确。如果决策抓不住关键、犹豫不决、拖泥带水，不仅难以消灭火灾，还将失去灭火时机造成更大的损失。

(5) 安全自救能力

森林火灾扑救讲究"以人为本，安全第一"，作为森林火灾扑火指挥员应该具备扑火安全常识，掌握安全逃生和自救能力，能够预判危险情况，时刻备有逃生路线。

5.1.4 扑火指挥员的职责和权力

5.1.4.1 扑火指挥员的职责

森林火灾扑火指挥员的职责包括科学筹划、果断决策和全程监控三个方面。

(1) 科学筹划

科学筹划是指森林扑救指挥员对整个森林火灾扑救行动的初步构想，也是对整个灭火力量行动的全面考虑和筹划。包括对火场态势、火场环境、灭火力量等客观情况所进行的定性和定量分析，预测发展趋势和可能形成的态势，制订切实可行的方案。因此，筹划要做到全面准确，符合实际。

①掌握真实情况要准确无误。这是扑救指挥员正确谋划的客观基础。在灭火作战行动中，往往会多方面信息真伪并存，指挥员必须善于发挥助手和相关人员的作用，去伪存真，找出有价值的部分，取其精华，把情况的不确定性降低到最低限度。

②准确领会上级意图。领会上级意图是扑救指挥员正确谋划的基本前提，是完成任务的保证。在扑救森林火灾的行动中各层次的扑救指挥员，都要站在全局的高度谋划本级的救灾行动，保证整个森林火灾的扑救行动统一有效。

③科学的分析。许多森林火灾扑救行动都是在火场信息不完备的情况下进行的，由于火情发生的时间、地点、强度范围的不确定性，以及各方面人员对情况侦察、分析判断的差异，火灾性质和灾害具体情况往往难以确定。这就需要扑救指挥员对相关情况进行定性定量分析，确定已获情况的真实性、紧急程度及其对灭火行动的使用价值。

(2) 果断决策

果断决策是指森林火灾扑救指挥员在科学筹划的基础上对灭火行动方案的选择认定，包括对突然出现的情况做出的应急处置。果断决策是扑救指挥活动中最关键的步骤或环节。在一切失误中，决策失误是最大的失误。因此，在决策时，扑救指挥员首先要力争决策正确，努力使决策符合实际，同时还要重视决策的有效性。灾情不等人，迟缓与犹豫，往往会失去灭火作战的最佳时机，甚至造成不可估量的损失。扑救指挥员要做到正确、及时、果断决策，需要做好以下两点：一是要广开言路，听取不同意见，克服主观主义，防止自以为是；二是要勇于负责，坚决果敢，不为一时的假象所迷惑，不为一时挫折而动摇，站在大局的高度果敢决策。

(3) 全程监控

全程监控是指森林扑救指挥员对森林火灾扑救行动的全程监督与控制。扑救指挥员不仅是森林火灾扑救行动的决策者，也是扑救实施全程节奏的驾驭者，必须认真对所属灭火力量的灭火行动进行监督与控制。扑救指挥员要围绕扑救目的，做到确定标准，掌握信息，及时纠正整个过程中的偏差，以圆满完成扑救森林火灾任务。

①要着眼关键问题　从全局出发，把监控的重心放在影响预定扑救目标达成的关键环节上。如是否按预定的行动方向、行动时间开始行动，是否遵守了有关协同规定等。

②善于灵活应变　由于火场情况复杂多变，有时还会出现意外情况使抢险行动无法完全照原样执行。这就要求扑救指挥员善于根据变化的情况及时修订扑救计划中不符合实际的内容。当发现偏离预定计划的行为时，应及时查明原因，予以纠正，把可能或已经造成的损害降低到最低限度。必要时，还可越级指挥或直接干预部署行动，以提高时效，达到预定目的。

5.1.4.2　扑火指挥员的权力

权力是履行职责的前提，没有权力的指挥是无效的，违规超越权限的指挥也是非法的。在灭火作战过程中，各级森林火灾扑救指挥员履行职责必须具有相应的权力保证，才能保证扑救指挥任务的完成。森林火灾扑救指挥员的基本权力包括：

①决策权　制订本级灭火方案，确定本级灭火力量、灭火战术和技术手段的权力。

②支配权　调整、使用、分配所属装备物资，保障供给的权力。

③处置权　对所属火场范围内违纪、抗法、破坏的人和事有直接处理的权力，对表现好、有突出贡献的有奖励的权力。

具体而言，森林火灾扑火指挥员有权确定扑火力量和扑火战术；依据扑火方案，调用所属的扑火队伍；在紧急情况下，可以调动附近各企业事业单位的扑火力量协同扑火；根据扑火需要，可以确定建立扑火前线指挥部；在扑救森林火灾过程中，有权代表所属森林防火指挥部给予表现好或有突出贡献的扑火队、扑火队员表扬，通令嘉奖；对严重违反扑火纪律的人，给予通报批评乃至调离火场(如给予其他更严厉的行政处分，要提请行政领导或有关部门确认)。

5.2　森林火灾扑救程序

5.2.1　制订方案

(1) 受理火警

接到森林火灾报警，接警人员必须迅速准确受理火警。

接警人员要沉着镇定、语言清楚、问话简练，一般应向报警人问清森林火灾的地点(所在县、乡(镇)、村、山、山的哪个坡等)，火势情况，有无人扑救，报警人的姓名，联系方式等。接警时一定要听清楚每一句话，不清楚的地方要立即问清，发现有疑问的地方，要主动核实纠正；如报警人精神过于紧张，讲话表达不准确时，应尽量用沉着、温和的语气稳定报警人的情绪，并主动发问。询问报警情况的同时做好录音和计时，对报警情况详细记录。受理报警后，应当及时了解火灾现场情况，并立即向值班首长报告。

接到火情报警后，应根据所报火情初步调动扑火队伍赶赴现场，同时做好火情侦察工作。

(2) 侦察火情

侦察火情是制订扑火方案的基础，侦察的内容包括火场的风向、风速和其他有关气象情况，当天的天气情况和未来24~72h的天气变化，林火蔓延的方向、速度和火焰高度，火线的长度、火场面积，以及火的发展趋势，火场的地形情况，如地形、地势、河流、湖泊、公路、铁路、农田等，火场可燃物的种类和分布，可能受到威胁的居民点、仓库和其他重要设施，火场已有的扑火队伍和扑火机具。

小面积火场可使用地面侦察法进行侦察，较大面积火场或多个火场可采用空中侦察，对于着火时间长的森林火灾可用卫星跟踪侦察。

(3) 制订扑火方案

前线指挥部要尽快熟悉掌握火场周围的地形地势和火情火势，并要依据当时和未来的风向、风速、降水和气温等气象预报，以及火场周围的地形、地貌、森林可燃物类型及干湿分布状况、道路和河流等自然要素推断出火势的趋向，根据重点保护对象和现有的扑救力量及运输能力等确定控制燃烧区、兵力布置和扑救程序，从而制定出切实可行的灭火方案，组织人力、物力，打有准备之仗。

初期扑火指挥方案是森林防火指挥部接到火情报告以后，由值班员和有关领导以及带领第一梯队赴火场扑火的指挥员拟定的原则性方案，这是根据不确定火情拟定的，是否真有火不确定、起火点不确定、火场大小不确定、火势强弱不确定、火场具体气象条件不确定等。对于不确定的林火所采取的对策只能是原则的、试探与侦察式的。在初期方案的实施过程中，要给带队扑火指挥员必要的临场决断权，带队指挥员要及时把了解和掌握的火情以及和扑火有关的其他情况，反馈给森林防火指挥部，供领导指挥决策。

具体扑火指挥方案是扑火前线指挥部或火场扑火指挥员，根据火场的以下实际情况拟定的：火场的风向、风速和其他有关气象条件；林火蔓延方向、速度和火焰高度；火线的长度和火场面积；火场的地形条件；火场的交通条件；火场可燃物的种类和分布；可能受到威胁的居民点、仓库和其他重要设施；火场已有的扑火队伍和扑火机具。

扑火行动方案要确定以下内容：扑火前线指挥部的位置；扑火队伍、工具及带队人员；具体扑火战术；扑火队伍运动路线；选定突破火线的位置；战术动作与协同要求；后勤补给方式、时间；安全及注意事项。

以上方案确定后，要及时报告有关上级森林防火指挥部，以求得到批准和保障方案的具体实施。

扑火方案应根据火场发展变化，适时进行必要的调整。因为天气条件、地形、可燃物类型和分布等的变化因素，都会促使林火不断地发展变化；且灭火队伍的数量、运动、灭火效能的发挥也是变动因素，所以扑火方案应因时而变。

5.2.2 调动扑火力量

指挥部与指挥员按照扑火方案，把扑火队伍调动到关键的位置上去。在这一程序中，指挥员要切记，扑火力量的分配要适当，既不能搞人海战术，又不能搞"滚雪球"。向扑火队伍布置任务要明确，指令要清楚，要保护扑火队的战斗力，不能做毫无意义的调动。同时，在准确了解火灾情况的前提下，要加强第一出动。首先要准确调派扑火力量。准确调派，一是指就近调派，使灭火力量快速到达；二是指对应调派，根据火灾情况、特点调集相应装备和兵力；三是强势调派，就是为控火提供强兵。强势调派，要以对火势的基本评估作基础，作出兵势要强于火势的决策。关键是受理火警人员在调派力量时，要有强势调派的意识，要根据快速控制火势蔓延的要求和最近的森林消防队伍到场前火势发展蔓延的范围估算所需力量。其次是力量快速到达。森林消防队伍都有自己特定的执勤范围。平时对自己的辖区熟悉较多，非管辖范围则缺乏了解。要达到及时救人、有效控火的要求，处置重要火情，就必然要在第一时间内调派多支力量参战，并要确保快速、顺利到达。

5.2.3 扑打明火与火场控制

扑打明火是扑救森林火灾整个过程中最紧张、最激烈的。火势变化万千，思想高度集中，一切行动都围绕着火进行，直至把整个火场控制起来，封锁起来。这个过程一般要经过几次反复之后，才能最后把整个火场控制起来。

控制火场是指扑火队伍全部扣头、会合，对整个火场形成包围，完全控制火势的蔓延发展。

5.2.4　火场清理与看守

清理火边主要是清理火场的残火、暗火、站杆、倒木等，把已燃部分和未燃部分彻底分开，中间形成一条无可燃物的隔火带。这一程序是紧紧扣住扑打明火和控制火场进行的。在扑火中，要一边扑打一边清理。一定严防残火扩大，冲出边界。在气温高、风大的天气条件下，更应该严格注意这个问题；将明火扑灭后，清理火场人员除了对火线边界附近，进行普遍检查清理外，对火线附近正在燃烧的站杆、倒木等，要组织力量重点清理；重点清理之后，把清理火边的队伍组织起来，按小组编队，沿着火线边界分段划界，树立标志，明确责任，反复清理，不留隐患；对于一时清理不彻底的地方，要组织力量就近取水，彻底将隐火熄灭；在火线边界附近的站杆、倒木是"复燃火"的主要引发地，一定要把它们放倒、截开，转移到火线里侧50m外的地方；火线边界经过几次清理后，现场指挥员要亲自带队检查，发现隐患及时处理。

看守火场是一场森林火灾扑救收尾的前奏，是完成灭火任务的最后保证。一场森林火灾扑灭后，经过多次的清理、检查，在证明的确无问题的前提下，根据天气状况，可以留下一部分人员看守火场，其余人员撤离火场，不管大火场还是小火场，都应如此。看守火场的关键是"看"，不是"守"，"看"就是在看守火场的过程中，看守人员要携带工具，轮流沿火线边界巡护检查，发现情况及时处理。在实践中，暗火复燃时有发生，必须严加看守。看守火场的时间多长为宜，应视具体情况而定。一般至少要在大部队撤出24h后，经最后检查验收后，才能将看守火场人员撤出。在天干、地旱和气象条件不利的情况下，看守的时间要经过48h，甚至72h才行。

在清理与看守火场期间，经常会遇到扑火队伍换防的问题，扑火队换防时，必须经过火场总指挥员批准，要办理交接手续，在交接单上要写明责任区范围与职责，以及双方单位名称、带队人姓名、交接时间等有关事项。

5.2.5　火场验收与火场撤离

森林火灾扑灭后，扑火队伍即将全部撤离，火场总指挥要对整个火场进行验收，在验收火场时，指挥员要亲自主持这项工作，要做好记录，有负责人签字。验收记录要交火场所在的县级森林防火指挥部以备存查。

撤离火场是对收尾阶段大部分扑火队伍撤离火场。扑火指挥员不但组织往火场上派送队伍，更应组织从火场上撤离队伍。火灾扑灭后扑火队员归心似箭，身体疲惫，队伍凝聚力弱，注意力分散。撤离火场前要清点人数和装备，扑火指挥员必须认真组织好扑火队伍的撤离工作。

5.3　森林火灾扑救战术

战术就是指进行战斗的原则和方法。扑火战术是森林扑火实战中实践经验的总结，是无数扑火指挥员心血的结晶,要顺利完成扑火任务,必须选择有利的扑火战术,才能有效地扑救森林火灾。

5.3.1 确定森林火灾扑救战术的依据

扑火战术的选择与确定,必须依据火场可燃物、地形、气象、林火行为、扑火队伍和扑火装备等因素而定。

5.3.1.1 可燃物因素

森林可燃物是森林火灾发生的物质基础,对林火的发生、发展及蔓延有极大影响。可燃物的种类、分布、载量、含水率及镶嵌形等都以其不同的方式影响着林火行为的变化。不同的林火行为其蔓延速度、强度、燃烧形式和林火种类各不相同。在森林火灾扑救过程中,就要充分考虑可燃物的因素,根据其不同特征采取不同的战术。

5.3.1.2 地形因素

影响林火行为的地形因子主要包括坡度、坡向、坡位、海拔高度。上述各因素及其特点影响着林火蔓延速度、强度和方向,不同的地形对扑火行动产生不同的影响。为此,在确定扑火战术时,还应考虑地形对扑火战术的影响,分析扑火区域的地形特点、特征,正确选择和巧妙利用地形来实施扑火战术。

(1)地形因子对林火的影响

①坡向 坡向不同,太阳照射的水平角度不同,被照射的时间和单位面积接受的热量就有差异。我国地处北半球,阳坡(南坡)光照强,温度较高,湿度较低,喜光植物多,可燃物易干燥,容易发生林火,林火蔓延速度快。阴坡(北坡)则与阳坡相反,光照弱,温度较低,湿度较高,可燃物不易干燥,不容易发生林火,林火蔓延通常较慢。半阳坡(东南坡、西南坡和西坡)和半阴坡(西北坡、东北坡和东坡)森林火险性则介于阳坡和阴坡之间。

②坡位 坡位通过影响水热再分配,进而影响可燃物的种类、数量和含水量,最终决定林火的发生和蔓延。一般而言,在相同坡向条件下,从山谷、下坡、中坡、上坡到山顶,太阳照射时间依次增长,温度逐步升高、湿度则按序降低,土壤变薄;植物种类从以耐阴性植物偏多到喜光植物为主,可燃物载量逐步减少。上述因素和条件的递变,形成了林火发生和蔓延有如下规律:山脊岩石裸露的地方,植物稀少,林火可能会自然熄灭。山顶和上坡,比较干燥,容易发生森林火灾,但可燃物较少导致火势偏弱,容易控制;山谷,可燃物载量大,但潮湿不易着火,林火蔓延慢。下坡和中坡可燃物载量大,一旦着火,火势往往比较猛烈,顺坡向上蔓延速度快,不容易控制。

③坡度 坡度对林火的影响主要在于坡度大小改变降水滞留时间和影响热传递状态,进而影响林火蔓延速度。

通常情况下,平缓的地方,降水滞留时间长,土壤能充分地吸收水分,随后持续蒸发,保持湿润。所以,平缓地不容易发生林火,发生林火后蔓延也相对缓慢。随着坡度增大,水分滞留的时间缩短,也就变得越干燥,喜光植物多,可燃物含水量相对少,容易发生火灾,并且蔓延迅猛,陡峭的阳坡尤甚。

坡度大小对热传递的影响也很大。坡度越大与热对流方向越接近,坡上方的未燃可燃物同时接受热辐射和热对流传递的热量，进而受热升温，迅速完成预热和热解阶段，进入燃烧阶段。当林火向山上蔓延时，速度快，火势猛烈，危险性高、难以扑灭。相反，林火由山上向山下蔓延时，坡下方的未然可燃物接受热量以热辐射为主，热对流传递的热能比较少，完成预热和热解需要时间长。因而，下山火蔓延缓慢，容易扑灭。

因坡度不同，林火对树木危害程度也有差异。一般坡度越大，林火向山上蔓延速度越快，火停留的时间短，树木受害程度相对轻；而坡度较为平缓，火蔓延速度慢，火停留时间长，树木受害程度相对重。

④海拔　随着海拔增高，气温逐步下降（每升高100m，气温下降约0.6℃）。不同海拔高度有不同植被类型和植物种类。如云南有"一山有四季，十里不同天"。因此，不同海拔高度的区域性火灾的季节不同，森林的燃烧性也有很大差异。在大兴安岭海拔500m以下为针阔混交林，春季火灾季节始于3月；海拔500~1 100m为针叶混交林，一般春季火灾季节开始于4月；海拔1 100m以上为偃松、曲干落叶松林，火灾季节还要晚些。

(2) 地形风对林火的影响

地形可以改变气流的水分含量、气流的温度、气流的速度和流动的方向，即不同的地形会形成的不同的风。不同的风对林火强度、蔓延速度以及对树木造成的危害也不同。

①地形上升气流　当气流受到山体阻挡，被抬升而向上运动就形成地形上升气流。这种气流会引导林火加速向上坡方向蔓延，快速烧至山顶，并沿山脊加速蔓延。

②山风和谷风　白天山坡接受的辐射多于山谷，山坡上受热空气上升引导山谷空气上升，形成由山谷吹向山上的谷风，通常开始于日出后15~45min。谷风会加速林火向山上蔓延。日落后，在20:00~22:00期间，山坡上冷却的空气向山谷下沉，形成由山上吹向山谷的山风。山风会带动林火向山下蔓延或减缓林火向山上蔓延的速度，有利于林火扑救。

③越山气流　当大风越过山脊，常在山脊背面形成涡流，并且涡流的强度随风速增大而加强。根据越山气流的特性，应将林火阻隔带开设在山脊背风一侧，会起到良好阻隔效果；在背风坡面风向不定，对在此区域内作业扑火人员有很大的威胁。

④绕流　当气流经过孤立或间断的山体，气流会绕过山体。如果风速较小，气流分为两股，加速绕过山体后在山体背面汇合成一股，并恢复原流动状态。如果风速比较大，分流的两股气流不再汇合，而是形成一系列有序并随气流向下移动的涡流。

⑤狭谷风与渠道效应　沿山谷流动的气流在谷内狭窄处流动速度会加快，若主风方向与峡谷长度方向呈一定夹角时，峡谷使风沿长度方向吹，称为"渠道效应"。峡谷风和"渠道效应"对于扑救林火都是危险的"风"，要避免在谷内扑火。

⑥焚风　气流越过高山后，由山上部下降到山下部时形成的干热风，称为焚风。当气流从高山的一侧由下至上流动，每升高100m，气温下降约0.6℃，因地形抬升气流中的水汽凝结成云雾或降水；到山顶时已经变成干冷的气流。在气流越过山脊不断下降的过程中，温度也逐步升高，每下降100m，气温升高约1℃，原来干冷的气流随着气流下降变成了干热气流——焚风。焚风区森林火险程度大幅升高。吉林省延吉盆地出现焚风天的森林火情占同期森林火情的30%。

⑦鞍形场涡流　当气流越过山脊鞍形场会形成水平和垂直旋风。鞍形场涡流常常造成

扑火人员伤亡。

上述各地形因素影响着林火蔓延速度、强度和方向，不同的地形对扑火行动产生不同的影响。为此，在确定扑火战术时，还应考虑地形对扑火战术的影响，分析扑火区域的地形特点、特征，正确选择和巧妙利用地形实施扑火战术。

5.3.1.3 气象因素

气象因素是影响林火行为的关键要素之一。影响林火行为的主要气象因子有气温、风向、风速、相对湿度、降水量和连旱天数等。以上各因子主要影响林火的蔓延方向、速度、强度，还可造成特殊火行为的发生。因此，在确定扑火战术时，必须认真考虑气象因素对扑火战术的影响。

风力大小受地形的影响在单位时间内不是一成不变的，在扑救森林火灾过程中，风大时，火焰高，林火行为剧烈，扑火队员不能接近林火，此时要让扑火队员休息，做好扑火准备，同时明确负责扑打明火的人员，负责扑打余火的人员，当风突然变小的时候，就应迅速动员所有扑火队员一鼓作气，全力以赴，往往能一气之下扑灭几十米远的火线，对鼓舞大家扑灭林火起到决定性的作用。

风向的变化导致顺风火变为逆风火，逆风火也会变为顺风火。顺风火火焰高，前进速度快，逆风火则反之，扑救的方法与风小情况下的扑救方法一样，顺风火风大时队伍休息，但指挥员要高度注意风向的变化，确保扑火队员"说收就收，说放就放"，否则，就不要在风向变化时组织扑救。

在扑救森林火灾中遇到降雨是常有的事，但扑火队员看到下雨往往思想上会麻痹大意，以为林火在下雨时就可自行熄灭，殊不知南方森林防火期受地形影响多锋面雨，雨来得快去得也快，持续时间不长，常常只会起到加大难度可燃物湿度的作用，此时就应当利用好这个机会，一鼓作气将林火扑灭。如果雨后复燃，再组织扑火队员上山扑救则会加大灭火难度。

5.3.1.4 林火行为

林火行为主要是受气象、地形和可燃物三大自然因素的影响，不断地发生着各种变化。特别是林火行为突然发生变化，会给扑火带来困难和危险。因此，在制定扑火战术时，应特别注意能够造成火行为突然发生变化的各种因素，以免发生危险。林火蔓延特征关系到选择森林火灾扑救突破点的数量、位置、重点部位以及选择扑火战术的种类及投入队伍的多少。

5.3.1.5 扑火队伍

目前我们国家有武警森林部队、森林航空消防扑火力量、专业森林消防队伍、半专业森林消防队伍、应急森林消防队伍和群众义务消防队伍，参加森林火灾扑救人员的数量、素质、实战经验等是扑火能力的重要指标，是确定扑火战术时，必须考虑的重要因素。森林火灾扑救应当坚持"以专为主，专群结合"。

5.3.1.6 扑火装备

扑火装备的数量、质量、性能及种类关系到扑火战术的运用和战斗力的发挥。为此，在确定扑火战术时，应充分考虑扑火装备因素。

5.3.2 森林火灾扑救的基本战术

扑救森林火灾的基本战术是"分兵合围"。

"分兵合围"就是突破火场的一点或多点，然后每个突破点上的扑火人员兵分两路，分别沿着不同方向的火线扑打。边打边清理余火，并留下看守火场人员，直到各支扑火队伍会合，把整个火场围住，彻底扑灭。

运用"分兵合围"扑救森林火灾时，扑打的火线必须是真正的外围火线，要选准突破口，扑火力量要调配得当，合围过程中不要留下空隙。

5.3.3 森林火灾扑救的主要战术

(1) 全线合围、封控周边战术(围歼战术)

围歼战术，是指在短时间内调集多个参战队伍组成主要灭火力量，对火场周围快速展开封控，把正在蔓延的火线变为圈内火，阻止火线蔓延。体现的是先控制后消灭的战术思想，其具体行动包括预防隔离、堵截火头；多路推进、直接灭火；全线封控、以守待扑。此战术不但适用于灭火兵力充足的情况，更适用于初发火场、小火场、弱火势情况下的灭火作战。

(2) 多点突破、分段速歼战术(速决战术)

速决战术，体现的是快速灭火，主要是利用地空两线运兵，多点投放兵力，同时选择多个突破口，将火线分割若干段，分别歼灭。其具体行动包括一点突破，两翼分击；多点突破，分段消灭；紧贴火线，递进超越；先灭明火，再清余火，后灭暗火；跟进快打细清，巡护看守等。此战术适用于在有优势兵力的情况，便于机动的火场上灭火作战。

(3) 两翼推进、追歼火头战术(追歼战术)

追歼战术，可分为2种方式：一是灭火队伍从侧翼火线突入，分别沿两个侧翼向火头(火发展的主要方向)实施夹击和合围；二是从火线尾翼突入，沿火烧迹地内侧直插火头，先将火头控制，后兵分两路沿侧翼火线向火尾扑打，最终实现合围。其具体行动方法包括暂避火峰，侧翼迂回；首取要害，攻克火头；两翼并进，呼应合击等。此战术适于火蔓延速度较快、火场兵力不足的情况，也适用于扑打急进地表火灭火作战。

(4) 烧打结合、以火攻火战术(火攻战术)

火攻战术，主要是指人工直接靠近火线采取点烧攻火与直接扑打相结合的灭火方式直接灭火。此战术适于火势较弱的火线，也适于扑灭侧翼燃烧较规则的火线，而当火势较猛、灭火人员无法接近火线或灭下山火及在燃烧火线不规则区段灭火时，应采取间接的以火攻火的战术，即利用依托点烧攻火的方式以火攻火，达到控制火势、最终彻底灭火的目的。这种战法既可阻击火势发展又可进行防守，灭小火速度快、复燃率低；灭大火较安全、效果好，但是作战技术要求高，是灭火战法中的"双刃剑"。其主要行动包括直接点烧，打清配合，利用依托，迎火点烧；分组实施，多线点烧；攻守结合，全线点烧；打烧结合，边打边烧等。

(5) 打清结合，稳步推进战术(稳控战术)

稳控战术，主要是指采取消灭明火与清理余火相结合从而一次性将火彻底消灭的战术，可杜绝复燃和不打回头火，又可避免火场二次燃烧形成高危险环境导致灭火人员被烧的问题发生。稳打明火，细清余火，一次作战彻底灭火，确保灭火安全。其具体行动包括边打边清、一打多清、先打后清、彻底消除余火，一般是以实现迹地边缘向内彻底消灭余火、暗火、残火30~50m为限。此战术适于火势平稳的火线或地形较复杂的中幼密林、灌木林灭火作战。

(6) 阻打结合、阻打攻火战术(阻打战术)

阻打战术，主要是指采取开设隔离带阻火与直接靠近火线灭火相结合的方式灭火。开设隔离带是指在火线前方适当地段利用人工或机械开设生土隔离带、带状砍伐树木、清理地表植被或对地面可燃物采取喷水、喷洒化学药剂、碾轧等办法形成不燃的阻火隔离带。具体行动包括机耕、人工或机械开设隔离带，喷洒化学药剂隔火以及火烧除法等手段，清除地表可燃物形成隔离带阻火，配合人工直接扑打和清理火情，最终达到灭火的目的。此战术适于地形复杂、植被繁茂，灭火人员无法直接靠近火线进行灭火的区域，也适用于灭树冠火和地下火时的灭火作战。

【案例分析】

2011年河北省秦皇岛市抚宁县"4·12"森林火灾案例

1. 火灾综述

2011年4月12日上午11：30左右，河北省秦皇岛市抚宁县大石窟村杨家北沟口突发森林火灾，经过18 000多名军民共同扑救，明火于18日上午10：20被全部扑灭。此次森林火灾造成有林地过火面积1 067 hm²，其中油松和灌木混交林1 000 hm²、果树林67 hm²、森林受害面积205 hm²。"4·12"火灾投入扑火兵力18 000多人。其中，森警官兵600人、专业扑火队600多人、武警官兵2 800人、解放军官兵8 000人、地方政府工作人员及群众7 000多人；投入的主要扑火装备包括直升飞机4架、风力灭火机1 700多台、油锯600多把、其他扑火机具30多台、二号工具20 000多把、通信应急车8台、消防车200台、其他各种车辆500多台、对讲机120部等。

2. 火灾基本情况

火场位于抚宁县与青龙县交界处，距离祖山国有林场较近，山高坡陡。植被主要为松林和灌木混交林。受冬春连旱影响，火灾发生地连续100多天没有降水。火灾发生当日天气晴朗，西北风5~6级，阵风达到7级。

3. 火灾扑救情况

火灾发生后，河北省委、省政府高度重视，迅速反应，组建前线联合扑火指挥部，下设五个分前指。扑火工作实行集体会商，集中决策，统一指挥。同时，省林业局、防火办迅速启动扑火预案，调动各方力量全力组织扑救，并成立了由河北省省级扑火指挥部，坐镇省防火指挥中心协调指挥。

(1) 扑救阶段(从火灾发生至4月14日夜间)

一万多名官兵和群众分为东线方家河火场2 200人、中线红亮寺火场3 500人、北线东峪火场2 000人三线进行扑救。为确保祖山景区安全，在距祖山主景区南500m处，沿南面来火方向部署了1 500人开设阻隔带。由青龙、抚宁两县2 000名单位职工和群众担负扑火队伍后勤保障任务。由于火场风力大，山势陡峭，火场不断出现飞火，火势迅速蔓延，最多时达到13个区域。经过扑火人员奋力扑救，至14日晚9时，火场由原来的13个区域缩减为4个区域，火势得到有效控制。

(2) 攻坚阶段(14日夜间至18日12：00)

14日夜间风力加大至6~7级，瞬时风力达到8级，火场情况再度告急，方家河、东峪林场以南和以东地区再次出现多处火点，东线火场区域内的重要目标和周边两个村庄的安全受到严重威胁。指挥部及时调集力量，抽调祖山景区开设阻隔带的500人和后续增援的1 500名官兵支援东线方家河火场，是东线火场扑救力量达到4 000多人；抽调中线500名官兵支援北线东峪火场，北线火场扑救兵力达到了2 500人。采取堵截、开辟隔离带、直升机洒水等多种方式展开扑救，全力保护重点目标区域和周边村庄安全。17日清晨5：00，大部分明火已扑灭。火场出现0.2~1.5mm微量降雨。指挥部紧紧抓住雨后湿度大、气温低、风力小的有利时机和条件，命令各线指挥员，集中优势兵力对所有火区进行合围，将外线明火全部扑灭。

(3) 控制阶段(18日12：00至21日上午)

18日12：00外线明火全部扑灭后，指挥部根据各线过火面积及时调整兵力部署，抽调北线东峪火场1 000名官兵增援中线红亮寺火场。命令各火区全线出击，集中消灭余火、暗火，采取一清理、二浇水、三埋土措施，彻底清理火场，保证火场内看不到烟、无余火，至21日上午10：00整个火场清理完毕。至此，"4·12"森林火灾创造了万人扑火七昼夜无一人员伤亡的战绩。

4. 案例评析

(1) 迅速反应，协调联动

火灾发生后，秦皇岛市及时组织扑救，当日下午请求省局组织扑救力量支援。河北省防火办迅速启动应急预案，及时调集人员物资，科学组织指挥扑救工作。驻冀部队、武警官兵、公安消防7 000名官兵，以及来自承德、张家口、保定、唐山市共400名专业扑火队和600名森林警察星夜驰援，在最短时间投入战斗。国家、省、市、县、乡、村六级联动，各级森防指成员单位、有关部门、广大干部群众协调配合、全力保障。

(2) 突出重点，明确"两保"

扑火过程中，坚持把保重点作为工作决策和制订方案的指导思想，明确提出不惜一切代价保重要目标的"两保"(祖山和温泉堡)命令，这里仅以祖山阻击战为例进行介绍。

火灾初发时，由于风力大，山势陡峭，火场不断出现飞火，火势迅速蔓延，到13日凌晨3：00，火场观察员已发现13个有火区域。有6条火线向祖山方向蔓延，其中一条长约500m的火线已接近祖山景区边缘的长城，祖山景区的安全受到极大的威胁。经军地联合指挥部研究，制定出了将参战队伍分成东、中、北三个灭火扑火，在距祖山主景区南500m处，沿南面来火方向开设一条长8km、宽15m的隔离带，即打隔结合的扑救方案。

13日早晨6：00，为尽快解除祖山景区的危险，指挥部及时调整兵力部署，将军、地扑救队伍合理搭配，组成750人的扑救队伍，从中线红亮寺方向扑救往祖山方向蔓延的火线；由森警部队、专业扑救队和当地群众组成420人的扑救队伍，从北线东峪方向扑救接近长城的火线；由专业扑救队、驻秦部队和先期到达的乡镇及当地群众组成650人的扑救队,由东线方家河方向扑救往祖山方向蔓延的火线。13日上午10:00至中午12:00,指挥部安排2 500名官兵和承德市100名专业扑火队员增援中线,2 000名官兵和张家口、保定两市200名专业扑火队员增援东线。通过全体扑火人员奋力扑救,结合飞机洒水作业,到下午18:00,多条火线被扑灭或已在控制范围内,北线越过长城的500m火线被彻底扑灭。为确保扑火队员的安全,指挥部决定全体扑火队员在20时之前撤离到山下安全地带待命。由于火场地形复杂,山势陡峻,中线蔓延至祖山景区方向3条共近8km长的火线从中、北两个方向都无法彻底扑灭,造成北线形势再度紧张。19:00一度又有300m火线突破长城防线烧入祖山景区边缘。为确保祖山景区的安全,北线指挥员请求指挥部,带秦皇岛市专业扑火队20名队员与东线接近中线的10名秦皇岛市专业扑火队员及3名干警,相向围歼突破长城和接近长城的火线。经过近6个小时的奋力扑救,东、北两线扑火队员于22:30将威胁祖山景区1 200多米长的大火彻底扑灭,一度解除祖山景区危机。14日凌晨,火场内多处火线又死灰复燃。指挥部立即召开会议,决定加强各线前线指挥力量,各线组成由省、部队、市领导担任的联合指挥组,命令各线扑救队伍在5:00前必须到达指定区域展开扑救,为彻底消除大火对祖山景区的威胁,及时调整指挥和扑火力量,抽调精兵强将加强祖山的指挥力量和扑救兵力,并命令飞机全力保障北线扑火。经过1 500名参战官兵和各市组织的150名专业扑火队员与空中飞机的密切配合,至15日中午13:00,将中线和东线接近长城的近25km长的火线全部扑灭,彻底解除了大火对祖山的威胁。至此,祖山阻击战取得了景区森林资源未烧一棵树的战绩。

(3) 以人为本,安全第一

扑火中,始终把扑火队员和林区群众的人身安全放在首位,坚持科学指挥,安全扑救。主要体现在以下几个方面:

①方家河撤离。4月15日中午13:30,火场风力突然加大且风向不定,东线方家河指挥部领导准确判断火场情况,迅速命令所有火场扑火人员撤离到蚂蚁沟村,在所有扑火人员刚刚撤出火场,30多名扑火骨干还没来得及撤离的情况下,大火就封住了通往蚂蚁沟村的路,他们果断决定从另一条路坐船撤到温泉堡水库上游。此次行动共撤离2 000多人。

②圆坊突围。4月16日上午,秦皇岛市扑火队员在圆坊阻击大火蔓延,10:00左右,天气突变,风向不定,现场指挥员迅速命令扑火人员撤离至沟口开阔地,当部分人员撤到沟口时,大火封住了沟口,沟里还有44名队员没有撤出,现场指挥员立即决定,组织外围扑火队员分组从外向里配合沟里扑火队员从里向外用风力灭火机打开通道,实施突围。经过近半个小时奋战,沟里44名扑火队员全部安全撤出。

③背牛顶避险。4月13日,承德专业森林消防队伍30人和当地群众30人奉命到达背牛顶的董各庄组织扑火行动。14:30左右,由于火场风力突然加大至5~6级,火势顿时加大,现场指挥员迅速收拢人员,组织当地群众迅速撤离到距危险区域2km处,进行观察看守。至17:00,大火迅速越过长城防线烧至原来队员扑火的区域。如果当时采取措施不果断,很可能造成人员伤亡事故。

5.4 高山峡谷林区森林火灾扑救战术

高山峡谷林区通常山高林密，坡陡谷深，一般火强度大，蔓延速度快，由于复杂地形的影响，形成乱流现象非常普遍，经常会出现一个火场并存几个甚至十几个火头的现象，扑救十分困难。而且高山峡谷林区火场清理十分困难，由于山高坡陡，火灾呈立体燃烧，即使火场内几百米山坡上的余火也可能滚落至沟底酿成复燃，清理难度大。典型地区为我国滇西北和川西南地区。

5.4.1 高山峡谷林火的主要特点

高山峡谷林火发展的主要特点可概括为复杂性、多变性、反复性和危险性四个特性。

(1) 蔓延速度快，多立体燃烧（复杂性）

高山峡谷林区植被垂直分布明显，大部分林区古木参天，从底层到顶层藤萝缠绕，枝叶相连，可燃物从地面至树冠分布的连续性十分明显，由于坡度较大，增加了可燃物立体交叉范围。同时，随着坡度的增大，加剧了空气对流，这也是决定火灾成立体燃烧的主要因素。因此，当可燃物垂直连续分布时，易产生发展速度极快的树冠火；当地面和树冠明显分离时，则地表火发展成树冠火的可能性就小；当深厚的地表可燃物和地下泥炭层与盘结的树木根系掺杂在一起时，也能引起强烈的地下火，从而形成地表火、树冠火与地下火同时作用、立体燃烧的特殊林火行为，使火势发展迅猛，推进速度快，扑救十分困难，对林木的危害极大。

(2) 火头较多，火情多变（多变性）

高山峡谷林区内山体混乱拥挤、走势复杂，一定水平距离内垂直落差较大，林内可燃物分布广、密度大、种类繁杂，其抗燃性不同，致使火势发展变化也不尽相同，火场火线时断时续，形成多条互不相连的火线或若干个小的火场，加之山顶冷空气与山谷热空气相互作用，乱流现象十分普遍，经常出现一个火场，同时有几个火头甚至十几个火头的情况。向阳山坡植被干燥，林火推进速度较快，阴坡或沟谷部位相对潮湿，可燃物含水量较大，林火推进速度较慢，这样山与山之间就会出现多个"U"形或"W"形的火线。各条火线（火头）受植被、地形、气象等因素的影响较大，发展速度快慢不一，发展方向不一致，遇到陡坡、狭窄山谷等特殊地形，在火场小气候作用下，林火骤然发生变化，推进速度成倍增长。当火场出现"火旋风"时，火势变化极快。

(3) 多次燃烧，林火强度大（反复性）

在云南高山林火燃烧过程中，二次燃烧甚至三次、四次燃烧发生的概率很大，主要是由于受坡度大的影响。林火在风的作用下形成急进地表火和间歇性树冠火，快速向山上蔓延，产生较大区域的不完全燃烧甚至未燃烧现象，但由于该区域从总体上属于过火区域，在高温作用下，一些细小可燃物达到燃点后会缓慢燃烧，并在风的作用下迅速扩展，形成二次燃烧。由于可燃物在第一次燃烧中失去大量水分，含水率大大降低，加之火场温度升高，给二次燃烧创造了条件，这使燃烧强度极大增强。二次燃烧是完全燃烧，其危害程度、破坏程度和危险程度极大。二次燃烧一般会在过火后的几十分钟、十几分钟,甚至几分钟内发生,这主要取决于火场气象条件和火场小气候的变化。由于二次燃烧存在着很多不确定因素,影响指挥员对火情的判断,因此对灭火人员生命安全威胁较大。

(4)跳跃发展,险情较多(危险性)

林火跳跃发展的原因主要包括:第一,由于二次燃烧的发生,使整个火场推进速度快速增长,燃烧形式呈现出跳跃式发展的态势;第二,由于山高谷深,燃烧的火线极易出现断带,使同一火场形成不同层次发展的火线;第三,上山火燃烧至山顶后一般会变成发展速度相对较慢的下山火,但由于燃烧的松果、牲畜粪便等易滚落山腰或谷底,形成新的火点,往回形成二次燃烧,迅速发展成燃烧猛烈的高强度上山火,并产生火爆和飞火。林火跳跃向前发展,使森林火灾扑救的险情增多,危险性增大。

在上述林火环境中作战,如果不能及时掌握林火变化态势,因时因势,果断处置,扑火人员就极有可能陷入被大火包围的危险境地。

5.4.2 高山峡谷林区复杂环境对森林火灾扑救的影响

高山峡谷林区林火发展的特点以及特殊的地形地貌、复杂的林相、多变的气候,对森林火灾扑救行动影响较大。

(1)交通闭塞,扑火队伍开进困难

一般而言,高山峡谷林区交通比较闭塞,公路路段标准低,道路狭窄。通往火场的盘山路,往往一侧临山、一侧是悬崖深谷,一般只能单向通行,且易受泥石流、洪水、滑坡、塌方等自然灾害的影响,扑火队伍行进缓慢,车辆行进困难。山区多雾地段、时段较多,能见度较低,稍有不慎,就可能酿成车毁人亡的重大事故。高山林区森林火灾大都发生在偏远山区,一旦车辆无法通行,扑火队伍只能靠徒步向火场运动,有时甚至需要10多个小时才能到达火场。如采取空中输送,又很难找到适合于机降、索降的场地,给快速机动灭火带来了很大的困难。林区小道多沿山脊或沟谷自然分布,原始林区基本无路可走。林区海拔高、相对高差大、坡度大、植被茂密,特别是灌木丛和藤类植物分布较多的林区,还需使用砍刀等开路清障,才能通行。若遇悬崖峭壁阻隔时,须脚蹬、手攀或侧身才能通过,行进速度十分缓慢。在开进途中,随时有被刮伤、扎伤和砸伤的危险。

(2)地形地貌复杂,保障实施困难

高山峡谷林区一般青山连绵,地势险峻,地形错综复杂。扑火队伍进入火场后,受地形、植被制约,通视范围较小,观察报知困难。了解火场情况一般要靠观察员就近寻找制高点观察,其观察范围、准确性和动态观察能力受限程度较大,加之火场情况发展变化迅速,前指很难在第一时间掌握火场态势,这些都给分析火情和兵力部署带来诸多困难。组织空中观察,协调较为困难。目前,尚未形成统一的地空配合组织指挥体系,加上地空通信联络困难,空中观察情况不能直接传送给一线指挥员,这些也给火情分析、兵力部署和战术展开带来诸多困难。在火场,通信保障以无线电通信为主,由于受高山阻隔以及地下矿藏地磁、电磁的干扰,常出现信号衰减现象,造成信号不稳定,通话质量不佳,甚至出现死角和盲区,给火场通信保障造成了很大影响。

(3)坡陡林密,扑火行动开展困难

由于山高坡陡、谷深林密,扑火队员站立和行进困难。携带灭火装备开进时,在相对平坦林区为 2km/h，山地仅为 1km/h 左右，爬山时速仅 300~500m。扑火展开后，扑火队伍与林火对抗十分激烈，体能消耗大。另外，由于海拔高，空气稀薄，风力灭火机启动和运转都受到影响。海拔每升高 1 000m，风力灭火机功率损耗 9%~13%，而在海拔 4 000m 时其性能下降近 50%，部件易损坏，故障率增加，且多数情况下难以使用。间接灭火时，基本上没有可利用的自然依托，主要靠砍刀、耙子、油锯等工具人工开设隔离带，路线难把握，作业工程量大，进展缓慢，甚至出现事倍功半的效果。使用灭火弹时，易滚落、受阻，因击中目标的精度不高而造成浪费，甚至误伤扑火队员。

特殊情况下，为保护风景旅游名胜等重要目标，扑火队伍通常在高山、峡谷、密林地区实施正面攻坚作战，阻火头、攻险段、保重点，扑火行动极为困难。

(4) 气象复杂多变，指挥扑救困难

由于短距离内地形高差悬殊，受地形地貌影响，火场小气候会引起林火行为的快速变化。在森林火灾扑救组织指挥中，如不能准确判断和及时发现林火行为的变化，就可能造成指挥失效、协同失调、扑火失控的局面。

①火场情况难预测　高山峡谷林区火灾初发时多为急进地表火，进而发展为地表火、树冠火、地下火立体燃烧。由于受火场小气候的影响，风无定向，火无定势，遇有迎头阵风，易产生二次燃烧，特别是在山腰或山顶灭火时，炭火易滚落形成新的火点，并迅速形成上山火，火势异常猛烈，如指挥不当，处置不及时，极易造成人员伤亡。高山峡谷林区判定火场面积、火线长短时，容易出现误差，加之不同植被、坡度、坡位、坡向以及风向、风力、风速的不同，林火蔓延速度变化较大，难以从全局把握火场态势。

②扑火行动难协调　由于山势陡峭、沟谷纵深，火线极不规则，时断时连，呈鸡爪状蔓延之势。森林火灾扑救中，一般多支扑火队伍部署在同一火场的多个地段，因受高山、密林阻隔，虽然各扑火队伍都能按前指要求独立作战，但不同队伍间难以有效协同，相互间很难组织实施起有效的支援。此外，由于各扑火队伍到达火线和投入火灾扑救的时间不一致，在时间差内林火不断地变化，加大了封控火场的难度，从而也使协调火灾扑救行动的难度加大。

(5) 居民居住分散，后勤保障困难

高山峡谷林区村庄分散，居民稀少，分布不均，特别是我国滇西北和川西南地区少数民族很多，风俗习惯各异。加之交通不便，信息闭塞，经济相对滞后，居民生活较为贫困，这些都给后勤补给带来了诸多困难。

①物资携带不便　扑火队伍在山区扑火，有时需要连续转战几个火场，在连续作战、极度疲劳的情况下，扑火队员无法携带更多的食品和油料等给养。如果扑救一般火灾，尚可进行自我保障。若火场规模较大，灭火时间较长，自我保障就非常困难。

②给养难采购　高山峡谷林区火灾大部分发生在较为偏远贫困的山区，物产贫乏，生产方式相对落后，生活水平较低，居民多以家畜业为主，除粮食基本自给外，其余物资自给能力差，多靠内地补给。扑救一般森林火灾时，参加扑火力量少，灭火时间短，依靠自我保障就能解决后勤补给。但在扑救重、特大森林火灾时，参加扑火队伍多、持续时间长、物资消耗大，就近筹集物资、购买给养十分困难，增加了后续保障的难度。

③给养难运送　在火灾发生的大部分地区，交通运输主要以畜力驮运和人力背运为

主。由于参加扑火人员多、火线长、距离远、转场快、位置不确定,给物资给养的运送带来了诸多不便。

5.4.3 高山峡谷林区火灾扑救主要战术方法

高山峡谷林区林火由于受地形、植被、气象等影响,在遵循森林火灾扑救的基本原则、规律的基础上,武警森林部队通过实践和研究探索,形成了适用于高山峡谷林区森林火灾扑救的几种主要战法。

5.4.3.1 一点突破,两翼推进

(1) 基本含义

林火的蔓延呈线状,森林扑火队伍由一点突破火线,兵分两路沿火线扑打前进,直至歼灭林火。这是一种采取直接灭火手段打速决战的主要战法。适用于初发火火场面积较小和呈稳进地表火发展蔓延态势的中小规模火场的扑救。

(2) 运用时机和把握的要点

火势相对较弱,林火处于初发阶段。突破点应选择在植被相对稀疏、火势相对稳定的地段突破。如林火强度较大,要选择火翼或火尾突破。中等强度以下地表火,应组织快速推进;高强度地表火或伴有间歇性树冠火应稳步推进。

(3) 主要优势与不足

主要优势一是参加扑火人数相对较少,便于灭火行动展开;二是初发阶段火势较为稳定,林火强度小,蔓延速度相对较慢,危险性小;三是直接灭火,扑打清理彻底,不易复燃;四是便于指挥和火场观察,有利于突发情况的处置。主要不足是投入扑火力量相对较少,如火场气象条件等发生较大变化,不易应对。

5.4.3.2 两翼对进,钳形夹击

(1) 基本含义

火场形成带状或扇面状火线,火尾自然熄灭,扑火队伍选择两翼进入火线,相向夹击林火。因攻击形状形似钳状,故称"钳形夹击"。这是采取直接灭火的一种常用战法。

(2) 运用时机和把握的要点

在高山峡谷林区火灾燃烧过程中,受地形、植被、可燃物含水率等影响,在坡度较大的山林地,时常出现火尾或两翼地段火线自然熄灭的现象,使火场出现时断时续、极不规则的火线,此时采用此方法灭火十分有效。此方法适用于扑打燃烧速度相对较慢的上山火和下山火。

(3) 主要优势与不足

主要优势一是该方法针对性强,灭火效果好;二是避开危险环境,安全系数大;三是扑火队伍扑火展开快捷,可机动灵活地采取多种战术手段;四是火场如出现多条断续火线,投入足够扑火力量可按此战法同时展开行动。主要不足:如火场风力加大或遇特殊地形,火线形成蔓延速度快的一个或多个火头时,扑火队伍在较短时间内很难实现成功夹击,同时对灭火人员的体能要求较高。

5.4.3.3 多点突破,分割围歼

(1) 基本含义

在规模较大的火场,扑火队伍多路出击,选择两个以上的突破点,将整个火场(火线)

分割成几条或多条小段火线，各分队兵分两路扑打前进，使整个火场形成合击态势，同时展开，各个歼灭，相互实现与相邻扑火队伍会合，全歼林火。这是一种采取直接灭火手段灭火的主要战法。

（2）运用时机和把握的要点

在火场面积较大、扑火力量投入较多、能实现火场封闭或基本封闭、扑火队伍机动能力较强时实施。在地形复杂的情况下，可采取直升飞机机降、索降输送扑火力量，以加快扑火力量投放速度。

（3）主要优势与不足

主要优势一是对火场合围态势明显，不易失控；二是每个扑火队伍担负任务较为均衡，利于扑火力量的充分发挥；三是扑火队伍分界线明显，责任明确，有利于清理、看守火场；四是遇有突发情况，便于重新调整部署。主要不足：一是协同作战组织指挥难度增大；二是扑火力量部署受地形和机动能力影响较大；三是如果其中一个扑火队伍行动迟缓，贻误时机，将影响整个扑火行动，甚至会造成不良后果。

5.4.3.4　全线封控，重点打击

（1）基本含义

对不宜采取直接手段灭火的较大规模火场，首先选择在火场外围部署充足扑火力量，对火场形成封闭态势，在预定范围内控制林火燃烧，使整个火场在掌控之中，进而寻找有利时机，组织扑火，逐步扩大灭火效果，同时要对林火蔓延的主要方向和威胁重点目标安全的森林火灾实施重点围歼。

（2）运用时机和把握的要点

林火在山势陡峭、林木茂密、灭火人员无法攀登的危险地域燃烧；火场外围部分地段有道路、河流、农田等自然阻隔带，便于扑火队伍机动，对无天然阻隔的地带要采取开设隔离带等方法实现封闭；在林火发展的主要方向要加强力量，以保证对威胁重点目标安全的林火实施有效打击；根据林火燃烧强度变化适时采取直接和间接两种手段灭火，必要时也可实施全线点烧。

（3）主要优势与不足

主要优势一是林火在控制范围内发展，扑火队伍灭火作战主动性增强，战术运用自如；二是林火对扑火队伍的威胁减小，安全系数增大；三是可以做到以逸待劳，人员体力消耗少。主要不足：一是森林过火面积和森林受害面积在一定程度上会增加；二是全线封控要求投入扑火力量较多，调动和协调指挥难度增大。

5.4.3.5　穿插迂回，递进超越

（1）基本含义

就是针对面积较大、火线较长、扑打困难的火场，或视地形、可燃物燃烧性和含水率等的变化，产生了较多断续火线的火场。为提高灭火效率，扑火队伍从火烧迹地内直接穿插至其他火线，迂回向前实施灭火，或有视情从火线内外超越，选择一处火线向前扑打，每完成一段则再次向前超越一段。这是一种采取直接手段灭火的常用战法，可与"一点突破，两翼推进"等战法同时使用。

（2）运用时机和把握的要点

投入火线扑火力量较多，扑火队伍在一点或一线展开灭火效率低时；中强度以下地表

火,可燃物较为稀疏或分布不连续的火线时;火线较长,可燃物载量大,清理困难时要确保穿插路线、方向选择准确、安全、快捷。指挥员要随时观察火场情况,防止遭遇林火袭击、倒木砸伤和地下火烧伤;超越距离不宜过长,一般要保证在短时间内能够实现首尾相接;递进超越的扑火队伍应对扑灭火线进行反复清理,以防其死灰复燃。

(3)主要优势与不足

主要优势:一是控制范围增大,可有效抑制林火扩展;二是灭火效率高,一次扑打清理再接超越队伍反复清理,复燃可能性小;三是各扑火队伍相互协同配合,激发扑火热情;四是协同作战,相互支援,便于一线组织指挥。主要不足:一是穿插受现地条件影响较大,如组织不力会存在一定安全隐患;二是如超越距离过长或迂回接应不及时,会增加后续队伍扑打和清理难度,火场气象一旦突变,林火失控,将严重威胁超越队伍及后续队伍安全。

5.4.3.6 利用依托,以火攻火

(1)基本含义

针对不易直接扑救的高强度林火,形势危急或采取直接灭火手段无法在要求的时间内保住重点目标安全时,以道路、河流、农田等限制林火进展地带为依托,点烧迎面火,有效阻止大火发展蔓延,亦称"火攻战法",是在极其被动的情况下主动出击的一种作战方法。

(2)运用时机和把握的要点

一般在扑救高能量火、扑救威胁灭火人员和重点目标安全的林火,以及在特殊地形条件下为提高灭火效率时实施。实施前提是必须有可靠的依托条件,如时间允许可开设依托;点烧准备要充分,包括对时间和气象的判断,对装备机具的性能、灭火力量的强弱等情况要清楚,做到知己知彼;要求指挥员指挥果断、组织严密,参战人员要配合默契。

(3)主要优势和不足

主要优势:一是成功点烧可收到事半功倍的灭火效果;二是可有效保护重点目标安全,防止造成更大的损失;三是灭火人员体能消耗小,但对意志和胆量是一个考验。主要不足:一是对作战指挥要求高,把握点烧的时机至关重要,如出现失误,危险性极高;二是必须有良好的依托条件,人工开设依托一般困难较大。

5.4.3.7 预设隔离,阻歼林火

(1)基本含义

在林火发展的主要方向,提前开设防火隔离带,林火烧到该地段时,火强度自然降低,速度骤减,部分火线熄灭,从而有效阻止林火发展,扑火队伍乘势扑灭火灾。

(2)运用时机和把握的要点

人力无法直接扑救的高能量林火或受地形、植被等影响无法接近火线时,在林火发展的主要方向开设隔离带。一般选择在山脚,亦可在山间小路、小溪一侧开设、加宽隔离带。开设隔离带要有一定时间保证,宽度要视所处地形和林火强度而定,开设方向要与林火发展主要方向垂直。

(3)主要优势和不足

主要优势:一是危险程度小;二是灭火效率高;三是人员集中,便于组织。主要不足

是受气象因素影响较大,如对林火发展态势判断有误,火头改变推进方向,则会造成扑救工作事倍功半。

5.4.3.8 地空配合,立体灭火

(1)基本含义

利用飞机空中喷洒化学灭火药剂或直升飞机吊桶洒水,有效降低林火强度和发展蔓延速度,地面扑火队伍利用上述有利时机,集中力量直接扑打清理火线,消灭林火。

(2)运用时机和把握的要点

现阶段主要在较大规模的火场上使用,而且空中打击仅限于主要火头或扑火队伍无法抵达的地带。使用这一战法要求空中打击目标要准确,地面跟进配合要及时,迅速抓住有利时机组织灭火。

(3)主要优势和不足

主要优势:一是空中打击对扑救树冠火效果最佳,对灭火头、切火线作用最大;二是灭火效率明显高于地面的平面作战;三是降低林火对地面作战人员和重点目标的威胁。主要不足:一是空中打击精确程度不高;二是空中力量的使用受天气等客观因素影响较大;三是空中打击难以彻底熄灭余火,必须实施地面配合。

上述8种战法相得益彰,互为补充,既可独立运用,又可交叉并用。各级指挥员要在了解掌握各种战法的优势和不足的前提下,根据火场规模、地形地貌、天气条件、可燃物载量和植被类型分布、林火强度、投入的扑火力量以及火场形势变化等因素综合起来灵活使用,切忌机械套用战法。

【案例分析】

2009年四川省甘孜州巴塘县莫多乡"4·24"重大森林火灾

1. 火灾综述

2009年4月24日13:00,莫多乡措松龙村村民因在野外烧茶用火不慎,引发森林火灾,过火面积183 hm^2,受害森林面积141 hm^2,共出动森林部队、专业扑火队和当地群众39 200余人次,动用车辆606台次,于2009年5月18日17:20将火灾彻底扑灭。

2. 火场基本情况

火场位于巴塘县城西南45km处,地处高山峡谷、沟壑纵横地带,海拔高度2 870~4 760m,坡度为60°~80°,地势陡峭,地形复杂。林相为高山松混交林,腐质层厚达30~80cm,枯立木较多。火场风力3~6级,温度16~22℃,已有3个多月未降雨,天干物燥。

3. 火灾扑救情况

(1)第一次扑救情况

4月24日18:40,莫多乡接到森林火灾发生的情况报告后,乡长迅速带领当地群众120人开展扑救,同时向县森林防火指挥中心报告火灾情况。由于火灾发生地地处干旱河谷地带,受风助火威的影响,形成上山火,火势强劲。4月26日,根据火场态势,巴塘县向甘孜州县森林防火指挥中心报告并请求森林部队增援扑救,同时新增扑救力量260人。增援的雅江县森林大队50人于20:30到达火场,为确保安全,27日凌晨4:00,森林部队50人和群众360人同时采取分段合围、打隔结合的办法实施扑救。12:00,火势得到

基本控制，阻止了火势蔓延。28 日向纵深推进进行扑救和清理，29 日 9：00 明火扑灭，交由莫多乡安排当地群众留守和继续清理余火。

(2) 第二次扑救情况

由于火场地势陡峭，水源缺乏，留守人员对部分悬崖绝壁处的火烧枯立木难以处置，少数烟点未得到彻底清除。5 月 13 日下午 14：00，大风骤起导致火场死灰复燃，火势蔓延迅猛。

13 日 18：00，县委、县政府召开紧急会议，专题研究扑救工作，启动了《处置重、特大森林火灾应急预案》，成立了由县委、县政府和相关部门领导组成的巴塘县扑救森林火灾指挥部，明确了由县级干部负责的火场扑救组、后勤保障组、案件侦破组、协调联络组以及宣教工作组等。

在国家、省、州工作组的指导下，根据火场火情发展态势，14 日、15 日，指挥部进行全县总动员，调集 1 300 余人，由县委副书记、县长指挥扑救。各扑救小组分别由县级干部带队采取直接扑打、开设隔离带等方法，明确责任、分片包干组织扑救。

16 日，全体扑火人员分别由县委常委、常务副县长与县林业局负责人带队分片区包干进行扑救，并在邻县调集消防桶等扑火工具 1 000 个。

17 日再次组织扑救力量于凌晨 4：00，抓住气温低、风小、火势发展缓慢的有利战机，分别由县委书记、县长、副书记、组织部部长等县带领武警森林部队、专业打火队、机关干部、工程施工人员、农民工及来自（夏邛、党巴、莫多等乡镇）的群众 1 500 余人进入火场，分别从东、西、南三面开设长约 1km 宽 50m 的隔离带，实施"打隔结合、分段合围"的战法，采取人工背水按照"打清结合"的方法进行扑救，全线迅速形成合围。

17 日 14 时，火场起风，风力达 5 级，风向不定，为确保扑救人员安全，指挥部决定撤回火烧迹地守控和休整，以便恢复扑火队员体力。

18 日凌晨 5：00，抓住火场上空有降雨的条件和趋势，发射人工增雨弹 8 枚，成功地实施了人工增雨作业，火场降雨量达 22mm，全体扑救人员抓住火势减弱的有利时机，由外向内纵深展开全力扑救。上午 10：00，在"人努力、天帮忙"的情况下，明火全部被扑灭，扑救人员发扬不怕疲劳和连续作战的作风，全力进行清理余火工作。19：20，前线指挥部及扑火人员撤离。

为汲取前期扑救时林火死灰复燃的深刻教训，以专业扑火队为主、林业局职工和莫多乡干部群众 200 余人留守并继续清理火场，直至火场达到"三无"要求。

此次火灾先后共出动人员 39 200 人次，调动车辆 606 台次，调集后勤保障物资近 4 万元，动用打火工具 3 000 余个（件）。

4. 案例评析

(1) 主要特点

①组织扑救有序。巴塘县"4·24"森林火灾地处高山峡谷，在山高坡陡、地形险要、高温干旱、燃烧持续时间长的严峻形势下，扑火队伍上下一心、警民联动，充分利用凌晨气温低的有利时机，集中优势兵力，主动出击，把森林资源损失降到了最低；

②确保了人员安全。在扑救中各级自始至终坚持"以人为本"的原则，高度重视安全工作，防范措施到位，实现了"火扑灭，零伤亡"的目标。

(2) 存在的问题

①清理余火不彻底。第一次明火扑灭后,组织看守和清理余火不够有力,措施不具体,责任不落实,进而发生死灰复燃现象,教训十分深刻。

②地广人稀组织难。甘孜州辖区面积 $15.3 \times 10^4 km^2$,每平方千米平均不到10人,加之青壮年外出务工多,专业扑火队员人数有限,在短时间内要组织足够力量进行扑救难以实现;

③山高坡陡扑救难。此次火灾地处高山峡谷,坡度为 $60° \sim 80°$,地势陡峭,地形复杂,又因河谷地带特殊的气候条件,午后起风助火威,人员难以靠近直接扑打。为确保扑救人员安全,只能有效利用凌晨气温低、风小、林火燃烧速度慢等有利时机进行处置。

④手段单一处置难。应对气候异常、持续干旱少雨、火场气温高、地形复杂、山高坡陡、水源匮乏等复杂环境条件下的灭火作战办法不多,灭火装备还不能满足扑救任务的需要。现有的扑救措施只能是人工直接扑打、开设隔离带和借助降雨等有利时机进行扑救,先进的飞机吊水灭火、化学灭火和水泵接力灭火无法实现。

【本章小结】

本章介绍了扑火指挥员应具备的基本素质和基本能力及扑火指挥员的职责和权利;介绍了森林火灾扑救的程序及制订方案、调动扑火力量、扑打明火与火场控制、火场清理与看守、火场验收与火场撤离等过程的注意事项;介绍了确定森林火灾扑救战术的依据和森林火灾扑救基本战术与具体战术及其适用条件,并详细阐述了我国高山峡谷林区森林火灾的主要特点、高山峡谷林区复杂环境对森林火灾扑救的影响及高山峡谷林区森林火灾扑救的主要战术方法。

【思 考 题】

1. 森林火灾扑救指挥员应具备哪些基本素质和基本能力?
2. 森林火灾扑火指挥员有哪些职责和权力?
3. 接到森林火灾报警,接警人员注意哪些事项?
4. 森林火灾扑救过程中,如何清理火边?
5. 看守火场应注意哪些事情?
6. 森林火灾扑救的影响因素有哪些?具体影响是什么?
7. 简述确定森林火灾扑救战术的依据有哪些。
8. 简述森林火灾扑救中围歼战术及适用条件。
9. 简述森林火灾扑救中速决战术及适用条件。
10. 简述森林火灾扑救中追歼战术及适用条件。
11. 简述森林火灾扑救中火攻战术及适用条件。
12. 简述森林火灾扑救中稳控战术及适用条件。
13. 简述森林火灾扑救中阻打战术及适用条件。
14. 简述高山峡谷林区火灾特点及扑救战术。

第6章 森林火灾扑救技术

6.1 灭火基本方式及方法

6.1.1 灭火基本方式

扑灭森林火灾有直接灭火和间接灭火两种基本方式。

直接灭火方式就是扑火队员用扑火机具直接扑灭森林火灾。这一方式适用于中、弱度地表火。如利用风力灭火机、二号工具、水枪等灭火。

当发生高强度地表火或树冠火时,人无法直接灭火。这时,必须创造和利用一定的条件来间接灭火。如开设隔离带灭火、以火攻火等。

在森林火灾扑救过程中,直接灭火和间接灭火不是孤立存在的,而是相辅相成的,应根据森林火灾的不同情况灵活运用不同灭火方式,才能达到事半功倍,有效地扑救森林火灾。

6.1.2 灭火基本方法

6.1.2.1 扑打灭火法

扑打灭火法适用于扑打中、弱度地表火。使用的工具为一号工具、二号工具和三号工具等。扑打时,扑火队员站在火线外侧,由外向里,须轻拉重压,避免带起火星,扑打方向不要上下垂直,应从火的外侧向内斜打,边抽边扫,扫拖结合。

根据地形条件和火势强度,可单人扑救,也可多人相互配合,对准火焰同时打落,同时抬起,统一行动。使用这种方式灭火,扑火队员体力消耗很大,加上烟熏火燎,扑打时最好使用"交替战术"轮流作业,这样才能充分发挥扑火队员的扑火能力。

6.1.2.2 风力灭火法

风力灭火法就是利用风力灭火机产生的强风把重量轻的可燃物吹离火线,将燃烧释放出来的热量吹走,使温度降低到燃点以下,并将可燃气体吹散,使其达不到燃烧的浓度,从而使火熄灭的方法。风力灭火法适用于扑打中、弱度地表火,而不能扑灭暗火和树冠火。

(1) 风力灭火机灭火原理

①高速气流降低了可燃物周围可燃性气体的浓度,使其达不到着火点要求的浓度,而不进行燃烧。

②高速气流带走燃烧产生的热,使可燃物温度降低,无法点燃未燃的可燃物。

③高速气流将火线前方重量轻的可燃物吹离火线,起到隔离可燃物,阻止火势蔓延的作用。

风力灭火机不但是扑灭森林火灾的有效工具,也是火烧防火线、火烧草塘时控制火势蔓延的有效工具。

(2) 风力灭火机主要灭火方式

①扑打式 主要用于扑打弱、中强度地表火,是切割火焰底线的主要方法。

②清理式 主要用于清理火线,拓宽防火隔离带。

③控制式 主要用于压制火焰,阻止火线扩展和燃烧。

④冷却式 主要用于排除热辐射,消除对正在灭火中的风力灭火机手和风机油箱构成的威胁。

风力灭火机使用时,可以单、多机配合使用或配合水枪和其他灭火机具使用。

(3) 风力灭火机的使用技术

根据森林消防队伍实践经验,风力灭火机的使用主要是扑打弱度地表火、清理火线和以火攻火、开隔离带等,基本使用技术可概括为"割""压""顶""挑""扫""散"等。

①"割" 用强风切割火焰底部,使燃烧物质与火焰断绝,并使部分明火熄灭,同时将未燃尽的小体积燃烧物吹进火烧迹地内。

②"压" 在火焰高度超过1m时,采用双机或多机配合灭火时,用其中一台在前压迫火焰上部,使其降低并使火锋倒向火烧迹地内,为切割火线的灭火机创造灭火条件。

③"顶" 火焰高度超过1.5m,需用多机配合灭火,除用一台灭火机压迫火焰上部外,加用一台灭火机顶吹火焰中部,与第一机配合将火焰压低,并使火锋倒向火烧迹地,第三机行"割"吹灭火技术。

④"挑" 在死地被物较厚地段灭火,当副机手用长钩或带叉长棍挑动死地被物时,主机手将灭火机由后至前呈下弧形推动,用强风将火焰和已活动的小体积燃烧物吹进火烧迹地内。

⑤"扫" 用风力灭火机清理火场时,可用强风如扫帚一样将未燃尽物质斜向扫进火烧迹地内部,防止复燃。

⑥"散" 四机或五机配合灭强火时,由于温度高,灭火队员难以进行连续逼近灭火作业,则用一台灭火机直接向主机手上身和头部吹风,散热降温以改善作业环境。

(4) 风力灭火机使用的安全守则

①要根据火场可燃物分布状况和火焰高度及燃烧发展情况合理编组。

②使用灭火机时,要掌握好灭火角度,并使用最大风速,否则,不但不能灭火,反而助燃。

③风力灭火机火场工作连续4h后,要休机5~10min以凉机降温。

④风力灭火机编组使用时,要注意轮换加油,避免燃油同时用尽。

⑤火场加油位置,要选择在火烧迹地外侧的安全地段,禁止在火烧迹地内加油,严禁在加油地原地启动。

⑥有漏油、渗油的灭火机要停止使用。

⑦发现异常噪音或故障时,要停机检修,排除故障后方可继续使用。

⑧使用风力灭火机的"四不打"。一是火焰高度超过2.5m的火线不打;二是1m高以上灌丛段(草丛或林缘地区)的火不打;三是草高超过1.5m的沟塘火不打;四是迎面火的火焰高度超过1.5m时一般不打。

上述条件下扑火太危险,遇上述条件应改变策略,如暂避火头,待火焰降低时再冲上去扑灭;待火烧过不能扑打地段后再扑打;利用水枪、灭火弹降低火势后再扑打。

6.1.2.3 以水灭火法

水灭火是扑救森林火灾的主要手段之一。水是普遍而廉价的灭火剂,又没有任何污染。水在自然界中很多,如河流、湖泊、小溪、池塘等,都可以用来作为水源。另外,为解决水源不足的问题,也可采用设立临时或永久贮水池等办法以贮备灭火用水。

(1) 水灭火原理

①冷却作用 水受热蒸发时,可以从正在燃烧的可燃物中吸收大量的热能,使燃烧处冷却,达到灭火的效果。

②窒息作用 水受热汽化后,可以阻止空气进入燃烧区,减少空气中的氧气含量,使燃烧的森林可燃物缺氧,从而降低燃烧强度,甚至终止燃烧。

③冲击作用 在压力作用下喷出来的水柱具有一定的冲击力,这种冲击力比强风冲击力的灭火作用还要好。

(2) 背负式灭火水枪灭火

背负式灭火水枪最常见的是胶囊灭火水枪,由胶囊和灭火水枪两部分组成,并配有背带可供扑火人员背负,便于森林消防员携带,胶囊灭火水枪可以连续喷水,喷出的水呈细柱状或线状,最远射程可达10m以上,有效射程为4~5m,胶囊灭火水枪对于初发的森林火灾和弱度地表火有很好的扑灭效果,也可以作为清理火场和浇湿防火线的单兵装备。

(3) 水泵灭火

水泵灭火就是使用水泵接力的方式,将较远距离的水源迅速输送至预定位置,实施直接或间接灭火。当前我国所使用的水泵除自产的以外主要是从美国、加拿大等国引进的。

水泵灭火具有以下特点:一是扑救速度快,清理效果好,达到一次性彻底消灭的目的;二是人员投入少,扑救质量高,有效防止复燃;三是有效射程远,安全系数高,灭火队员可以在距火头较远的距离灭火,避免了人员直接灭火时的安全隐患。

水泵灭火还具有特殊的优势,同样的一个火场,常规灭火投入人员较多,特别是扑救高强度地表火、树冠火和地下火的难度大、风险高,而采用水泵灭火具有灭火时间短、投入人力少、一次性彻底扑灭、不复燃、安全系数高的优势。如地下火的清理十分困难,在常规灭火中一般采取开设隔火带实施阻火，人力投入多，扑救时间长，取得的效果不明显；而利用水泵可以直接扑救地下火，既彻底又迅速，可有效阻止火势发展。

灭火过程中，在水压不足时，可采用水泵串联方式灭火，水量不足时，可采用水泵并联方式灭火，当水压和水量都不足时，可采用串并联相结合的方式灭火。

——水源地选址原则

水源地选址影响到水源供应、扑火人员安全、水带铺设难易、输水距离远近、扑火救灾效果。必须选择确保人员安全，利于扑火救灾的地域作为水源地实施有效给水。

①安全第一原则　水源地选址时，必须以保障扑火队伍和人员安全为前提，选择在火场侧翼或后翼或下山火山脚处，防止被火、烟围困，尽量使其开阔，有进出路，便于转场或撤离。

②水量充足原则　要选择水量较充盈、清澈，水位较深，易于设置水泵，给水方便之处；对于山涧小溪，进场后要尽快组织挖掘深水坑蓄水。

③距离火场适中原则　根据火场态势和火蔓延趋势、林相状况，水源地应选择在有利于控制火势蔓延，保护村庄、重点设施、重要森林资源等地域，真正起到灭火、控火主力作用。

④避难就易原则　水源地除避开火险外，还应避开悬崖峭壁、陡崖、泥浆地，尽量保证上水方便，供水线路开阔平坦或坡缓林疏、线路短捷，易于形成串并联水泵开设接力给水，防止因扬程限制贻误战机。

⑤相互兼顾原则　选择水源地时，在直接灭火的同时，应充分考虑到兼顾运用间接灭火手段。

⑥备用水源地原则　进入灭火水源地后，应在图上标注第一水源地，并派出有关人员实施踏查，开辟第二、第三水源地，以备转场之用。

——水带铺设原则

水带铺设是保证水源及时输送到位，实施有效灭火的关键环节，必须做到快捷、合理、安全、稳定、持续、高效。

①就近原则　选择距离火场最近的最佳路线，尽量减少长度浪费和体力消耗。

②坡度不宜过大原则　充分考虑扬程制约因素，尽量避开和绕过陡峭山崖，防止因坡度过陡或峭崖影响供水压力，消耗机械效能。

③避开危险区域原则　水源地确定后，应立即派出分队人员根据火场态势勘查水带铺设路线，避开火头冲击区、密林区、低洼浓烟区等危险区域，依据有利地形铺设，采取跟进和侧翼围打方式灭火。

④快速原则　最佳路线经选定后，队员依据各自分工，快速进入出发地域铺设连接水带，抢抓时间和机遇，防止贻误战机。

⑤保护水带原则　要尽量避开乱石堆、荆棘丛、明火处和易于造成水带损坏的地段，寻找安全系数较高的去处。遇有公路时采取水带保护措施。

⑥易于快速铺设原则　尽量选择开阔平坦、林木稀疏、植被稀少、可燃物成分较低的地方铺设水带，做到快捷方便，减少绕行，易于铺设，保持体能。对无法通行的密丛地段，要使用割灌机或砍刀开辟通路。

——水泵分队人员编组与分工

森林防火现行装备多为手抬机动泵和背负式机动泵，手抬泵多以国产为主，背负泵多为进口产品，其性能各有长处，重量相差不多，人员编组与分工基本相同。

①人员编组　水泵分队人员编组以6~7人为宜，其中配队长1人，主泵手1人，副泵手1人，水带手3~4人(含队长)，水枪手1人。

②人员分工　队长主要负责水源地位置确定，水带路线踏查，指挥队员依据分工，各司其职展开作业；主泵手、副主泵手主要负责水泵开设固定，连接上下出、吸水管，启动水泵，水泵维护运行，保证及时给水；水带手按编号分工，依据队长命令，携带水带2~3盘，依次沿确定路线铺设连接水带；水枪手携带水带1盘及水枪头器械，快速赶赴火场边缘占据有利地形，准备持枪灭火。

③巡护抢修　实施灭火作业后，3号水带手负责水带沿线的巡护检查与维修，1~2号水带手可依据队长命令执行。

④串并联作业　若单机作业距离难以到达火场时，依据上述编组分工程序进行串并联作业。

——水泵灭火的组织指挥

水泵灭火速度快，威力大，效果好，必须周密组织，指挥得当才能快速控制火势蔓延与发展，对全局起到举足轻重的作用。

①点验配齐装备　水泵灭火使用器材装备多，零部件品种繁杂，平时应归类摆放，勿使短缺。一个零部件的缺失，都会贻误战机，必须经常点验，随时补充，以备急用。

②合理配发自身器材　依据人员编组与分工，对每名队员的器材都要固定到人，专人专管专用。备用器材要使用专柜(箱、袋)装置齐全，装载时统一运输，卸载时指定位置备用。

③制定灭火战术　接到火情通报后，指挥员应依据火场位置迅速判断周边水系、地形、林相、交通等构成因子(或在图上展开标图作业)，构思灭火战术，即采用直接扑火法或间接灭火法，跟进灭火或侧翼进攻。

④确定水源位置　到达火场后，根据河流水系分布，果断确定水源位置，依据分工下达命令，展开给水作业。

⑤勘测水带铺设路线　根据火场态势，采用图上作业、目测距离、利用向导、派员勘查等手段尽快确定水带铺设方向、方法、距离，指定串并联接力水泵位置。

⑥快速扑救，实时调整灭火力量　火场态势瞬息万变，指挥员应根据火场气象条件，山势走向，可燃物疏密程度、载量、植被等因素，指导水枪手占据安全有利地形，利用多种喷施手段有效灭火。灭火过程中，指挥员要根据火场信息员报告和火场变化情况，随时调整以水灭火布局和力量，保证转场及时，水源接续，接力合理，发挥水源效能。无论哪个环节都必须做到号令统一，联络畅通，行动一致，确保安全。

⑦收队清点，晾晒入库　灭火任务完成后，统一下达收拢集结命令，队员依照原分工，将自己使用的器材，从远到近逐一收回，防止遗失。集中后，由队长组织清点、查验、装载，安全返回营区后，组织队员擦拭、保养机械，晾晒水带适时分类入库。

(4)飞机以水灭火

飞机以水灭火又分为直接灭火和间接灭火两种方式。直接灭火是利用飞机装载水后飞临火场上空，将水直接喷洒在火头或火线上；间接灭火是利用飞机将水喷洒在火头或火线蔓延方向前方一定距离的未燃地带来构建隔离带以阻隔森林火灾的蔓延，飞机以水灭火在应对沟塘火、灌丛火、草原火和树冠火时效果很好。在我国一些居民稀少、交通不便的偏远林区和地面消防设施、人员不易到达的火场，飞机以水灭火也是重要的消防力量。不过在应对郁闭度较大的林内地表火时，由于树冠阻挡，灭火的效果不理想，利用飞机对森林火灾实施消防灭火是从20世纪50~60年代期间逐渐发展起来的，至20世纪70年代逐渐发展为应用直升机载水灭火。由加拿大研制的水陆两用森林灭火飞机，在北美洲、南美洲和地中海地区都得到了应用，飞机上的主要灭火设施为灭火水箱、吸水装置和操纵装置，灭火水箱由两个玻璃纤维制成的箱体组成，每个箱体下部都设有水门，一旦水门开启，水箱中的水或化学灭火剂就会倾倒至地面，吸水装置由低阻斗、导流板、单向阀和收放装置组成，是机载液体的填充装置。当飞机掠过水面时，依靠飞行冲力将水充入水箱，单向阀用以防止水倒流，如果飞机采用俯冲滑水方式吸水，8s即可将10t水吸入水箱内，操纵装置为液压控制机，用以控制水门的开闭和吸水收放装置。该飞机喷洒的最大长度为300m，宽度为30m。如果同时几架飞机配合实施灭火，可迅速控制火场的火情。

直升机载水灭火是利用直升机悬挂吊桶或吊囊，当飞至火场上空时释放吊桶中的水或化学灭火剂以达到灭火的目的，直升机吊桶由吊挂绳、桶体和操纵装置组成。桶体用于装载灭火液体，有软体和硬体两种。软体吊桶多由涂塑布材料(PVC)加铝合金支架(类似折叠伞)制成，特点是可折叠收起在直升机的货舱内，不影响直升机的巡护、载人、载货任务；硬体吊桶多由金属制成，特点是结构简单，造价低廉，但保存携带不便。操纵装置可控制吊桶的翻转，以实现灭火或取水，有些吊桶配有喷射泵和悬浮环，灭火时靠泵的喷射进行，实际应用效果更好，悬浮环的功能是控制吊桶的进水与溢出，配有悬浮环的灭火吊桶在实施灭火或从水源取水时吊桶不必翻转，只需打开悬浮环即可从吊桶的四周洒水或进水，待喷洒完毕或装满水后关闭悬浮环。与大型空中灭火飞机相比，直升机载水量有限，但对水源条件要求低，以M-8直升机为例，只需深度大于0.5m、直径为1~2m的水源即可实现吸水作业，加满水的时间约为2min，释放时间仅为0.5min，直升机载水灭火不仅可以实施直接喷洒灭火，更突出的是可向地面预设蓄水池(折叠移动式)注水，供灭火水泵和灭火水枪使用。

(5) 人工降雨灭火

人工降雨灭火是在人为促使下，利用自然条件使云层早期降水、在指定地区降水或增加降水量。

①人工促进降雨的作用　在森林火灾发生前，可以对干旱林区实行人工促进降雨，降低森林燃烧性，预防森林火灾的发生；发生森林火灾，可以促使该火区早期降雨增加降水量，降低森林可燃物的燃烧强度，甚至可以把林火浇灭，协助扑火队灭火。

②人工促进降雨的方法　一种是利用飞机在云层中喷洒致冷剂，使云体局部迅速冷却，进而产生冰晶，导致降水；另一种是利用高射炮以炮弹形式将人工冰核送上天空，冰核在炮弹爆炸后散布于云层内随后产生冰晶增雨。实施人工增雨扑救森林火灾时，需要气象部门的紧密配合以及航空部门和军队的有力支持。从20世纪40年代起，国外就开展了对人工增雨的研究。美国、前苏联等国的人工增雨灭火在预防和扑灭森林火灾方面都取得

了一定进展。美国人工增雨灭火技术的特点是利用大型飞机装载碘化银飞到云层上部,然后将碘化银撒播至云层中促进其降雨,美国丹佛大学已研制用聚乙醛替代碘化银作为增雨剂,聚乙醛成本低、增雨效果佳,且撒播至云层后可以被微生物降解,不会在生物体内残留,更利于保护环境。美国政府曾在阿拉斯加州等地推行人工增雨灭火技术并收到了良好效果。前苏联使用干冰、碘化银、硫化铜等物质作为人工增雨的催化剂,利用飞机或降雨火箭将其送入云层内部,增加云内的凝结核,促进降雨。实施人工增雨的飞机到达云层后,用信号枪把含有造冰试剂的信号弹从云层侧面射入云层。如使用硫化铜粉末增雨要用排气管喷出或者将粉末包在过滤纸做成小包投出,前苏联在利用火箭实施人工增雨预防、扑救森林火灾研究领域取得很大进展。列宁格勒林业研究所研制了一种装载增雨剂的火箭,从地面发射促进人工增雨,可以扑灭大面积的森林火灾。人工增雨灭火在西伯利亚和远东地区都进行过生产试验。1966年利用人工增雨扑灭了20多次森林火灾,效果较好。在1970年的人工增雨试验中发现,累计有1/3的增雨没有降到火场。为了提高增雨降到火场的概率,将进行人工增雨的对象转为可能移向火场的云块,并对火场区域实施降雨包围。试验结果表明,这样可以取得更好的灭火效果。

6.1.2.4 化学灭火法

化学灭火法就是用化学药物去阻滞森林火灾的发生、发展、终止燃烧。交通不便的偏远林区可利用飞机喷洒化学药剂直接灭火或阻火。

(1) 常用化学灭火剂的种类

按药效分类有长效灭火剂和短效灭火剂。按剂型分类有液体灭火剂、悬浊液灭火剂、乳浊液灭火剂、泡沫灭火剂、气体灭火剂、干粉灭火剂和块状灭火剂等。

(2) 化学灭火剂主要成分

主剂是起主要灭火或阻火作用的药剂;助剂也称为增强剂,其作用是增强和提高主剂灭火效力;湿润剂能降低水的表面张力,增加水的浸润和铺展能力,同时发生乳化和泡沫作用;黏稠剂能增加灭火剂的黏度和黏着力,减少流失和飘散;防腐剂能防止和减少灭火剂对金属的腐蚀和自身腐蚀;着色剂能便于识别喷洒过灭火剂的药带,一般为灭火剂中加入某些染料或颜料。

(3) 化学灭火剂的使用方法

用飞机喷洒化学药剂灭火主要有2种方式:一种是喷倒式喷洒,用于直接灭火;另一种是喷洒隔火带,阻截林火的蔓延。

使用化学药剂扑救森林火灾,是一种非常有效的方法。但其需要满足一定的条件,而且还存在一定的公害问题。因此,目前在我们国内尚未广泛使用。

6.1.2.5 航空灭火法

航空灭火包括机降灭火、索降灭火、吊桶灭火和飞机化学灭火等灭火方式。

航空灭火对交通不便的偏远山区发生的森林火灾(特别是初期火灾)有其独特的优势,更能发挥其快速的优势,有利于实现"打早、打小、打了"的目标。

6.1.2.6 爆炸灭火法

爆炸灭火法具有多种灭火效能。这种方法既可以直接灭火,又可以间接灭火。

(1) 爆炸灭火的原理

爆炸可以吸收大量氧气,使燃烧处空气中的氧气含量降低;爆炸时气浪可以产生比风力灭火机还要大的冲击力;爆炸带起的沙、石、土可以把可燃物覆盖起来,使可燃物隔绝空气,降低温度,终止燃烧;爆炸形成的土坑、土沟,可以破坏森林可燃物的连续性。

(2) 爆炸灭火的方法

①灭火弹 发生火情时,灭火人员握住弹体,撕破保险纸封,勾住拉环,用力投向火场,灭火弹(拉发式)在延时约7s后,在着火位置炸开,或握住弹体,撕破保险纸封,掏出超导热敏线,直接投入火场,超导热敏线在火场受热速燃并爆炸,释放出灭火剂,可在短时间内使突发的初期火灾得到有效控制。

主要用于降低火势,扑救初期地表火和阻截火头、抑制火势,配合风力灭火机等灭火机具进行灭火,为扑火队员靠近火线扑打创造条件。

②灭火炮 燃烧区高温、灼热,扑火人员无法接近火场的时候,采用一种发射装置,将灭火弹迅速而准确地射向火场,达到灭火、隔火或降低火势的目的。缺点是灭火炮弹成本高且命中率较低。

③灭火炸药 用炸药灭火多半是在建立隔火带或用以爆炸火头时应用。

④索状炸药(带状炸药) 可用于开设隔离带或用于炸倒单个枯立木。用于开设隔离带时,可先在火头前方一定距离挖一条小沟,然后将索状炸药沿沟铺设,引爆炸宽隔离带,可根据情况多次进行;清理余火时,遇到有余火的枯立木,可将灭火索绕枯立木3~5圈,引爆可将枯立木炸倒,进而将余火清理。

⑤硝铵炸药 在火未到之前,先把炸药安放在确定的位置上,火到后爆炸可直接灭火,又可形成隔火带。

炸药爆炸灭火的技术性很强,必须由经过训练的专业人员操作,并要严格遵守安全操作规程。

6.1.2.7 以火灭火法

以火灭火是一种有效的间接灭火方法,应用恰当可以达到事半功倍的效果。

(1) 采取"烧"的时机

①火强度大、蔓延速度快、部队无法接近火线时;

②在扑救连续型树冠火,无法采取直接灭火手段时;

③在火场附近有可利用的地形时;

④在火势威胁重点区域或重点目标时;

⑤采取火攻灭火方法拦截火头;

⑥遇到双舌形火线时,可在火的舌部顶端点火,把两个舌形火线连接起来,扑灭外线火;

⑦遇到锯齿形火线时,应在锯齿形火线外侧点火,把火线取直;

⑧遇到大弯曲度火线时要在两条最近的火线之间点火,把两条火线连接在一起,再扑灭外线火;

⑨难以清理地段的火。

(2) 以火灭火的条件

以火灭火要求技术性强,而且带有很大的危险性,所以使用这种方法必须具备一定的条件。

①必须建立起控制带；
②必须组织好队伍，点烧人员和防护人员要分工明确，任务清楚；
③通知友邻扑火队；
④切实清理火场；
⑤严格按计划点烧，不得半途中断；
⑥整个行动一定要统一指挥，时刻保持通信联系；
⑦当大火袭来，为了保护扑火队员的安全，可以不经请示，自行点火自卫。

（3）以火灭火的一般方法

以火灭火就是在火线前方的一定位置上，用人工点烧一条火线，在人为控制下使这条人工点烧的火线向火场烧去，留下一条隔火带，达到控制火场、扑救森林火灾的目的。

点火的一般方法有两种：一种是线状点火；另一种是棋子点烧。

——线状点烧法

线状点烧法就是以控制线为依托。在控制线的里侧，沿着控制线的平行方向，在风的帮助下连续点烧。具体操作要根据控制线条件、森林可燃物状况、地形条件、气象条件、扑火队伍的实力和火场蔓延的实际情况恰当处理。具体方法如下：

①一条龙点烧法　就是从某一控制点开始，点火人员一字排开，一直沿着控制线的里侧向前点烧。看守人员守护在控制线上，严防点烧的火越过控制线，或跟在点火人员之后，彻底地把点烧的外侧火扑灭干净。

②一点两线点烧法　即从一点开始，然后兵分两路，沿着不同的方向点烧。看护办法和"一条龙点烧法"相同。

③两点合拢点烧法　从两端的控制点开始点烧，然后沿着控制线的里侧往一起点烧，直至双方点烧人员合拢为止。看护的办法也和"一条龙点烧法"一样。

④多点全线点烧法　在点烧和看护人员多的情况下使用。具体做法是在控制线里侧同时多点点烧。点烧后亦可用"一条龙点烧法"，亦可用"一点两线点烧法"，还可用"两点合拢点烧法"，全线铺开点烧。

⑤多线带式点烧法　这在火场和控制线之间同时沿着控制线平行方向点燃几条燃烧带。点火人员的运动方向既可用"一条龙点烧法"的运动方式，又可用"一点两线点烧法"的运动方式，还可用"两点合拢点烧法"的运动方式。这种方法的好处是减低火燃烧强度，减少飞火的发生。弊端是危险性较大，特别是靠近火场一侧的点火人员，一定要提高警惕，时刻注意安全。

——棋子点烧法

棋子点烧法就是把计划点烧区分成若干块，同时或先后在每一块的中间地带点烧。使用这种方法点烧，必须注意以下几个问题：

①点火人员一定要时时提高警惕，以免被火包围；
②一定要开设好控制线，否则待全面点烧以后，容易跑火越过控制线，形成新的火场；
③一定要把看护队伍组织好，严防点烧的火越过控制线。

以上两种点烧方法各有优缺点：线状点烧法虽然危险性小，方法容易掌握。但点烧火和火场火会合时形成的高能量火，会产生大量飞火。这些飞火有可能飞越控制线，落到控制线外侧的林地里，引起新的火场，为了避免此类事情的发生，扑火队伍要采取相应措施，严加防范；棋子点虽然烧法危险性较大，由多人同时点火，指挥人员不易掌握。但如果组织得好，火点分布得合理，能产生所期望的内向气流和降低燃烧强度的作用，不易发生飞火，可以避免飞火引起新起火点的危险。

（4）不利条件下的点烧方法

在条件（气象、地形、森林可燃物、点火位置等）不利于控制火势的时候，使用以火灭火的方法灭火的主要关键是调整点烧火的热量释放。

①风向不利　顶风点火可谓风向不利，点烧这种火的时候，如果火势较强，风速较大，往往会出现飞火或者发生人工点燃的火线越过控制线问题。

解决的办法为：寻找自然的或者开设有利的依托；加强控制线的防守；注意观察烟柱的移动方向，其可以指示飞火的方向与范围，要在飞火有效范围内设防。

②坡位不利　人工燃烧带从山上向山下燃烧时可谓坡位不利。往往会出现与风向不利时相同的情况。采取解决的办法与风向不利时的解决办法相同。

但要特别注意，尽可能不在坡度30°以上的地方点烧；绝不能在坡度超过40°的地方点烧；点火处不要选择在可能引起树冠火的地方。

③可燃物条件不利　幼龄林、针叶异龄林、森林可燃物密集且载量大的林分，一般视为可燃物条件不利。

尽可能不在上述地方点烧。不得不实施点烧的时候，能移动的可燃物要移走或清除；集中较多扑火工具，尽可能把点烧火线的强度控制在可以控制的程度，以防意外。

值得注意的是，除非万不得已，尽量不要在不利条件下点烧。

（5）滴油式点火器使用安全

滴油式点火器使用时应避免摆动过大，以免滴出来的燃烧油甩到其他队友身上甚至甩到自己身上引发意外。

6.1.2.8　覆盖灭火法

这种方法适用于在沙土层较厚的地方灭火。工具以铁锹为主，有条件的也可以使用推土机等大型机具。

6.1.2.9　开设隔离带

这种方法用于扑救树冠火和高强度地表火，或为了保护居民点、重要设施、林场或经济价值较高的森林而采取开设隔离带来阻挡火头。

隔离带位置的选择要慎重，确定隔离带的原则如下。

①隔离带开设的位置一般选择在山脊或沟谷中心线背火一侧。如无山脊或沟谷可依托，则应选择在不同类型可燃物的交界处，但绝对不能在火头前进方向的半山腰开设隔离带。在平坦的地方开设隔离带，隔离带的走向要尽可能地与风向垂直。

②隔离带的开设要充分依靠天然屏障，最大限度地减少工作量，缩短开设隔离带的时间。所谓天然屏障，是指林区公路、铁路、机耕路、板车路、林间小路、溪流、河流、水库、林间空地、水田、裸露岩石等能使林火蔓延受阻的人为或自然的条件。

③开设隔离带时要事先向所有人员明确危险情况下的撤离路线，必要时开设安全避险区。

④一条隔离带的开设由一人指挥，且必须安排一人担任警戒，其任务是观察、瞭望整个火灾现场林火发展态势，防止林火包围作业人员，一旦有发生此类险情的态势，要迅速通知作业人员按预先明确的路线撤离。

⑤火线与隔离带的距离要根据林火蔓延的速度和完成开设隔离带的时间来确定。完成开设隔离带的时间，一定要低于林火蔓延到隔离带的时间。否则隔离带没有形成时林火就蔓延过来，导致前功尽弃。林火与隔离带的距离要适当，如距离过大，中间舍掉的森林资源就多。所以何处保，何处舍，要利弊权衡。

火头蔓延到隔离带处所需的时间可由火头和将要开设隔离带处的距离与林火蔓延速度的比值来求得，开设隔离带的时间与作业的机械化程度、作业人员的多少、有无天然屏障等有关。

⑥隔离带的宽度依林火种类和风力大小而定。针叶林内发生树冠火时，只能依托地形条件在林火蔓延的前方山脊或沟谷中心线背火一侧开设隔离带，如山脊线两侧林分相同，隔离带的宽度以开设到背火一侧树梢高与山脊线平齐为宜，如山脊线两侧林分不同，隔离带的宽度可稍缩小，如果必须在林内开设隔离带，则其宽度要大于树高1.5倍以上，如果风大，越宽越好；林内发生地表火时，隔离带的宽度要大于火焰高度；林内发生地下火时，隔离带的宽度以 1~1.5m 为宜，深到见生土或地下水为宜。

⑦隔离带表面要用扫帚或风力灭火机清除枯枝落叶、杂草，要现生土。

⑧如果风大，林火很有可能突破隔离带时，绝不能等到火烧过来，而要依托隔离带实施点烧迎面火，烧宽隔离带，最终达到以火灭火的目的。

6.1.2.10　挖隔火沟

挖隔火沟适用于扑救地下火。隔火沟的深度，必须挖到湿土层或沙面层，否则不足以起到隔火的作用。

用铁锹挖沟或开沟机、犁开沟，一直挖到矿物层以下 20cm，可以阻挡地下火蔓延。扑救地下火要有一支精干的扑火队伍，配备灭火工具，摸清火场边界，挖隔火沟划分出若干个小区，分别进行消灭。

具体方法：第一步，接到地下火报告时，迅速组织精干扑火队，每队 10 人左右，4 人带铁锹，2 人带水桶，2 人带耙子，2 人带钩子。用铁锹挖隔火沟，用钩子捅地下火，用耙子把可燃物和已燃物搂到隔火沟内，用水浇灭引燃最深的地下火。用开沟犁沿火场四周挖深 30~40cm，宽 70~100cm 的隔火沟，其深度必须低于腐殖质层达到矿物层。到达火场要尽快确定火场边界，布置扑火力量。火场边界是根据地下火发生的具体地点的地物、地形、风向、风速等立地条件，按每小时 4~5m 来计算确定。用有烟和无烟交界处作为火场边界，向无烟处延伸 8~10m 来确定隔火沟位置，然后即可开始挖隔火沟，隔火沟闭合后，再检查一次是否地下火已在圈内。这时根据扑火力量，将火场划分若干小区，直到把易燃和未燃的腐殖质、泥炭全部控制在固定位置上，然后集中力量彻底清理火场。

6.2　航空灭火技术

6.2.1　吊桶灭火技术

6.2.1.1　直升机吊桶灭火的概念和特点

(1) 直升机吊桶灭火的概念

吊桶灭火是利用直升机外挂吊桶载水，从空中将水喷洒到火头、火线上直接扑救森林火灾的方法。吊桶灭火是一种森林航空消防直接灭火手段，在我国东北、内蒙古和西南林区已普遍运用，效果显著。

(2) 直升机吊桶灭火的特点

吊桶灭火不仅能直接、快速扑灭小火和初发阶段的火灾，而且在扑救较大森林火灾时，能够利用其居高临下的优势，以直升机喷洒的方式，迅速压住火头、火线或通过喷洒提高防火隔离带的湿度，实施地空紧密配合、立体作战，为地面扑火人员创造有利灭火时机，以便扑灭森林火灾。再者，吊桶灭火在扑救树冠火、地下火及陡坡、峭壁上的火线、火点时，更能够起到地面人员难以替代的作用。

吊桶灭火主要有以下特点：喷洒较为准确，对水的利用率高；水源条件较易满足，一般水的深度在 2 m 以上，河流、池塘、湖泊周围的净空条件较好，都可以作为直升机实施吊桶灭火的水源；以水作灭火剂，在水源丰富、经济欠发达的林区，特别是西部经济欠发达省(区、市)的林区，既降低了扑火成本，又利于推广；直升机吊桶所载之水，既可用于空中直接灭火或间接扑火，又可以为前线扑火人员提供生活用水；利于发挥直升机机动灵活、一机多能、一机多用的特点，提高了飞机的使用效率和森林航空消防效益。

6.2.1.2　实施吊桶灭火的原则

吊桶灭火必须遵循安全、高效、快速的原则。所谓安全，就是要在确保飞行安全的前提下完成吊桶灭火任务，对确实不能实施吊桶灭火的火场，绝不可勉强行事。例如，没有水源、取水距离太远、直升机无法取水等各种条件制约。所谓高效，就是在可能条件下尽量选择距离火场距离较近的水源取水，以缩短取水时间，提高灭火效率，同时要主动与地面扑火人员配合，对地面人员扑救困难地段的火头、火线，以吊桶灭火作业尽快扑灭。所谓快速，就是发现或接到扑救森林火灾的命令后，要尽快搞清和分析各种情况、迅速做好准备，立即启动吊桶灭火预案，快速出动对火场实施吊桶灭火。

6.2.1.3　实施吊桶灭火的条件

根据森林航空消防系统多年的经验，吊桶灭火一般应具备以下基本条件：

(1) 水源(取水点)条件

①净空条件　对直升机取水而言，其水源周围环境即净空条件较好时，能够顺利进行取水作业。其一是水源不应位于陡峭高山间且不开阔的峡谷中。其二是水面(域)上空不能有危及飞行安全的障碍物，如高压电线等。其三是距水面(域)岸边 100 m 以内，不能有影响直升机取水时降低飞行高度、取水后提高飞行高度的高大物体，例如高大建筑或树木

等。其四是直升机取水的水源,要尽量选择在地势较为平坦、视野开阔的地带。

②水源面积 直升机取水的水面(域),以面积较大且周围环境开阔最为理想,但在山区、林区,特别是西南高原山区,山峦起伏、沟壑纵横,确定理想的取水水面(域)并非易事。从国家林业局南方航空护林总站的实践看,倘若找到100m×100m以上的水域,且净空条件较好、能确保直升机安全飞行,即可进行取水作业。

③水源深度 根据我国目前所使用的直升机机型和吊桶设备状况,在东北、内蒙古林区一般使用 M-8 型直升机、载水量在 1.6~2.0t 的吊桶,西南林区使用 M-8 型或 M-171 型直升机、载水量在 1.5~1.9t 的吊桶,取水时的水源深度应在 2m 以上。

④水中障碍物 为保障直升机的安全和防止吊桶设备受损,实施取水作业时,水中不能有树桩、渔网、岩石等杂物。

⑤水源海拔高度 由于直升机的有效载荷是随着海拔高度的增加而降低,且随着气温的升高而降低。所以,水源海拔高度、气温不同,取水量也有差异。东北、内蒙古林区一般较为平坦、开阔、海拔不高于 3 000m,吊桶一般都能取满水。而西南林区山高坡陡,实施吊桶灭火作业时,每架次的取水量远比相同机型在东北、内蒙古林区的取水量要少且飞行难度较大。多年来,西南地区实施吊桶灭火,M-171 直升机外挂吊桶在海拔 3 000m、M-8 直升机在海拔 2 000m 左右的水域取水,每桶取水量可达到 1.5~1.9t。

⑥水源与火场距离 直升机取水点距火场的距离一般在 50km 范围内为宜。

(2)火场条件

①吊桶灭火对扑救初发阶段和小的森林火灾效果显著;

②火场的海拔在 3 000m 以下,直升机减载较少,可实施吊桶灭火;

③火场距机场的距离超过 100km,应有野外加油条件或增加直升机架数;

④火线、火点附近上空没有高压电缆等障碍物,否则实施吊桶灭火作业时,应特别注意避开障碍物,以确保飞行安全。

(3)飞机条件

①在 2 500m 以上的高海拔林区实施吊桶灭火,一般应使用 M-171 型直升机,但若超越了该直升机主要性能限制,绝对不能实施吊桶灭火;同样,在 2 500m 以下的低海拔林区,使用 M-8 型直升机,在通常情况下,可以较好地实施吊桶灭火,但也必须在其性能允许范围内正确操作。

②所有执行吊桶灭火任务的直升机必须性能良好,具有满额的定检小时飞行数,直升机配备有齐全的外挂装置。

(4)人员条件

①直升机机组人员操作过吊桶灭火作业,有一定的实际飞行经验;在西南高海拔林区实施吊桶灭火,机组人员必须具有吊桶灭火的飞行经验。

②随机执行吊桶灭火作业的观察员,应有 3 级以上任职资格,并具有 50h 以上的吊桶灭火飞行经验。

③执行吊桶灭火任务的所有人员,精神和身体状况良好,不允许带病登机工作。

(5)天气条件

①执行吊桶灭火任务要求的低云量在 7 个以下,云底高度大于 300m。

②平原地区的水平能见度在 2 000m 以上，高原(山区)和丘陵地区的能见度在 3 000m 以上。

③逆风风速要小于 20m/s，侧风风速要小于 10m/s，顺风风速要小于 5 m/s，一般不允许顺风飞行。

④气象诸因子波动较小，相对稳定。

6.2.1.4 吊桶灭火的原理

森林可燃物、氧气和火源，为森林燃烧的三个基本要素。三要素中缺少其中的任何一个，森林就不能燃烧或中断燃烧。因此，扑救森林火灾必须设法在燃烧三要素中除掉其中的某一个要素，火灾就能够熄灭。实际上，吊桶灭火的最基本原理，就是通过将水喷洒在森林可燃物上，要么将森林可燃物和空气隔绝，致使氧气不足，火即停止燃烧，从而达到扑灭森林火灾之目的；要么迫使将可燃物的温度降低到燃点以下，最后停止燃烧。这就是直升机吊桶灭火的基本原理。

6.2.1.5 吊桶灭火的方法

按照吊桶灭火的不同方式，可分为直接灭火和间接扑火两种方法。在扑火实战中，根据森林火灾种类、火场面积大小、火势强弱等因素确定具体灭火方法。

(1) 直接灭火

直接灭火方法即直升机外挂吊桶载水，在火场上空直接将水喷洒到火头、火线上，或喷洒在火头、火线蔓延方向的前一地面上，以起到将正在燃烧的火头、火线扑灭，或阻止其燃烧、蔓延的作用。直接灭火可以根据火场的形状、大小，火线的长短，火灾的种类、位置，火势强弱和火场风向、风速等诸多因素，在喷洒技术上能够满足扑火需要，按带状、弧状、点状等不同形式，喷洒到可燃物上，且以不同的速度对不同燃烧强度的林火进行有效地喷洒；用较慢的飞行速度喷洒以控制或扑灭燃烧强度较大的火头、火线；用较快的飞行速度喷洒以控制或扑灭燃烧强度小的火头、火线。喷洒时吊桶的高度距离火焰 10～50m 为宜，也可调整飞机不同高度实施喷洒，以控制或扑灭不同燃烧强度的林火。

①林火呈线状燃烧　静风或侧风时，风向与火线一致，与火的蔓延方向成一定角度，逆风飞行正对火线喷洒效果较好。此时要考虑惯性作用力与逆风阻力相互抵消因素；顺风时，风向与火线成一定角度，与火蔓延方向一致，要修正飞行航线，使飞行航线与火线有一定距离，不能正对火线喷洒，距离的长短要根据火场风速、吊桶离火焰高度而定。

②对树冠火或呈点状燃烧的林火　静风时，飞机可以正对火头悬停喷洒，但若火头上空有浓烟、视线不清时，严禁悬停喷洒；有风时，可根据风向、风速，由飞行员修正喷洒点和火点距离后，再对火头实施运动喷洒。

③在火势很强、火线较长的情况下　可先对火线实施喷洒、将火线切成几段，然后再分别进行喷洒。

④当火势和风速都比较大时　可将水喷洒在火线蔓延的前方，以增加可燃物湿度，降低林火强度，减缓蔓延速度，为地面扑救人员赢得战机。

(2) 间接扑火

间接扑火方法是直升机外挂吊桶载水将水释放到地面储水池里，以供扑火人员利用不同的灭火机具喷洒火头、火线及扑救地下火时的用水。一般来说，间接扑火适用于扑救地下火和地表火；还可以用作保证扑火人员生活供水。间接扑火是在实施机降、索(滑)降扑火的基础上，配合地面扑火人员才能发挥作用。间接扑火同直接灭火一样，在实施过程中，直升机要随机携带全套吊桶设备和折叠式储水池。直升机先机降、将储水池安放在火场附近上风方向的安全地带，然后挂吊桶就近取水，并将水运送、释放到储水池中，以保证扑火人员的需要。扑火人员可以通过水枪、背囊、灭火机或高压细水雾等灭火机具，将水喷洒到火头、火线及正在燃烧的地下火等处，最终达到扑灭森林火灾的目的，这种方法在扑救地下火时效果较为理想。

(3) 吊桶灭火注意事项

①直升机外挂吊桶取水时，应逆风或顺水流的方向作业，飞机进入水面上空，距水面10m左右悬停，并开始取水。在取水的同时，要留心观察是否有渔网或树桩等隐藏在水面下，以防将吊桶挂住。

②通过将吊桶自水里提出时的速度，控制吊桶所装水量。直升机缓慢提升，吊桶载水量较少，若快速提升，载水量相对较多。

③待吊桶装满了水，直升机上升提起时，不宜做90°急转弯动作，以防吊绳挂住飞机后滑板，避免人员受伤和飞机受损。飞机升起的过程中从后视镜可检查吊桶装水量和吊绳情况。

④速度要求。直升机外挂空桶飞行，其航速应控制在150km/h以内；外挂吊桶满载飞行时，航速不要超过100km/h，飞机转弯，时速应放慢，速度过快，水会从桶内溢出；喷洒扑火时，应该根据火场具体情况酌情处理，但总体要求是航速不宜过快，才可能保证喷洒的准确性，需进行悬停喷洒扑火时，应作逆风飞行。

⑤空中喷洒。飞机进入火场上空后，观察员首先要注意观察火情，然后与飞行员协商，以确定喷洒位置；飞机顺着林火蔓延方向接近火线、火头，可视火场具体情况，尽量降低喷洒高度，在允许的条件下，喷洒飞行高度越低，将水喷洒到预定部位的准确度越高。一般情况下，喷洒飞行高度超过100m，水即会产生严重的飘移，喷洒的准确度就降低，单位面积上喷洒的水量就少；不论是实施条状喷洒还是点状喷洒，喷洒过程中都应尽量提前与地面人员联系，以进一步确定喷洒的部位。应注意的是飞机不要超低空迎面接近火头和浓烟，以防烧伤飞机或导致发动机缺氧熄火。

⑥火场风速大于10m/s，禁止实施吊桶灭火作业。

⑦若直升机运载有扑火人员，应先将扑火人员机降至火场附近，然后再外挂吊桶，实施吊桶灭火作业。

⑧吊桶灭火结束后，选择一块平坦地段供直升机着陆，卸下吊桶。方法是直升机外挂的吊桶先着地，飞机再后移或侧移，以保持吊绳拉紧，控制头和地面形成一定角度，飞机下降释放控制头。切忌在地面拖拉吊桶。

⑨未经批准，执行吊桶灭火飞行任务的直升机，不得乘坐无关人员。

⑩不要把束带调整到最小的水量记号，过小会损坏吊桶。

6.2.2 索(滑)降灭火技术

6.2.2.1 索(滑)降灭火的概念

索(滑)降灭火，就是用直升机将扑火队员迅速安全地运送到火场附近的上空后悬停，将扑火队员通过索控器、绳索、背带等设备降至地面，直接或间接地进行扑火作业。

索降与滑降灭火的区别：两者的扑火作用和方法相同，仅下降控制方式有别。向火场输送扑火队员的速度、设备成本等方面，滑降优于索降。索(滑)降灭火能够弥补机降灭火的不足，具有接近火场快、机动性强、受地形影响小等特点，主要用于扑救没有机降场地、交通不便的偏远林区的林火。

索(滑)降灭火能够充分发挥直升机突击性强的空中优势，在最短的时间内将扑火队员输送到火场，及时投入扑火战斗。对于完成急、难、险、重和特殊地形条件下的突击性任务，具有重要意义。

6.2.2.2 索(滑)降灭火的特点

(1)接近火场快

索(滑)降灭火主要用于交通条件差和没有机降条件的火场，在这种地形条件下利用索(滑)降布兵，扑火人员可以迅速接近火线进行扑火。

(2)机动性强

①对小火场及初发阶段的林火可采取索(滑)降直接扑火。

②当火场面积大，索(滑)降队不能独立完成扑火任务时，索(滑)降队可以先期到达火场开设直升机降落场，为大队伍进入火场创造机降条件。

③当火场面积大、地形复杂时，可在不能进行机降的地带进行索(滑)降，配合机降扑火。

④当大火场的特殊地域发生复燃火，因受地形影响不能进行机降，地面队伍又不能及时赶到复燃地域时，可利用索(滑)降对其采取必要的措施。

(3)受地形影响小

机降灭火对野外机降条件要求较高，面积、坡度、地理环境等对机降灭火都会产生较大的影响。而索(滑)降灭火在地形条件较复杂的情况下仍能进行。

6.2.2.3 索(滑)降灭火的主要任务及适用范围

(1)索(滑)降灭火的主要任务

①对小火场、雷击火和林火初发阶段的火场采取快速有效的扑火手段。

②在大火场，可以为大队伍迅速进入火场进行机降灭火创造条件。

③配合地面队伍扑火。

④配合机降灭火。

(2)索(滑)降灭火主要使用范围

①主要用于扑救偏远、无路、林密、火场周围没有机降条件的林火。

②主要用于完成特殊地形和其他特殊条件下的突击性任务。

6.2.2.4 索(滑)降灭火方法

(1)林火初发阶段及小火场的运用

①索(滑)降灭火通常适用于小火场和林火初发阶段，因此，索(滑)降灭火特别强调一个"快"字。这就要求索(滑)降队员平时要加强训练，特别是在防火期内要做好一切索(滑)降灭火准备工作，做到接到命令迅速出动，迅速接近火场完成所担负的扑火任务。

②直升机到达火场后，指挥员要选择索(滑)降点，把索(滑)降队员及必要的扑火装

备安全地降送到地面。在进行索(滑)降作业时,直升机悬停的高度一般为60m左右,索(滑)降场地林窗面积通常不小于10m×10m。

③索(滑)降队员索(滑)降到地面之后,要迅速投入作战。这样做的主要目的是因为火场面积、火势随着林火燃烧时间的增加会发生不可预测的变化,这就要求在进行索(滑)降灭火时,要牢牢抓住林火初发阶段和火场面积小等有利时机,做到速战速决。

(2)大火场的运用

在大火场使用索(滑)降灭火时,索(滑)降队的主要任务不是直接进行扑火,而是为队伍参战创造机降条件。

在没有实施机降灭火条件的大面积的火场,要根据火场所需要的参战队伍及突破口的数量,在火场周围选择相应数量的索(滑)降点,然后派索(滑)降队员前往开设直升机降落场地,为队伍顺利实施机降灭火创造条件。开设直升机降落场地的面积要求不小于60m×40m。

(3)与机降配合作战

在进行机降灭火作战时,火场的有些火线因受地形条件和其他因素的影响,不能进行机降作业,如不及时采取应急措施就会对整个火场的扑救造成不利影响。在这种情况下,索(滑)降可以配合机降进行扑火作战。在进行索(滑)降作业时,要根据火线长度,沿火线多处索(滑)降。索(滑)降队在特殊地段火线扑火直到与机降灭火的队伍会合为止。

(4)配合扑打复燃火

在大风天气实施机降灭火时,离宿营地较远又没有机降条件的位置突然发生复燃火时,如果不能及时赶到并迅速扑灭复燃的火线,会使整个扑火行动前功尽弃,在这种十分紧急的情况下,最好的应急办法就是采取索(滑)降配合作战。因为,只有索(滑)降这一手段才可能把队伍及时地直接送到发生复燃的火线,把复燃火消灭在初发阶段。

(5)配合清理火线

在大火场或特大火场扑灭明火后,关键是彻底清理火线。但是由于火场面积太大,火线太长,给整个火场的清理带来困难,这时,索(滑)降队可配合清理火线。其主要任务是对特殊地段和没有直升机降落的场地,且两支扑火队伍之间的距离过大,既不能对扑灭的火线进行及时清理,又不能采取其他空运扑火手段的火线进行索(滑)降作业,配合对火场进行清理。

6.2.2.5 索(滑)降人员的组成

(1)索(滑)降指挥员

①执行索(滑)降灭火作业的索(滑)降指挥员必须经过索(滑)降训练,熟悉索(滑)降程序和索(滑)降方法。

②负责检查索(滑)降设备,严格把关。一旦发现索(滑)降设备存在不安全因素,立即停止索(滑)降作业。

③索(滑)降指挥员在组织实施索(滑)降作业时,应系好安全带,确保生命安全。

④注意索(滑)降队员随时报告的索(滑)降作业情况,出现问题迅速做出相应的处理。

⑤熟练掌握规定的手势信号,正确判断索(滑)降队员发出的手势信号,保证索(滑)降队员的安全,防止造成索(滑)降事故。

（2）索（滑）降队员

索（滑）降队员的组成应根据索（滑）降灭火实际需要确定索（滑）降队员的数量。主要由训练有素的指挥员、扑火队员、报务员、油锯手等人组成。分组编排次序：1号队员为索（滑）降指挥员，2号为报务员，3号为货袋员，4号为油锯手，5、6号为索（滑）降队员，也可以结合自己的实际情况编排组织，以便在有限的时间内有次序、有条不紊地实施索（滑）降灭火。

①索（滑）降队员必须经过严格训练，熟悉索（滑）降程序，掌握索（滑）降灭火的基本知识。

②执行索（滑）降任务的索（滑）降队员，要听从索（滑）降指挥员、机械师的指挥，在指定位置坐好，确保飞机空中悬停平稳。没有索（滑）降指挥员、机械师的指令不许靠近机舱门。

③索（滑）降队员（1号索（滑）降队员）索（滑）降着陆后，应注意其他队员的索（滑）降作业，发现问题，及时用对讲机向索（滑）降指挥员报告或发出正确的手势信号，并负责解脱货袋索钩。

④熟练掌握规定的手势信号，做出正确的手势动作。

⑤索（滑）降队员在索上时，应保持与悬停的飞机相对垂直，挂好索钩，避免起吊时身体摆动。

6.2.2.6 索（滑）降作业手势信号

索（滑）降手势信号是为了保证地空联络、迅速反应、确保人身安全而制定的特殊联络信号。

指挥员位于飞机左侧，面向机舱门。左臂上举，右臂向右不断挥舞，示意飞机向后；右臂上举，左臂向左不断挥舞，示意飞机向前；左臂上举，右臂向前不断挥舞，示意飞机向右；右臂上举，左臂向后不断挥舞，示意飞机向左；双臂上举，不断向上挥舞，示意飞机原地升高；双臂下伸，向下不断挥舞，示意飞机原地下降；双臂向两侧平伸不动，示意飞机保持高度和位置；双臂向前平伸，左右交叉摆动，表示索（滑）降时发生紧急情况，驾驶员、机械师应采取相应的补救措施；单臂向下伸出，向下不断摆动，示意机械师再放索钩；单臂上举，向上不断摆动，表示索钩扣好或已解脱，机上收回钢索；单臂向前平伸不动，示意机械师停止收放钢索。

6.2.2.7 技术要求

（1）索（滑）降场地条件

为了确保索（滑）降作业的绝对安全，对索（滑）降场地条件标准有如下严格的规定。

①航空护林飞行扑火通常规定能见度大于10 000m。索（滑）降灭火场地能见度必须良好，机上人员能够清楚地看到地面，无影响索（滑）降的障碍物。严禁在站杆区内进行索（滑）降作业。

②现场最大风速不得超过8m/s。

③索（滑）降场地的林窗面积不得小于10m×10m，索上的林窗不得小于10m×10m，以免队员在索上时，飞机飘移人员摆动碰撞树冠，造成人员受伤或机械设备损坏。

④为了保证索（滑）降队员到达地面后能够站立、行走，索（滑）降的地面坡度不得大

于40°。严禁在悬崖峭壁上进行索(滑)降、索上作业。

⑤索(滑)降场地应选择在火场风向的上方或侧方,应避开林火对索(滑)降队员的威胁。顺风火线与索(滑)降场地的距离不小于800m;侧风火线与索(滑)降场地的距离不小于500m;逆风火线与索(滑)降场地的距离不小于400m;索(滑)降作业时的气温不超过30℃。

(2) 开辟机降场地技术要求

①根据民航的飞行条例规定,对直升飞机起飞、降落坡度条件的要求,索(滑)降队员开辟的机降场地应选择地势平坦、坡度小于5°的开阔地带。

②索(滑)降队员开辟的直升机(M-8)机降场地规格不得小于60m×40m,清除中部横倒木,伐根不得高于10cm。当索(滑)降场地树高大于25m时,机降场地不得小于100m×60m,长度方向要与沟塘走向相同。

(3) 开辟机降场地的标准

①顺沟塘走向或逆、顺风方向开辟40m×60m场地。

②清除停机位置横倒木,树木伐根低于10cm。

③如场地特殊,以飞行员指导开辟场地为准。场地开辟后立即报告,便于实施机降。

④机降场区绝对不许有吊挂树和半伐木,以保证飞机、索(滑)降队员和机降队员的人身安全。

(4) 直升机的要求

①第一次执行索(滑)降灭火任务的飞机,必须在本场悬吊150kg沙袋进行检验。

②执行任务的飞机,必须留有20%的载重余地。

6.2.2.8 注意事项

索(滑)降灭火的安全性同其他工作一样是相对危险性而言的。在索(滑)降灭火的实际工作中,用形象思维的方式分析索(滑)降灭火设备可能会出现的情况,研究制定相应的补救措施和急救方法,以尽可能地避免事故的发生。

(1) 索(滑)降指挥员的要求

索(滑)降指挥员必须经过索(滑)降训练,熟练掌握索(滑)降作业操作规程;严格检查索(滑)降设备,发现问题,立即停止作业,并采用相应的安全措施;索(滑)降队员登机时,对每名队员的索(滑)降器材进行最后的检查;时刻注意索(滑)降队员做出的各种手势信号;实施索(滑)降作业时,系好安全带,确保自身安全。

(2) 索(滑)降人员的要求

索(滑)降人员必须经过严格的训练,熟练掌握索(滑)降程序和索(滑)降技术;服从指挥员指挥,没有指令严禁靠近机舱门;先降至地面的队员应注意其他队员的索(滑)降过程,发现问题及时报告或做出正确的手势信号;索上作业时,与飞机保持相对垂直,避免作业时因摆动过大发生事故。

(3) 索(滑)降作业的要求

①第一次执行索(滑)降灭火或索(滑)降训练任务的直升飞机,必须经过本场悬吊150kg沙袋试飞,检验索(滑)降绞车、钢索等设备的安全可靠性,确保索(滑)降队员的生命安全。

②执行索(滑)降灭火或索(滑)降训练任务的直升飞机,应留有20%的载重余地,严禁超载作业,确保飞行安全。

③除特殊情况外,不准飞机吊挂悬人,从一个索(滑)降场地飞到另一个索(滑)降场地。

④接受索(滑)降任务的索(滑)降队员,必须轻装上阵,除保证生活、扑火必需的装备外,尽量减少物品和重量,增快索(滑)降速度,减少索(滑)降次数,安全完成索(滑)降任务。如果需要食品、扑火用具,可以通过机降、空投、再次索(滑)降等方法运送物资。

⑤索(滑)降队员在索(滑)降、索上过程中,绞车设备一旦出机械故障,飞机可由原地升高将索上的人员吊起,超过树高20m,缓缓飞到最近的机降场地慢慢下降,将人安全降至地面,解脱索钩,撤离至安全位置。

⑥索(滑)降队员在索(滑)降过程中或降到地面后,受伤或发生危及人身安全时,在保证索(滑)降队员人身安全的前提下,可通过索上的方法,营救索(滑)降队员。

⑦索(滑)降作业的各类专业人员由其所在单位负责安全培训以及各项保障和意外伤亡事故的处理工作。

6.2.3　飞机化学灭火技术

化学灭火是指森林燃烧时使用化学药剂来扑灭或阻滞森林燃烧蔓延的一种方法。化学灭火始于20世纪20年代初,已有80多年的历史。可用喷雾机具在地面扑火,也可利用飞机喷洒扑火。目前世界各国对化学扑火都比较重视,并趋向于研制高效率的长效扑火剂,其效果比水高5~10倍。特别是在人烟稀少、交通不便的偏远林区,利用飞机实施化学扑火或阻火,效果非常好。

6.2.3.1　化学灭火原理

化学药剂灭火和阻滞火作用的机理,主要有覆盖理论、热吸收理论、稀释气体理论、化学阻燃理论、卤化物扑火机理等。

(1)覆盖理论

有些化学物质能够在可燃物上形成一种不透热的覆盖层,使可燃物与空气隔绝。还有一类化学药剂,受热后覆盖在可燃物上,能控制可燃性气体和挥发性物质的释放,抑制燃烧。

(2)热吸收理论

有些化学物质,如无机盐类等在受热分解时,能吸收大量的热,使可燃物的温度下降到燃点以下,便能阻止其继续燃烧。

(3)稀释气体理论

这类化学药剂受热后放出难燃性气体或不燃气体,能稀释可燃物热解时释放出的可燃性气体,降低其浓度,从而使燃烧减缓或停止。

(4)化学阻燃理论

有些化学药剂受热后能直接改变木材热解反应,使木材纤维完全脱水,使可燃性气体和焦油等全部挥发,最后变成炭,使燃烧反应降低。如果化学药剂是由强碱和弱酸形成的盐或强酸和弱碱形成的盐,当受热后,易析出强酸或强碱,能与纤维素上的羟基作用形成水,同时再生成强酸或强碱达到阻燃的目的。

(5)卤化物扑火机理

这类化合物对燃烧反应有抑制作用,能中断燃烧过程中的链式反应。

6.2.3.2 化学扑火剂的成分

(1)主剂

目前使用的森林阻火剂大多数为无机盐类,如磷酸铵、硫酸铵、硼酸盐等。

(2)增强剂

在阻火剂中加入另一类化合物,能增加药剂阻燃作用,如在磷酸铵中增加一定量的溴化铵能提高磷酸铵的阻燃效果。又如在硫酸铵加一定量的磷酸铵也能增强硫酸铵的阻燃效果。

(3)湿润剂

在水中加入湿润剂,能降低水的表面张力,使水很快渗透到可燃物中,如林内有较厚的枯枝落叶层、腐殖质和泥炭层,用湿润水比普通水优越。一般使用的湿润剂为皂类,在阻燃剂中增加洗衣粉就能提高阻燃剂的渗透能力。

(4)黏稠剂

在水中加黏稠剂,增加药剂的黏度,使阻火剂均匀附在可燃物的表面,特别是附在直立物体上,不易流失,起隔火作用,因为它的覆盖相当于常用水的几倍,吸热量与含水量成正比关系,所以它能提高阻火效果。此外,飞机喷洒时,如加有黏稠剂的阻火剂,在空中不易飘散,能提高单位面积的受药量,还有利于提高飞机喷洒高度。黏稠剂易受细菌侵入,使黏度迅速下降而腐败,因此,为了防止腐败,一般加入万分之一甲醛或多聚甲醛等防腐剂。常用的黏稠剂有皂土、活性白土、果胶、豆胶、藻朊酸钠和羧甲基纤维素钠等。

(5)防腐剂

采用磷酸铵和硫酸铵等阻火剂对铝、铜及其合金、锌均有腐蚀作用。硫酸铵对铁也有腐蚀作用,对地面扑火机具和飞机的安全和寿命都有影响。因此,在阻燃剂中加防腐剂如碘化物或氨基多元羧酸及其盐类,而添加重铬酸钾可以防止铁的腐蚀。

(6)着色剂

飞机喷洒阻燃剂时,为便于飞行员连接药带,常在阻火剂中加着色剂,以易于识别。一般按阻燃剂质量计算增加0.01%~1%,常用着色剂有酸性大红和红土等。

6.2.3.3 常用的化学灭火剂

化学灭火剂一般可分为短效和长效两大类。根据可燃物类型、气象条件、供给能力以及对技术掌握的情况来决定选用短效或长效化学药剂,以获取最好的灭火效果和最大的经济效益。

(1)短效灭火剂

短效灭火剂主要是水分起到扑火作用。在水中加入润湿剂可以降低水分的表面张力,使水更易在可燃物表面铺开,并渗入可燃物内部,如水中加增稠剂,在可燃物上能黏附较厚的液层,使可燃物较长时间保持潮湿状态。在水中用黏土增稠剂,不仅能形成厚的潮湿层,而且能很好覆盖可燃物。当水分蒸发后,这种扑火剂就会失去扑火和阻火的作用。

(2) 长效灭火剂

长效灭火剂主要靠化学药剂来扑火，水分是载体，这样更有效地阻滞和扑灭林火。当水分完全蒸发后，这些药剂仍然有效。长效化学灭火剂的效力主要取决于化学药剂的类型和用量。一般有水溶液(或泥浆)、乳液和干粉3种。目前多以水溶液形式进行应用，可获得较好的效果，如以干粉的形式使用，效果则较差。最常用的化学药剂是磷酸铵和硫酸铵。

①以磷酸铵为基础的化学灭火剂　由不同的磷酸铵和各种不同的添加剂组成。这种类型的扑火剂，阻火或扑火作用主要取决于附着在可燃物表面上的磷酸盐含量。

常用的磷酸铵类药剂有磷酸氢二铵(DAP)和磷酸二氢铵(MAP)等。国外使用这类扑火剂多用单一磷酸盐，很少用多种磷酸盐配制。而我国目前出产的磷肥，主要含 DAP，也有含一定量 MAP 的混合物。

"704"化学灭火剂质量组成如下：磷酸铵肥为29%；尿素为4%；水玻璃为1.3%；洗衣粉为2%；重铬酸钾为0.25%；酸性大红为0.1%；水为63.35%。该化学灭火剂，可用飞机喷洒进行直接扑火和建立隔离带，在航高低于30m，风速不大于6m/s的情况下，喷洒药量为 $0.4 \sim 0.7 kg/m^2$，对疏林地的地表火和草塘火都能起到很好的隔火和灭火作用。

②以硫酸铵为基础的化学灭火剂　与磷酸铵化学灭火药剂对比，它的灭火效力比磷酸铵灭火剂稍低，但硫酸铵的溶解度高，价格低廉，特别是对扑灭明火效果较好。

75型化学灭火剂质量组成如下：硫酸铵为28%；磷酸铵肥为9.3%；膨润土为4.7%；磷酸三钠为0.9%；洗衣粉为0.9%；酸性大红为0.1%；水为56.1%。75型化学灭火剂用 Y-5 型飞机进行空中喷洒，航高 $30 \sim 40m$，风速 $5 \sim 6m/s$，航速150km/h，喷药量为 $0.4 \sim 0.6 kg/m^2$，进行直接灭火或间接灭火，对次生林、灌木丛或草塘火，都能起到灭火和阻火的作用。

除"704"和75型两种化学灭火剂用于空中喷洒外，还有地面喷洒用的卤化物灭火剂，在地面使用灭火剂灭火不但效果更优，而且成本低廉。

6.2.3.4　选择化学灭火剂的要求

化学灭火剂应选择灭火效果高的化学药剂，灭火效果要比水灭火效果高 $5 \sim 10$ 倍，扑救森林火灾，需要大量化学灭火剂。应选来源丰富、价格低廉的药剂，选用的化学药剂必须无毒、无污染、不危害动植物，操作简单易行。

6.2.3.5　扑火方法

化学扑火药剂的使用方法从手段上可分为直接灭火和间接灭火。

(1) 直接灭火方法

就是利用飞机装载化学药剂直接向火线喷洒实施灭火的一种方法。飞机化学灭火对发生在基地周围50km以内的初发阶段的林火，如果飞机数量多，可独立实施化学灭火，不需要地面队伍的配合，当火灾发生在离基地 50 km以外，火场面积较大或飞机数量不足时，可对火场的难段及险段实施化学灭火，有力地增援地面灭火。

(2) 间接灭火方法

就是在火场上空烟尘大或有对流柱，飞机无法采取直接灭火时，飞机可在火头或火线前方喷洒化学药剂以建立化学药带实施灭火的方法。在扑救树冠火时可向隔离带内的可燃物上喷洒化学药剂来增加隔离带的安全系数。

6.2.4 机降灭火技术

机降灭火是指利用直升机能够在野外起飞与降落的特点，将扑火人员、机具和装备及时送往火场对火场实施合围，并在灭火的过程中不间断地进行队伍调整和调动，组织指挥灭火的方法。

6.2.4.1 机降灭火的特点

(1) 到达火场快，利于抓住有利时机

扑救林火要求"兵贵神速"，快速到达火场，迅速接近火线，抓住一切有利时机实施扑火。这主要是因为林火的燃烧时间的长短与森林资源的损失和火场的过火面积成正比，森林燃烧时间越长，森林资源的损失及火场的过火面积就越大。通常情况下，火场的面积越大，火线的长度就越长，扑救的难度也就越大。因此，林火发生后，要求扑火队伍要尽快地进入火场实施扑火，控制火场面积的扩大，减少森林资源的损失。同时为速战速决创造有利条件。

机降灭火是目前我国在森林扑火中，向火场运兵速度最快的方法之一。

(2) 空中侦察，利于部署扑火力量

指挥员可以在火场上空对火场进行详细侦察，掌握火场全面情况，分清轻重缓急，利用直升机能够垂直起飞、降落的特点把扑火人员直接投放到火场最佳的扑火位置，实施扑火力量部署。因此，利用直升机进行扑火队伍部署实施灭火，是目前在森林扑火中最理想的布兵方法之一。

(3) 机动性强，利于扑火队伍调整

在组织指挥森林扑火中，指挥员根据火场情况的变化，要适时对火场的队伍部署进行调整。这样，有利于机动灵活地采取各种扑火战术和对特殊地段、难段、险段采取必要的应对手段。因此，利用直升机进行队伍调整是最有效的方法之一。

(4) 减少体力消耗，利于保持战斗力

在扑救森林火灾中实施机降灭火时，可以将扑火队伍迅速、准确地运送到火场所需要的扑火位置，直接进入火场实施扑火。因此，实施机降扑火是减少扑火人员体力消耗和保持战斗力的最佳方法之一。

6.2.4.2 机降灭火主要应用范围

由于机降灭火具有机动性和快速性的特点，因此主要应用于交通不便的林区火场，人烟稀少的偏远林区火场，初发阶段的林火及小面积火场，以及扑火人员不能迅速到达的火场。

6.2.4.3 机降灭火方法

(1) 侦察火情

扑火指挥员在实施机降扑火前，要对火场进行侦察，准确掌握火场的全面情况。主要侦察内容包括火场面积、火场形状、林火种类、可燃物的载量、分布及类型、火场风向、风速、火场地形、火场蔓延方向、火场发展趋势、林火强度、火头的位置及数量、直升机降落场地的位置及数量和火场周围的环境等。

(2) 火场布兵

在向火场布兵时，要根据火场的各种因素制定布兵的次序。通常情况下，向各降落点布兵的人数以35人左右为宜。

各降落点的人员及装备配置：

①人员配置　1名火线指挥员。火线指挥员主要负责指挥2名区段指挥员，并向上级指挥员请示、汇报扑火有关情况；2名区段指挥员。区段指挥员在火线指挥员的指挥下，负责组织指挥火线上的一切扑火行动，及时向火线指挥员请示、汇报火线扑火情况；1~2名报务员。报务员主要负责与上级指挥员的通信联络；30名左右的扑火队员。扑火队员要分别在2名区段指挥员的指挥下，对火线实施扑火。

②装备配置　主要包括电台1部、对讲机3部、风力灭火机6~8台、水枪4~6支、组合工具4~6套、油锯3台、点火器3个。

(3) 实施扑火

各部机降到地面后，要迅速组织实施扑火。组织实施扑火的步骤依次为选择营地、接近火场、突破火线、一点两线、分兵合围、前打后清、会合立标、回头清理、看守火场、撤离火场。

(4) 配合扑火

①机降与索(滑)降配合　在进行机降扑火中，如火场个别地段不能实施机降扑火时，机降应与索(滑)降配合扑火，向没有机降条件的地段实施索(滑)降扑火；在没有机降条件的大火场，要通过实施索(滑)降，为机降扑火开设直升机降落场地创造条件。

②机降与地面扑火配合　在扑救重大或特大森林火灾时，在交通方便的地域可直接从地面上进入火场扑火，在远离公路、铁路的地域实施机降扑火，配合地面队伍扑火。

(5) 队伍调整

①在扑救重大或特大森林火灾时，当火场的某段火被扑灭后，可进行队伍调整，留下少部分队伍看守火线而抽调大部分队伍增援其他火线。

②当火场某段出现险情时，可从各部抽调部分队伍对火场出现的险段实施有效的补救措施。

(6) 转场扑火

当火场被扑灭后又出现新的火场时，可进行转场扑火。在进行转场扑火时，要做好各项保障工作，包括给养保障、扑火机具及装备的保障、扑火油料的保障等。

6.2.4.4　注意事项

(1) 机降位置与火线的距离

机降灭火时，机降点距顺风火线不少于700m，距侧风火线不少于400m，距逆风火线不少于300m，机降点附近有河流时，应选择靠近火线一侧机降，机降点附近有公路、铁路时，应选择公路或铁路的外侧机降。机降扑火时，在能够保证安全的前提下，机降点的位置应尽量靠近火场。

(2) 各降落点之间的距离

通常情况下，各降落点之间的距离应以5h内能够会合为最佳，扑打高强度火线及火头时，要相应地缩短距离。

(3) 布兵次序

在通常情况下,应遵循先难后易,即先火头,再火翼,最后是火尾的原则,在大风天气下,应改为先易后难,即先火尾,再火翼,最后是火头。

6.3 地下火扑救技术

森林火灾扑救主要是针对地下火、地表火和树冠火3种类型的林火采取不同的扑救方法和利用不同的灭火装备实施的灭火手段。

6.3.1 地下火的特点

在地表下的泥炭、腐殖质和树根等地下可燃物燃烧和蔓延的火称为地下火。地下火燃烧速度慢,发生时间多在春后、夏初,并以秋季为多。发生地段一般在原始林、成过熟林、石塘林、塔头甸子及地被物厚度在30cm以上的区域。地下火一般只见冒烟不见火焰,隐蔽性强;蔓延速度很慢,一般每小时仅几米。地下火不易扑灭,可以持续燃烧几天、几个月甚至更长时间。由于地下火燃烧产生高温,严重伤害森林植物根部,破坏力大,会导致森林植物死亡。

地下火也会烧到地面,引起地表火。反之地表火也会引起地下火。干旱季节的针叶林容易发生地下火。我国南方雨水充沛,湿度大,凋落物易分解,不容易发生地下火。

6.3.2 地下火的扑救方法

由于地下火具有上述特点,导致扑救十分困难。因此,在扑救地下火时要先侦察好火区位置,然后沿地下火区的边沿挖沟断开地下火的蔓延带,再扒开地下火区,将火挖出、挑散拍碎或用水直接浇暗火区。灭地下火一定要先挖开火区,并将地下火区的火全部消灭,地下和周边无烟、无气、无热时方可确认火已被消灭,队伍才能撤离。

扑救地下火除人工开设隔离沟灭火外,还可利用消防车、水泵、推土机和索状炸药等进行灭火。

6.3.2.1 利用森林消防车扑救地下火

在地形平均坡度小于35°,取水工作半径小于5 000m的火场或火场的部分区域,可利用森林消防车对地下火进行灭火作业。在实施灭火作业时,森林消防车要沿火线外侧向腐殖层下垂直注水。操作时,水枪手应在森林消防车的侧后方,跟进徒步呈"Z"字形向腐殖层下注水灭火。此时,森林消防车的行驶速度应控制在2km/h以内。

6.3.2.2 利用水泵扑救地下火

水泵灭火,是在火场附近的水源架设水泵,向火场铺设水带,并用水枪喷水灭火的一种方法。

(1) 用水泵实施灭火

在火场内、外的水源与火线的距离不超过2.5km,地形的坡度在45°以下时,可利用水泵扑救地下火。如果火场面积较大,可在火场的不同方位多找几处水源,架设水泵,向火场铺设涂胶水带接上"Y"形分水器,然后在"Y"形分水器的两个出水口上分别接上渗水带和水枪。使用渗水带的目的是防止水带接近火场时被火烧坏漏水。两个水枪手在火线上要兵分两路,向不同的方向沿火线外侧向腐殖层下呈"Z"字形注水,对火场实施合围。当与对进灭火的队伍会合后,应将两支队伍的水带末端相互连接在一起,并在每根水带的连接处安装喷灌头,使整个水带线形成一条喷灌的"降雨带",为扑灭的火线增加水分,确保被扑灭的火线不发生复燃火;当对进灭火的队伍不是用水泵灭火时,应在自己的水带末端用断水钳卡住水带使其不漏水,然后在每根水带的连接处安装喷灌头;当火线较长,火场离水源较远,水压及水量不足时,可利用不同架设水泵的方法加以解决。

(2)水泵的架设方法及用途

①单泵架设　主要用于小火场、水源近和初发阶段的火场。可在小溪、河流、池塘、湖泊、沼泽等水源边缘架设一台水泵向火场输水灭火。

②接力泵架设　主要用于大火场或距水源远的中小火场。当输水距离长及水压不足时,可根据需要在铺设的水带线合适的位置上加架水泵,来增加水的压力和输水距离。通常情况下,在一条水带线的不同位置上,可同时架设3~5个水泵进行接力输水。

③并联泵架设　主要用于输水量不足时,在同一水源架设两台或两个不同水源各架设一台水泵,用一个"Y"形分水器把两台水泵的输水带连接在一起,把水输入到主输水带,增加输水量。

④并联接力泵架设　主要用于输水距离远,水压与水量同时不足时。可在架设并联泵的基础上,在水带线的不同位置架设若干个水泵进行接力输水。

当水泵的输水距离达到极限距离后,可为森林消防车和各种背负式水枪加水,也可通过水带变径的方法继续增加输水距离。

6.3.2.3 利用推土机扑救地下火

在交通及地形条件允许的火场,可使用推土机扑救地下火。在使用推土机实施阻隔灭火时,首先应有定位员在火线外侧选择开设阻火线路线。选择路线时,要避开密林和大树,并沿选择的路线做出明显的标记,以便推土机手沿标记的路线开设阻火线。开设阻火线时,推土机要大小搭配使用,小机在前,大机在后,前后配合开设阻火线,并把所有的可燃物全部清除到阻火线的外侧,以防在完成开设任务后,沿阻火线点放迎面火时增加火线边缘的火强度,而造成"飞火"越过阻火线。利用推土机开设阻火线时,其宽度应不少于3m,深度要达到泥炭层以下。

完成阻火线的开设任务后,指挥员要及时对阻火线进行检查,清除各种隐患。然后组织点火手沿阻火线内侧边缘点放迎面火,烧除阻火线与火场之间的可燃物,使阻火线与火场之间出现一个无可燃物的区域,从而实现灭火的目的。组织点火手进行点烧时,可根据火场的实际情况和开设阻火线的进程,进行分段点烧迎面火。

6.3.2.4 人工扑救地下火

人工扑救地下火时,要调动足够的兵力对火场形成重兵合围,在火线外侧围绕火场挖出一条1.5m左右宽度的隔离带,深度要挖到土层,彻底清除可燃物,不能把泥炭层当作黑土层,把挖出的可燃物全部放到隔离带的外侧。在开设隔离带时,不能留有"空地",挖出隔离带后,要沿隔离带的内侧点放迎面火烧除未燃物。

在灭火力量不足时，可暂时放弃火场的次要一线，集中优势灭火力量在火场的主要一线开设隔离带，完成主要一线的隔离带后，再把灭火力量调到次要的一线进行灭火。

6.3.2.5 利用索状炸药扑救地下火

利用索状炸药扑救地下火是目前在我国扑救地下火中速度最快，效果最好的方法之一。在使用索状炸药扑救地下火时，可在燃烧的火线外侧合适的位置直接铺设索状炸药进行引爆，开设阻火线。然后，在对阻火线进行简单的清理后，沿阻火线内侧边缘点火烧除阻火线内侧的可燃物，达到灭火的目的。在用索状炸药开设阻火线的过程中，如遇到腐质层的厚度超过40cm时，应先在腐质层开一条小沟后，把索状炸药放入沟内引爆，以提高效果。根据腐质层的厚度，可进行重复爆破来加大阻火线的宽度和深度。

在扑救地下火过程中，以上各种灭火技术可单独使用，也可多种灭火技术结合灭火。

6.4 地表火扑救技术

6.4.1 地表火的特点

地表可燃物被引燃，沿林地表面蔓延的林火称为地表火。地表火是最为常见的林火。它主要烧毁地被物和森林凋落物，危害幼林、下木和灌木，烧伤树干和裸露的树根；如果地表火猛烈或可燃物成梯度连续分布会引起树冠火，或向下引燃地下火。按其蔓延速度，可分为急进地表火和稳进地表火。

(1) 急进地表火

急进地表火主要发生在近期天气较干旱、温度较高、风力在4级以上的天气条件下，在宽大的草塘、疏林地和丘陵山区，火场形状多为长条形和椭圆形。其特点是火强度高，烟雾大，蔓延速度快，火场烟雾很快被风吹散，很难形成对流柱。火从林地瞬间而过，往往燃烧不均匀，在燃烧条件不充足的地方不发生燃烧，常常出现"花脸"，一般只烧掉森林凋落物和干枯杂草，对乔木和灌木危害较轻。急进地表火很容易造成重大或特大森林火灾，扑救困难。

(2) 稳进地表火

稳进地表火的发生条件与急进地表火的发生条件相反，近期降水量正常或偏多，温度正常或偏低，风小，这种林火多发生在四级风以下的天气条件下。其特点是火强度低，燃烧速度慢，大火场火头常出现对流柱，火场形状多为环形。稳进地表火燃烧充分、持续时间长，可燃物燃烧彻底，对森林的破坏性较大。由于其蔓延缓慢，容易扑救。

6.4.2 地表火扑救方法

6.4.2.1 轻型灭火机具灭火

轻型灭火机具灭火是指利用灭火机、水枪、二号工具等进行灭火。

(1) 顺风扑打低强度火

顺风扑打火焰高度1.5m以下的低强度火时，可组织灭火机手沿火线顺风灭火。灭火时，一号灭火机手向前行进的同时把火线边缘和火焰根部的细小可燃物吹进火线的内侧，灭火手与火线的距离为1.5m左右；二号灭火机手要位于一号灭火手后2m处，与火线的距离为1m左右，吹走正在燃烧的细小可燃物，这时火的强度会明显降低；三号灭火手与二号灭火手的前后距离为2m，与火线的距离为0.5m左右，四号灭火手在后面扑打余火并对火线进行巩固性灭火，防止火线复燃。

(2) 逆风扑打低强度火

逆风扑打火焰高度1.5m以下的低强度火时，一号灭火手从突破火线处一侧沿火线向前灭火，灭火机的风筒与火线成45°，这时二号灭火手要迅速到一号灭火手前方5~10m处与一号灭火手实施同样的灭火方法向前灭火，三号灭火手要迅速到二号灭火手前方5~10m处向前灭火。每一个灭火手将自己与前方灭火手之间的火线明火扑灭后，要迅速到最前方的灭火手前方5~10m处继续灭火，灭火手之间要相互交替向前灭火。在灭火组和清理组之间，要有一个灭火手扑打余火，并对火线进行巩固性灭火。

(3) 扑打中强度火

扑打火焰高度在1.5~2m的中强度火时，一号灭火手要用灭火机的最大风力沿火线灭火，二、三号灭火手要迅速到一号灭火手前方5~10m处，二号灭火手回头灭火，迅速与一号灭火手会合，三号灭火手向前灭火。

当一、二号灭火手会合后，要迅速到三号灭火手前方5~10m处灭火，一号灭火手回头灭火并与三号灭火手迅速会合，这时二号灭火手要向前灭火，依次交替灭火。四号灭火手要跟在后面扑打余火，并沿火线进行巩固性灭火，必要时替换其他灭火手。

(4) 多机配合扑打中强度火

扑打火焰高度在2~2.5m的中强度火时，可采取多机配合扑火，集中三台灭火机沿火线向前灭火的同时，三个灭火手要做到同步、合力、同点。同步是指同样的灭火速度，合力是指同时使用多台灭火机来增加风力，同点是指几台灭火机同时吹在同一点上。后面留一个灭火机手扑打余火并沿火线进行巩固性灭火，在灭火机和兵力充足时，可组织几个灭火组进行交替扑火。

(5) 灭火机与水枪配合扑打中强度火

扑打火焰高度在2.5~3m的中强度火时，可组织3~4台灭火机和两支水枪配合扑火。首先，由水枪手顺火线向火的底部射水2~3次后，要迅速撤离火线。这时，3名灭火手要抓住火强度降低的有利时机迅速接近火线向前灭火，当扑灭一段火线后，火强度再次增高时灭火手要迅速撤离火线。水枪手再次射水，灭火手再次灭火，依次交替进行灭火。四号灭火手在后面扑打余火．并对火线进行巩固性灭火，必要时替换其他灭火手。

(6) 扑打下山火

扑打下山火时，为了加快灭火进度，在由山上向山下沿火线扑打的同时，还应派部分兵力到山下向山上灭火。当山上和山下的队伍对进灭火时，还可派兵力在火线的腰部突破火线，兵分两路灭火，分别与在山上和在山下灭火的队伍会合。可根据火线的具体情况采取各种不同的灭火方法。为了迅速有效地控制和扑灭下山火，对火翼采取灭火措施的同时，应及时派人控制和消灭下山火的底线明火，防止底线明火进入草塘或燃烧到山根后形成新的上山火，迅速扩大火场面积。

(7) 扑打上山火

扑打上山火时，为了保证灭火安全和迅速扑灭上山火，可沿火线向山上灭火的同时，派部分兵力到火翼上方一定的距离突破火线兵分两路灭火。向山下沿火线灭火的队伍与向山上灭火的队伍会合后，要同时到另一支向山上灭火队伍前方适当的距离再次突破火线灭火。但这一距离要根据火焰高度而定，火焰的高度越高，这一距离就应越小。兵力及灭火装备充足时，可组织多个灭火组将火线分成若干段，由各灭火组沿火线分别在不同的位置突破火线，兵分两路迅速向山上、山下分别灭火，并与两侧灭火的队伍迅速会合。但绝不允许由山上向山下正面迎火头灭火，而要从上山火的侧翼接近火线灭火。当无法控制上山火的火头时，可在火翼追赶火头扑打，等到火头越过山头变成下山火时，采用扑打下山火的方法，把火头消灭在下山阶段。

6.4.2.2 森林消防车配合灭火

森林消防车参加灭火时，要充分发挥森林消防车突击性强、机动性大、灭火效果好的优势，把消防车用在关键地段、重点部位，主要承担突击性任务。

6.4.2.3 地、空配合灭火

在火场面积大、森林郁闭度小，条件允许的情况下，可采取地、空配合灭火模式。地、空配合灭火时，固定翼飞机主要担负化学灭火任务，直升机主要承担吊桶灭火任务。飞机配合地面队伍灭火时，主要对火头、飞火、重点部位、险段、难段及草塘等关键部位火线进行扑救，以便有力地支援地面队伍灭火。

6.4.2.4 使用索状炸药扑救地表火的方法

在扑救地表火过程中，如遇到高强度火头，扑火人员无法接近实施灭火时，可在火头前方合适的位置铺设索状炸药，实施引爆，炸出 2m 左右宽的阻火线后，沿阻火线的内侧边缘点放迎面火，造成阻火线和火头之间出现一个无可燃物区域来达到扑灭火头的目的。

在扑救地表火中，如遇重大弯曲度火线时，可在弯曲的火线之间铺设索状炸药炸出阻火线，并烧除阻火线内的可燃物取直火线。

在拦截火头时，可在火头前方一定的距离之外，预先选择有利的地形，横向铺设索状炸药实施爆破，开设阻火线并在阻火线内侧点放迎面火拦截火头。

在扑救林火中，如果火头的蔓延速度快于灭火进度时，除采用索状炸药开设阻火线拦截火头蔓延的方法外，还可以利用自然依托拦截、森林消防车拦截、手工具开设阻火线拦截、推土机开设阻火线拦截、有利地带直接点放迎面火扑灭外线火拦截、飞机喷洒化学药剂带拦截、水泵喷灌带拦截等。

6.5 树冠火扑救技术

6.5.1 树冠火的特点

树冠火，是指由地表火上升至树冠燃烧，并能沿树冠蔓延和扩展的林火。树冠火多发生在干旱、高温、大风天气条件下的针叶林内，其特点是立体燃烧火强度大、蔓延速度快、温度高、破坏力大、不易扑救。

树冠火可以分为典型树冠火、冲冠火、连续型树冠火和间歇性树冠火。

典型树冠火是指在林冠沿水平方向蔓延的火，按其蔓延情况又可分为急进树冠火和稳进树冠火。急进树冠火燃烧速度极快，顺风时可达8~25km/h或更大。稳进树冠火燃烧速度较慢，顺风时达5~8km/h。整个森林在立体燃烧、树叶、树枝和小树都会被烧掉，燃烧彻底，是对森林危害最重的一种火灾。

冲冠火是由于猛烈的地表火冲上单株树冠和树群树冠，引起树冠燃烧，一般发生在针叶树单株或针阔混交树群。地表可燃物载量大的地段往往容易引发冲冠火。

树冠火如果能够在林冠上持续燃烧就称为连续树冠火，如果树冠火与地表火交替向前蔓延就称为间歇性树冠火。当林分中树木的树冠相互连接，或者彼此间的距离处于能够维持林冠持续的状态，就会形成连续树冠火。如果林分中树木的树冠块状分布，某一树群烧完后树冠火暂时停止，而地表火继续燃烧；当地表火烧至另一树群时，地表火再次引燃树冠火，导致树冠火与地表火交替蔓延就成为间歇性树冠火。当间歇性树冠火转到地表火时往往是扑灭林火的有利时机，即趁有树冠火转为地表火时，迅速将火控制或扑灭。

6.5.2　树冠火扑救方法

树冠火都是由强烈的地表火引起的，多发生在可燃物垂直与水平分布相连的中、幼密林和灌木林内。树冠火的火势发展迅猛，燃烧强烈，能量大，燃烧时火借风势，风助火威，伴有飞火发生。树冠火无法用人力直接扑灭，必须采取间接扑火方法来断开扑打，才能将火控制和消灭。常用的方法主要有以下6种。

①在树冠火发展前方适当位置，充分利用地形、地物，选择不利于树冠火发展的地段，集中力量切断燃烧通道，即砍伐树木，清除可燃物，开设隔离带，断开和改变可燃物的水平和垂直分布，将火引至地表再消灭。必要时，在自然依托内侧伐倒树木点放迎面火灭火，伐倒树木的宽度应根据自然依托的宽度而定，依托宽度及伐倒树木的宽相加应达到50m以上。在森林郁闭度小的地带，可利用索状炸药开设隔离带实施灭火。

②在没有可利用的灭火自然依托时，可以伐倒树木灭火。采取此方法灭火时，伐倒树木的宽度要达到50m以上。然后，用飞机或森林消防车向这条隔离带内喷洒化学药剂或水，断开燃烧通道，即利用化学、物理隔离法灭树冠火，如果条件允许也可在隔离带内建立喷灌带。伐倒树木的方法主要有两种，一是用油锯伐倒树木，二是用索状炸药炸倒树木，具体方法是在树的根部缠绕3~5圈索状炸药引爆，就会炸倒几十厘米粗的树木。在有条件的火场，可以用推土机开设隔离带灭火。开设隔离带的方法，可按推土机扑救地下火和用推土机阻隔灭火的方法组织和实施。

③在林内进行修枝打丫，强行切断可燃物空中水平连接，并清除地表可燃物，断开燃烧通道，将树冠火引至地表之后再实施扑火。

④集中力量向灌木林内燃烧火线投掷灭火弹，先炸灭树冠火，再组织力量灭余火。

⑤在水源充足的地方，充分利用消防车和水泵向燃烧的树冠喷水，达到阻火和扑火目的。

⑥选择疏林地扑救树冠火。在树冠火蔓延前方选择疏林地或大草塘灭火。当树冠火在

夜间到达疏林地，火下降到地表变为地表火时，按扑救地表火的方法进行灭火。如有水泵或森林消防车，也可在白天灭火。也可以建立各种阻火线灭火，如利用推土机阻火线灭火、手工具阻火线灭火、索状炸药开设阻火线灭火、森林消防车开设阻火线灭火、水泵阻火线灭火、飞机喷洒化学药剂阻火线灭火。

6.5.3 扑救树冠火注意事项

扑救树冠火要防止发生飞火和火爆；时刻观察周围环境和火势，抓住和利用一切可利用的时机和条件灭火；点放迎面火的时机，要选择在夜间进行；在实施各种间接灭火手段时，应建立避险区。

6.6 不同环境下林火的扑救技术

6.6.1 林火不同部位的扑救技术

(1) 火头火扑救技术

任何火场如果控制不住火头，那么该火场就得不到控制。要控制住火场，必须先控制火头。常采用迎面堵截、两翼围歼扑打的方法。

在火头发展的前方选择较难燃、不燃段的地形、地物或人工开设的隔离带为依托，点迎面火扑火头，将火头堵截住，然后两翼围歼。

当迎面攻火成功后，迅速组织扑火队伍分3组，其中两组兵分两路扑火头两侧的火，另一组留下扑火头余火，实现围歼。

扑火头的时机必须选择好，要在火头两翼的火比较弱和有人为控制的情况下，才能组织攻坚扑打火头，否则可能发生眼前火头被消灭，而两翼的火又会发展成为两个新燃烧的火头，反而会增加扑火难度，还可能使扑火人员被火包围酿成伤亡。所以，选择时机打火头一定要精心组织、抓住时机、随机应变、时刻警惕、边打边看，不可盲目突击、见火就打。

(2) 火翼火扑救技术

火翼火是指火头两侧燃烧的火线。火翼火的特点是火峰向侧翼燃烧，受侧风的影响燃烧速度慢，部分地段由于受地形和可燃物数量、质量变化的影响，火翼火线还会有自然熄灭段，从而形成断条火，利于直接扑火。在扑火翼火时，扑火队员要紧贴火线，跟随火峰尾部沿燃烧火线扑火。一般情况下，扑火翼火应组织两个或多个扑火分队沿侧翼火线，采取递进超越、打清结合、一次作业的方法最为有效。

(3) 火谷火扑救技术

火谷火是指燃烧火线两个火头之间的火，即两个相近火头侧翼火线间形成的凹区周边火线燃烧的火。由于两个燃烧的火线相邻，也称高危险火。火谷火的特点是燃烧火谷中火势变化激烈，烟大、温高、风旋。两个火头相隔的距离越近，燃烧的火势变化越强烈，火就越难灭，扑火的危险性也就越大。扑火谷火时，扑火队员不能进入火谷扑火，应采取间接圈围的办法扑火。通过借助或开设依托，采取以火攻火，使火谷燃烧的火头被封围在凹区之内，随后消灭点烧的外缘火，再灭侧翼火，达到扑火目的。

火谷火扑救必须注意以下几点：一是点烧连接时要从已消灭的侧翼火线开始；二是要将火头圈围在点烧线之内；三是要将预计闭合点选择在不利于火势发展的区域内；四是要集中力量，确保一次作业成功。

(4) 火尾火扑救技术

火尾火是指火场燃烧区域低温段的火。火尾火属于逆风燃烧的火，受风的制约大，火线稳、慢、缓、弱，熄灭段多。扑救时，燃烧火线的低温区段是扑火最容易的区段，有利于快速扑火。在人力充足时，采取多点突进，分兵合围战术；人力不足时，采取一线进攻，递进超越战术。扑火时，扑火队员一定要猛打明火，细清余火，迅速彻底将火消灭。

6.6.2 不同风速条件下林火的扑救技术

(1) 大风火扑救技术

大风火蔓延速度快，燃烧猛烈，受地形和可燃物影响易形成多个火头，而火尾、火翼火线则燃烧较弱，特别是逆风燃烧时火线发展变化比较稳定。根据这个特点，扑火队员可对燃烧的火尾和火翼火线，采取避让火头和强火、直接扑打弱火的扑火方法，最大限度地控制火场燃烧面积。大风火的火头不能直接打，火尾火和侧翼火是容易打的。大风火的火场燃烧不彻底，火线自然熄灭段多。只要扑火队员能够避开火头，借助地形沿火尾跟进扑火，尾追向前发展燃烧的火头，当火头遇有自然地形、河流、道路、防火隔离带的阻挡时，火头火势必然降低，蔓延速度也必然减缓，扑火队员应抓住这一时机，一举将火消灭。

(2) 微风火扑救技术

微风火一般是指在3级风以下燃烧的火。微风火强度低，火势平稳，燃烧速度慢。微风火受地形、可燃物和火场"小气候"影响大，燃烧火线自然熄灭段少，火场形态呈椭圆形，没有明显的火头，燃烧火线的火焰高度一般不超过1m，火墙厚度一般不超过0.5m。只要抓住火场风的变化特点和火行为变化规律，抓住微风火弱时的有利时机，集中扑打就能取得扑火胜利。

6.6.3 不同林情林火的扑救技术

(1) 密林火四面打

密林火主要发生在幼林内，如果林内卫生条件差，火就难灭、难清，不利于扑火作业，加之密林火燃烧强度大，往往是地下火、地表火、树冠火同时燃烧，火场形态一般无法判定。扑火作业时，扑火队员很难掌握周边燃烧的火线情况，只能根据眼前的火势变化扑火，时刻存在着危险，不利于安全扑火。常用的方法就是在密林火的四周，充分利用一些自然依托，结合人工开设隔离带阻火，将火包围在一定区域之内，然后按先阻火头、灭树冠火再打地表火，最后灭地下火的顺序扑火。扑密林火时，要设火场安全观察员，时刻注意观察周边火势，随时报告火势发展变化情况，防止发生意外情况。扑火队员作业时，密林火四面一定要做到灭一段、保一段、安全一段。

(2) 疏林火散开打

疏林火火势蔓延较快，但燃烧较为平稳，扑火时利于观察判定火势，利于扑火队伍机动，便于机械化扑火作业。疏林地由于树木密疏不一，呈丛状、块状、条状分布，林间空地多，火行为表现多为地表火，树冠火发生很少，地下火也只是局部才有个别发生。扑火可运用对进式、递进超越式或两翼合围式等方式进行。扑疏林火时，如利用好上述有利条件，组织实施得力，扑火效率会成倍增加。

(3) 灌林火清开打

灌林火燃烧强度大，火行为表现基本与密林火相同，不同的是火强度比密林火高，火蔓延速度比密林火快，燃烧火势比密林火好判定。实践证明，扑灌林火作业难度大，不宜采取直接扑火方法，而应采取先清后打的方法，具体实施方法如下：一是砍伐灌木，并清除地表可燃物，开设一条 1~2m 宽的隔离带阻火；二是边砍、边清、边迎火点烧；三是砍伐灌木，清除可燃物。开隔离带时，要避开地形复杂、植被茂盛、可燃物干燥且载量大的地段，不能留缺口，以防火势突破隔离圈。

6.6.4 扑救注意事项

(1) 不同时段林火的扑救技术

白天火实施分段打是由林火燃烧特点所决定的。白天火从黎明开始到日出后 2 小时，日落前 2 小时到日落，燃烧缓慢，火的强度低，此时组织力量攻坚和组织全线扑火行动，扑火效果是最好的，扑火时机是最佳的。控火头、打两翼、清火尾，是白天扑火分段作业的重点。

夜间温低风小，空气湿度增大，谷风消失，山风明显，燃烧火线受山风影响，上山火的行为表现不强烈，火线火势较为平稳。夜间燃烧的火线火头发展方向明显，利于观察判断，是扑火的最佳时机，但夜间能见度低，一定要时刻注意安全。同时，要考虑当地地形、植被和天气条件是否适合夜间扑火，如我国西南高山峡谷林区，山高、坡陡、谷深，夜间扑火很危险，应选择在白天实施扑火。

(2) 不同地形林火的扑救技术

上山火的行为特点是蔓延速度快，火头燃烧猛烈，难控难灭，危险性大。因此，扑上山火时扑火队员要顺着火势打，严禁顶着火势打，先控制两翼火线，顺着火势跟进火头扑火。必须注意灭白天上山火，由于火势快、火势猛、燃烧不彻底，极易出现二次燃烧和大火回烧现象，务必慎打慎进，等待时机扑灭。也可等上山火烧过山顶，采用在山对面直接扑打下山火的方法。

下山火也称坐火，一般情况下，蔓延速度慢，火势较稳，火头较弱，燃烧彻底。当火线从山上向山下燃烧时，是最佳的扑火时机，此时就要集中优势扑火力量，严防山上火下沟发展成为沟塘火或越过沟塘重新发展为上山火，要将火消灭在山坡上或堵截消灭在山脚下。当人员充足时，可一举扑灭，人员不足时，可等下山火烧至半山腰时，从山下点火上山进行灭火。

沟塘火集中打，是指火在沟塘燃烧时要将其消灭在上山之前、沟塘之内。沟塘火的特点是受风影响大，蔓延速度快，发展趋势猛，火线较规则，易观察判断，便于集中力量扑打。灭沟塘火时，应采取正面开设隔离带阻火，借助以火攻火和内线突进、两翼对打的方法。沟塘火一般有两种燃烧模式：一是顺沟火，火头顺沟燃烧，两翼火线向两侧燃烧形成上山火；二是跨沟火，一种情况是阴坡下山火烧入沟内，火头向阳坡发展，两翼火在沟内燃烧扩展，另一种情况是阳坡下山火烧入沟内，火头向阴坡发展，两翼火向沟内两侧燃烧。火的行为表现是顺沟火快，阳坡火猛，燃烧强烈，易形成火爆；阴坡火弱，上山火稳，燃烧较缓。必须注意当遇有狭窄沟塘，植被厚而干燥，火势变化不稳时，千万不可盲目组织攻坚扑火。当沟塘长且宽不足百米时，燃烧火线极易形成烟道效应，切不可进入沟内堵打火头，更不能深入沟底堵截扑火。这时应采取稳进尾随火线扑火的方法，既不迎火又不突击，而是顺势紧贴火线，不离开火烧迹地边缘追击扑火，待到火势发展减弱时抓住时机集中力量将火扑灭。

【本章小结】

本章首先介绍了灭火的基本方式和方法，然后陈述了航空灭火技术，包括吊桶、索(滑)降、飞机化学、机降灭火技术，再者分别阐述了地下火、地表火和树冠火的特点和扑救方法，其中还涉及部分情况下的扑火注意事项，最后详细介绍了各种环境下森林火灾的扑救方法和技术以及扑救时应注意的事项。

【思 考 题】

1. 请分别举例说明哪些森林火灾扑救方法属于直接灭火法。
2. 什么叫扑打灭火法？扑打灭火法常用扑火工具有哪些？
3. 什么叫风力灭火法？风为什么能灭火？
4. 什么叫以水灭火法？水有哪些灭火效果？举例说明我国以水灭火的主要方式？
5. 什么叫化学灭火法？
6. 我国航空灭火法有哪些灭火方式？
7. 什么叫爆炸灭火法？爆炸灭火法的原理是什么？
8. 什么叫以火灭火法？以火灭火的原理是什么？
9. 什么叫覆盖灭火法？覆盖灭火法的原理是什么？
10. 开设隔离带灭火、挖隔火沟灭火法的具体方法和适用条件是什么？
11. 简述吊桶灭火的概念和特点。
12. 简述实施吊桶灭火的条件。
13. 简述吊桶灭火的方法。
14. 实施吊桶灭火应注意哪些事项？
15. 简述索(滑)降灭火的概念和特点。
16. 简述实施索(滑)降灭火的应用范围。
17. 简述索(滑)降灭火的方法。
18. 简述飞机化学灭火选择化学灭火剂的要求。
19. 简述飞机化学灭火的方法。

20. 简述机降灭火的特点。
21. 简述机降灭火的应用范围。
22. 简述机降灭火的方法和注意事项。
23. 简述地下火的特点及扑救方法。
24. 简述地表火的特点及扑救方法。
25. 简述树冠火的特点及扑救方法。
26. 简述地下火的特点及扑救方法。
27. 简述地表火的特点及扑救方法。
28. 简述树冠火的特点及扑救方法。
29. 简述上山火、下山火的扑救方法。
30. 简述火头火、火尾火、火翼火的扑救方法。
31. 简述不同时间段火灾的扑救方法。
32. 简述白天火和夜间火的扑救方法及注意事项。
33. 简述险境火、火头火、火翼火、火谷火、火尾火的扑救方法及注意事项。
34. 简述大风火、微风火条件下森林火灾的扑救。
35. 简述密林火、疏林火、灌林火的扑救。

第7章

扑火安全

7.1 森林火灾扑救安全的影响因素

影响森林火灾扑救安全的因素很多,最主要的因素有天(气象条件)、地(地形)、林(可燃物)、火(林火行为)、人(指挥员和扑火队员等)五大因素。

7.1.1 气象因素

气象因素随时间和空间的变化而不断变化,与森林火灾的关系也非常密切,是影响林火发生和蔓延的重要因素。气象因素也是森林火灾扑救时易导致伤亡发生的因素,主要包括气温、风向风速和空气相对湿度等。

(1)气温

表示空气冷热程度的物理量称为气温。空气冷热程度,实质上是空气分子平均动能大小的表现,当空气获得热量时,它的分子运动平均速度增大,随之平均动能增加,气温也就升高;反之当空气失去热量时,它的分子运动平均速度减少,气温也就降低。

地球上的热量基本来源于太阳辐射。太阳辐射通过下垫面引起气温的变化。大气不能吸收太阳的短波辐射热,大气的热主要来源是地面的长波辐射。每天气温以日出前最低,以14:00左右最高,这就是因为地面长波辐射的结果。

气温与林火的发生十分密切,它能直接影响相对湿度的变化。气温升高,空气中的饱和水汽压随之增大,使相对湿度变小,直接影响着细小可燃物的含水量,并提高可燃物自身温度,使可燃物达到燃点所需的热量大大减少。通常,当火场气温变得越来越高时,火强度随之变得越来越高,扑火人员的危险性逐步增大。

（2）风向风速

空气的水平运动称为风。风是由于水平方向气压分布不均匀引起的。当相邻两处气压不同时，空气就会从高压向低压移动。风向是指风的来向，用8个方位或16个方位来表示（图7-1）。

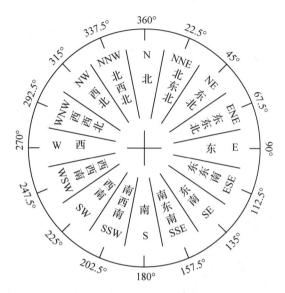

图 7-1 风向的 16 个方位

风速是指空气在单位时间内水平移动的距离，通常用 m/s 或风力的级数来表示（表7-1）。

表 7-1 风力判别表

风级	名 称	风速（m/s）	陆地物象
0	无风	0.0~0.2	烟直上，感觉没风
1	软风	0.3~1.5	烟示风向，风向标不转动
2	轻风	1.6~3.3	感觉有风，树叶有一点响声
3	微风	3.4~5.4	树叶树枝摇摆，旌旗展开
4	和风	5.5~7.9	吹起尘土、纸张、灰尘、沙粒
5	劲风	8.0~10.7	小树摇摆，湖面泛小波，阻力极大
6	强风	10.8~13.8	树枝摇动，电线有声，举伞困难
7	疾风	13.9~17.1	步行困难，大树摇动，气球吹起或破裂
8	大风	17.2~20.7	折毁树枝，前行感觉阻力很大，可能伞飞走
9	烈风	20.8~24.4	屋顶受损，瓦片吹飞，树枝折断
10	狂风	24.5~28.4	拔起树木，摧毁房屋
11	暴风	28.5~32.6	损毁普遍，房屋吹走
12	台风或飓风	32.7以上	陆上极少，造成巨大灾害，房屋吹走

风吹到可燃物上,能加快可燃物水分的蒸发,使其快速干燥而易燃;能不断补充氧气,增加助燃条件,加快燃烧过程;能改变热对流,增加热平流,缩短热辐射时间,加快林火向前蔓延的速度;风也是产生飞火的主要动力。

同一天气条件下,地被物的不同影响近地表的风速,对火的发生和蔓延也有不同的影响。草地上风速较高,雨后几小时枯草很快干燥,可以引燃,火蔓延速度快;而在林内,由于树木的阻挡,风速低,湿度大,干燥较慢,不易着火,火蔓延速度也慢。风速越大,火灾次数增加愈多。特别是在连旱、高温的天气条件下,风是决定发生森林火灾数量和程度的重要因子。

通常,平均风力3级以下时扑火比较安全,平均风力在4级以上时扑火危险性加大;当风速变得越来越大时,预示火的蔓延速度越来越快,在火场外和接近火场的扑火人员,易受到大火的突然袭击;当风向多变时,预示火头的位置不定,林火蔓延方向多变,易使扑火人员受到大火突袭和包围。

【案例分析】

2011年云南省大理州剑川县"3·2"森林火灾伤亡案例

1. 火灾综述

2011年3月2日,大理州剑川县金华镇金和村委会金场自然村仙岭山(东经99°55′00″,北纬26°35′54.51″)因村民李某在自家荒地烧敬谷秆引发森林火灾,经1140余人近40h的奋力扑救,4日9:40明火被全部扑灭。经调查核实,此次火灾过火面积175.08 hm^2,受害森林面积85.11 hm^2。在扑火救灾中,参加余火清理的29名扑火队员和村民被大火围困,为组织和掩护村民安全转移,造成9人牺牲、7人受伤的事故。

2. 火场基本情况

火灾当日,天气晴,最高气温23℃,西南风3~4级,火场海拔2315~2733m,坡向为东、南、北、东南、东北、西南,坡度为12°~29°,林相为云南松中幼林,久旱无雨,极度干燥,极易燃烧,火险等级为4级。

由于火场地形复杂,山高坡陡,3日16:00许,火场西南风起,风力达到5~7级,且风向混乱,在阵性大风的作用下,已控制的火场发生火爆、飞火现象,引发新火点,火场态势骤变,面积迅速扩大,造成火场的二次强烈燃烧。

3. 火灾扑救情况

(1) 扑救阶段(3月2日16:30至3日9:00)

火灾发生后,剑川县森林防火指挥部迅速组织140人开展扑火工作,明火于当晚23:00基本扑灭。3月3日上午9:00,火场明火全部扑灭,全体扑火队员转入火场值守和余火清理阶段。

(2) 复燃阶段(3月3日16:00许)

3月3日16:00许,火场西南风起,风力达到5~7级,且风向混乱,在阵性大风的作用下,已控制的火场发生火爆、飞火现象,引发新火点,火场态势骤变,面积迅速扩大。

(3) 事故阶段(3月3日16:00后)

当时,在火烧迹地内避险的扑火队员正准备就餐,突然火场西南方向发生飞火,突如其来的二次燃烧瞬间向扑火队员袭来，现场扑火指挥员立即组织扑火队员逃生，但由于海拔高、地形复杂、风向混乱，在紧急避险和逃生中，清守人员中9人不幸牺牲、7人受伤。

(4) 围歼阶段(事故发生后至4日10：30)

火场清理采取地毯式全面清理，采取开挖防火沟和浇水方式清理火场内的火点，并严防死守重点隐患部位。地方扑火力量积极为火场送水，吊桶式航空飞机不断向火场运水，有效地增加火场湿度、降低余火燃烧强度。在森警、内卫部队、解放军、民兵预备役等部队官兵的共同努力下，剑川县金华镇"3·2"山火明火于3月4日上午9：40全部扑灭，全面转入清理余火阶段。3月5日下午18：00，余火得到彻底清理，扑火官兵撤离火场，移交剑川县看守。3月8日10：30，县林业局、红旗林业局和乡镇村留守人员按指挥部命令，全部撤离火场。

4. 案例评析

省、州森林防火指挥部通过认真总结、深入分析，认为"3·2"森林火灾事故的原因是主观和客观因素综合作用的结果。

(1) 事故主观原因

火灾扑救过程中存在安全隐患。尽管明火于当晚23：00基本扑灭，3日上午9：00，全部扑灭，全体扑火队员转入火场值守和余火清理。但火场扑救人员，对扑救工作的危险性估计不足，警惕性不够，余火清理不彻底，火场清守人员在火烧迹地只开出一个30~50m²作为避险就餐地点，没有设立火场前哨，这些都充分暴露了火灾扑救过程中存在的安全隐患，导致火场发生复燃。而发生二次燃烧时，不能及时发现、有效的组织撤离，从而造成人员伤亡。

(2) 事故客观原因

剑川县"3·2"森林火灾是在"山高、坡陡、箐深、林密、物燥、风大"的极端恶劣条件下，由于非常特殊的高原气候及火场海拔高、地形复杂、风向混乱而导致的意外事故。事故地点为不完全燃烧的火烧迹地(山脊上)，只烧了地表的细小可燃物，中幼林没有烧到，顺山脊有一条半米宽的小道，导致发生复燃时不易逃跑或避险。事故发生时风向为西南风，风力达到5~7级，风向混乱，且伴有阵性大风，导致林火复燃。事故地周围林相较好，多为云南松中幼林，复燃时，导致清守人员无法判断复燃火的方向，错失避险良机。由于事故地点位于山脊、林相为云南松中幼林、林下可燃物已烧过、风大伴有阵风、余火清理不完全等特殊因素的综合作用，导致了火场复燃时，瞬间形成高温度、高速度的树冠火和火爆。

(3) 空气相对湿度

空气相对湿度(RH)是指空气中实际水汽压(e)与同温度下的饱和水汽压(E)之比的百分数：

$$RH = \frac{e}{E} \times 100\%$$

空气相对湿度的日变化主要决定于气温，气温增高，空气湿度减小，气温下降，空气相对湿度增大。因此，空气相对湿度的日变化有一个最高值，出现在清晨；有一个最低值，出现在午后。

相对湿度的大小直接影响到可燃物含水率的变化，特别是对细小可燃物的影响尤为明显。相对湿度越大，可燃物的水分吸收越快，蒸发越慢，可燃物含水量增加；反之，可燃物的水分吸收越慢，蒸发越快，可燃物含水率降低。当相对湿度为100%时，空气中水汽达到饱和，可燃物水分蒸发停止，大量吸收空气中的水分，也会使可燃物含水率达到最大。

相对湿度越小，表示空气越干燥，森林火险越高。但如果长期干旱，相对湿度80%以上也可能发生火灾。

正是由于相对湿度对细小可燃物的影响明显，间接影响林火的蔓延速度和强度。因此，相对湿度越小，扑火人员的危险性就越大。

(4) 注意事项

①火场气温越来越高时，预示火强度将变得越来越高，对扑火人员的危险性在逐步增大。

②火场风速越来越大时，预示火的蔓延速度越来越快，火场近处和在火场外的人员，易受到大火的突然袭击。

③火场风向多变不定时，预示火头的位置不定，林火蔓延方向多变，易造成扑火人员受到大火突袭和包围。

④在不稳定的天气条件下扑火要特别小心，这种天气扑火最容易发生安全事故。不稳定天气一般能见度远，一望无际；风向不稳定；地面有尘旋。

7.1.2 地形因素

地形差异对森林火灾的影响十分明显。地形变化引起生态因子的重新分配，形成不同的局部气候，影响森林植物的分布，使可燃物的空间配置发生变化。

地形起伏变化，形成不同的火环境，不仅影响林火的发生发展，而且能直接影响林火蔓延和火强度。尤其在南方林区，地形变化复杂，地形因素在扑火中是一个非常重要的因素。易发生伤亡的地形主要包括陡坡、山脊及鞍部、狭窄山谷、单口山谷和草塘沟等。

(1) 陡坡

通常将坡度在26°以上的山坡称为陡坡。坡度大小直接影响可燃物湿度变化。陡坡降水停留时间短，水分容易流失，可燃物容易干燥而易燃。坡度大小对火的传播也有很大影响，坡度与上山火的蔓延速度成正比。

陡坡会改变火行为，火从山下向山上燃烧时，上坡可燃物受热辐射和热对流的影响，蔓延速度随着坡度的增加而增加，通常坡度每增加10°，上山火蔓延速度增加1倍。同时，火头上空易形成对流柱，产生的高温使树冠和火头前方可燃物加速预热，使火强度增大，容易造成扑火人员伤亡。

(2) 山脊及鞍部

山脊受热辐射和热对流的影响，温度极高。如果燃烧发生在山脊附近，林火行为瞬息万变，难以预测，容易造成扑火人员伤亡。

鞍部是相连两山顶间的凹下部分，形如马鞍形状，故称鞍部。鞍部受昼夜气流变化的影响，风向不定，是火行为不稳定而又十分活跃的地段。当风越过山脊时，鞍部风速最快,并形成水平旋风和垂直旋风。当林火高速通过鞍部时,高温、浓烟、火旋会造成扑火人员的伤亡。

(3)狭窄山谷

当火烧入狭窄山谷时,会产生大量烟尘并在谷内沉积,随着时间的推移,林火对两侧陡坡上的植被进行预热,热量逐步积累,一旦风向、风速发生变化,在空气对流的作用下,火势突变会形成爆发火,如云南省玉溪市城北区刺桐关火场,地势为海拔高度2 000~2 100m狭长山谷,谷口朝西南,谷底到山脊高差100m,坡度大于50°,山脊长1 000m左右,脊线上有几处鞍部。1986年3月29日8:30,玉溪市组织1万余人扑火,31日晨3 000余人在刺桐关大省山脊上开设隔离带,火从对面的东南坡缓慢向谷底燃烧。12:00,开设隔离带1 000m后,大部分人员转移到侧翼开设隔离带,留下部分人员休息待命。13:00东南坡的林火烧至谷底后,火瞬间从谷底蔓延到对面山坡形成冲火,伴随着高温、浓烟和轰鸣声,迅速冲过隔离带,造成24人死亡、96人受伤。

(4)单口山谷

三面环山的单口山谷俗称"葫芦峪",单口山谷为强烈的上升气流提供通道,很容易产生爆发火,造成扑火人员伤亡。如2004年1月3日16:30,在广西壮族自治区玉林市兴业县卖酒乡党州村太平自然村经济场后岭火灾过程中,21名扑火队员从经济场后背山西面沿火线向鬼岭肚方向扑打。到达鬼岭肚后,兵分两路,一路由乡长带领沿火线继续向前扑火,另一路由乡林业站长带领13人计划下到山谷实施扑火。17:10,当13人将要接近山谷的火线时,由于山谷属单口山谷的特殊地形,局部产生了旋风,火势突然增大,火焰高达10余米,13人中只有2人脱险,其余11人全部死亡。

(5)草塘沟

草塘沟为林火蔓延的快速通道。火在草塘沟燃烧时,火强度大,蔓延速度快,同时火会向沟两侧的山坡燃烧形成冲火,容易造成扑火人员伤亡。如内蒙古陈巴尔虎旗火场的地势为长2 000m东西走向的草塘沟,1987年4月20日上午,火从北山坡向山下蔓延,护林员带领94人,扑灭2 000m火线。12:30护林员去侦察火情,扑火人员在沟塘中部休息待命。14:00,火突然从西部沟顶顺风向沟口方向迅速蔓延,造成52人死亡、24人受伤。

7.1.3 可燃物因素

森林可燃物是森林火灾发生的基础,也是发生森林火灾的首要条件。在分析森林能否被引燃及整个火行为过程时,可燃物是非常重要的因素。易发生伤亡的可燃物因素主要包括可燃物分布、可燃物类型、载量、含水率和植被类型等。

7.1.3.1 易发生伤亡的可燃物分布

可燃物在空间上的配置和分布的连续性对火行为有着极为重要的影响。若可燃物在空间上是连续的,燃烧方向上的可燃物可以接收到火焰传播的热量,使燃烧持续进行;若可燃物在空间上是不连续的,视彼此间距离远近而影响燃烧传播的热量。

(1)垂直连续型可燃物分布

垂直连续型可燃物分布是指可燃物在垂直方向上的连续配置,在森林中表现为地下可燃物(腐殖质、泥炭、根系等)、地表可燃物(枯枝落叶)、草本可燃物(草类、蕨类等)、中间可燃物(灌木、幼树等)、上层树冠可燃物(枝叶)各层次可燃物之间的衔接。

垂直连续型可燃物分布区域，易使地表火转变为树冠火，形成立体燃烧，容易造成扑火人员伤亡。

(2) 大载量细小可燃物分布

可燃物的大小影响其对外来热量的吸收。对于单位质量的可燃物来说，可燃物越小，表面积越大，受热面积越大，接收热量多，水分蒸发快，可燃物越容易燃烧，蔓延速度快。

大载量细小可燃物分布区域。可燃物预热快，容易燃烧，林火蔓延速度快，火强度大，容易造成扑火人员伤亡。

(3) 大面积粗大与细小可燃物混合分布

大面积粗大与细小可燃物混合分布是指林内细小可燃物和林地杂乱物(采伐剩余物、倒木、枯立木等)混合在一起。

大面积粗大与细小可燃物混合分布区域的林火，视其分布不同，或呈现高强度，或呈现快速蔓延，同时扑火人员在此区域内行走困难，容易造成扑火人员伤亡。

7.1.3.2 易发生伤亡的可燃物类型

可燃物种类不同，其燃点也不一样。细小可燃物容易干燥易于引燃，成为森林火灾的引火物。

(1) 地表枯枝落叶层

地表枯枝落叶层主要是由林木和其他植物凋落下来的枯枝、枯叶所形成的土壤表面的可燃物层。

由于枯枝落叶层结构疏松，孔隙大，水分易流失、易蒸发，容易干燥而易燃。因此，大载量地表枯枝落叶层区域的林火蔓延速度快，燃烧时火强度大，容易造成扑火人员伤亡。

(2) 易燃草本植物

易燃草本植物大多为禾本科、莎草科及部分菊科等喜光杂草，常生长在无林地(沟塘草甸)及疏林地，植株较高，生长密集；枯黄后直立，不易腐朽易干燥；植株内含有较多纤维，干燥季节非常易燃。

易燃草本植物区域的林火蔓延速度快、释放能量迅速，即使火灾面积小也容易造成扑火人员伤亡。

7.1.3.3 易发生伤亡的可燃物载量及含水率

(1) 可燃物载量

可燃物载量大小影响林火蔓延速度和火的强度，森林可燃物越多，林火蔓延速度越快。通常，森林有效可燃物的数量增加1倍，林火蔓延速度增加1倍，火强度增加4倍。当林火从可燃物少的区域蔓延到可燃物多的区域时，林火蔓延速度和强度就会突然增大，使扑火人员思想准备不足而威胁扑火人员的安全。

(2) 可燃物含水率

可燃物含水率影响可燃物达到燃点的速度和可燃物释放的热量多少，进而影响林火的发生、蔓延和强度。森林可燃物的含水率越低，林火蔓延速度越快；火强度越大，扑火人员越危险。

7.1.3.4 易发生伤亡的植被类型

森林群落是由多种植物构成的，因而形成不同的森林特性。这些特性与森林燃烧有着密切的关系，主要表现在森林的林木组成、郁闭度、林分年龄等方面。

（1）针叶幼林

针叶幼林中可燃物的梯形分布明显，未郁闭的林地上生长着大量的喜光杂草，使林分的燃烧性大幅度增加；刚刚郁闭后针叶幼林的树冠接近地表，林木自然整枝产生大量枯枝，林地着火后极易由地表火转变为树冠火，容易造成扑火人员伤亡。

（2）飞播幼林

飞播幼林生长茂密，树冠连续性好，郁闭度大，易发生树冠火。同时，因其径级小、含油脂量大使其蔓延速度快，容易造成扑火人员伤亡。

（3）易燃灌丛

灌木为多年生木本植物。灌木的生长状态和分布状况均影响林火的强度。通常发生林火时，丛状生长的灌木比单株散生的危害更严重，更不易扑救。

易燃灌丛植株细小、密度大，含水量低或含油脂，林火燃烧强度高，同时扑火人员在灌丛中行走困难，容易造成扑火人员伤亡。

（4）大郁闭度针叶林

大郁闭度针叶林含有大量松脂和挥发性油类，枝叶中灰分含量较低，热值高，易燃物比例较大。林分郁闭度大，针叶树垂直连续性好，易发生树冠火，容易造成扑火人员伤亡。

（5）小郁闭度易燃阔叶林

小郁闭度易燃阔叶林，林内阳光充足，温度高，湿度小，风速大，活地被物以喜光杂草为主，林火烧入后蔓延速度快，容易造成扑火人员伤亡。

7.1.3.5 注意事项

①通常情况下，草类最易燃，火蔓延速度最快，故扑打草地火造成人员伤亡往往大于林地火，灌木林地火的蔓延速度仅次于草地火。对草高超过1m、灌木超过1.2m或稠密的灌木林地的林火，不能直接扑打。

②当林内火蔓延到林缘或草地、灌木林地时，火的蔓延速度就会突然加快，扑火时要特别注意。

③当林火从可燃物数量少的区域蔓延至可燃物较多的地域时，火的蔓延速度和火强度就会突然增大，扑火时要特别注意。

④在扑火时，当处于易燃植被中，并且可燃物数量又多的情况下，要特别提高警惕。

7.1.4 危险火行为

7.1.4.1 易发生伤亡的林火种类

林火种类是对森林燃烧状况划分的燃烧类型。林火种类不同，森林燃烧表现出来的特征不同，给森林带来的后果也不一样。研究林火种类对正确估计火灾的危害和可能引起的后果、扑火组织指挥、扑火方式、使用扑火工具及扑火人员的安全程度等都有重要意义。

根据火烧森林的部位，林火可以划分为地表火、树冠火和地下火。林火以地表火最多，南方林区占70%以上，东北林区约占94%；树冠火次之，南方林区约占30%，东北林区约占5%；最少的为地下火，东北林区约占1%，南方林区几乎没有。

沿地表蔓延发展的林火，为地表火。地表火沿地表蔓延，遇强风或针叶幼树群、枯立木、低垂树枝时，火烧至树冠，并沿树冠蔓延和扩展，成为树冠火。在地下泥炭层或腐殖质层燃烧蔓延的林火称为地下火。这三类林火可以单独发生，也可以并发，特别是重特大森林火灾，往往是三类林火交织在一起。所有林火一般都是由地表火开始，烧至树冠则引起树冠火，烧至地下则引起地下火。树冠火也能下降到地面形成地表火，地下火也可以从地表的缝隙中窜出烧向地表。通常，针叶林易发生树冠火，阔叶林一般发生地表火，在长期干旱年份易发生树冠火或地下火。易发生伤亡的林火主要包括急进地表火和急进树冠火两种。

(1) 急进地表火

急进地表火往往燃烧不均匀、不彻底，常烧成"花脸"，留下未烧地块；有的乔木没被烧伤，火烧迹地呈长椭圆形或顺风伸展呈三角形。但因其蔓延速度很快，扑火人员在向火场开进途中或拦截火头时，易造成人员伤亡。

(2) 急进树冠火

急进树冠火又称狂燃火，火焰在树冠上跳跃前进，蔓延速度快，形成向前伸展的火舌。火头巨浪式前进，有轰鸣声或噼啪爆炸声，往往形成上、下两层火，火焰沿树冠前进，地表火在后面，跟进烧毁针叶、小枝，烧焦树枝和粗大枝条，火烧面积呈长椭圆形，易造成扑火人员伤亡。

7.1.4.2 易发生伤亡的林火行为指标

我们通常将林火蔓延速度、火焰高度作为林火行为的主要指标。

(1) 蔓延速度

由于火场部位的不同，火场上各个方向的蔓延速度也不同。火顺风蔓延的火场部位为火头，是火场发展的主要部位，火蔓延方向和风向一致，顺风蔓延速度快，火强度大不易控制，易造成扑火人员伤亡；火逆风蔓延的部位为火尾，火蔓延方向和风向相反，逆风火蔓延速度慢，易于控制；在侧风条件下蔓延的部位为火翼，火蔓延方向和风向不一致，侧风火的蔓延速度居中，也是控制火的重要部位。因此，接近火线时应避开火头，要从林火蔓延速度相对慢的火翼或火尾部位接近火线。

通常，林火速度达到4km/h以上为危险速度；林火速度由缓慢突然加快1/2或1倍时，会给扑火人员造成危险。

(2) 火焰高度

火焰高度与火强度、蔓延速度关系密切，火焰高度越高，火强度越大，蔓延速度越快。

7.1.4.3 易发生伤亡的林火行为特征

根据森林燃烧时释放能量的大小，可以将林火分为低能量火和高能量火。前面讨论的林火行为中火蔓延和火强度等特征，都是在低能量火中总结出来的规律，在高能量火中是不适用的。高能量火具有自己独特的林火行为特征，主要有飞火、火旋风、火爆、轰燃等。

(1) 飞火

高能量火形成强大的对流柱，上升气流可以将燃烧着的可燃物带到高空，在风的作用下，可吹落到火头前方形成新的火点。飞火的传播距离可以是几十米、几百米，也可以是几千米、几十千米。澳大利亚西部飞火资料记载，飞火传播距离可达28.96km。在澳大利亚桉树林分中，飞火飞越数千米是常见的。我国东北林区发生大火时，传播几千米的飞火也屡见不鲜。如果大量飞火落在火头的前方，就有发生火爆的危险，这对扑火人员来说是很危险的。因此，在扑火中，当发现飞火从头上飞过时，必须尽快撤离火线，转移到安全地带。

产生飞火的原因：一是地面强风作用；二是由火场的涡流或对流柱将燃烧物带到高空，再由高空风传播到远方；三是由火旋风刮走燃烧物，产生飞火。

(2) 火旋风

火旋风是高能量火的主要特征之一。火旋风波及的面积大小不一，小的直径几十厘米，大的直径达数百米。火旋风具有高速旋转运动和上升气流，足以抬升一定颗粒大小的可燃物。一旦形成火旋，旋转的火焰和烟尘，就会使附近的扑火队员处于危险地域。

产生火旋风的原因与强烈的对流柱活动和地面受热不均有关。当两个火头相遇速度不同或燃烧重型可燃物时可发生火旋风；火锋遇到湿冷森林和冰湖也可产生火旋风；火遇到地形障碍物或大火越过山脊的背风面时也可形成火旋风。如1987年"5·6"大兴安岭特大森林火灾，盘中、马林两个林场在大火来到之前，都是黑色飓风旋转着袭来，把全林场房屋的铁瓦盖卷向天空，扑火人员看到火在树梢爆旋式旋转着，可以看到旋转燃烧的椭圆形大火团，给扑火人员带来极大危险。

(3) 火爆

火爆是高能量火的另一个主要特征。当火头前方出现许多飞火、火星雨时，集聚到一定程度，燃烧速度极快，产生巨大的内吸力就会发生爆炸式的联合燃烧，在火头前方形成新的火头。

火爆属于森林中最强烈的火之一，是在火头前方0.5~1km处有大量飞火或火星的燃烧。火爆发生后吞没火头前方许多分散火，形成一片火海，随即在原火头前方又形成一个火锋，迅速扩大火场面积，易造成扑火人员伤亡。如1987年"5·6"大兴安岭特大森林火灾就曾发生过这种火爆。

(4) 轰燃

在地形起伏较大的山地条件下，由于沟谷两侧山高坡陡，当一侧森林燃烧剧烈、火强度很大时，所产生的强烈的热量水平传递（主要是热辐射和热平流）容易到达对面山坡。当对面山坡可燃物接受足够热量而达到燃点时，会突然产生爆炸式燃烧，这种现象称为轰燃。

当产生轰燃时，林火强度大，整个沟谷呈立体燃烧，如果扑火人员处在其中，极易造成伤亡。

7.1.5 人的因素

扑救森林火灾是人与自然的对抗，火场上隐患无时不有，险情无处不在。因此，在扑火中遇到险情是不可避免的，如果在遇到险情时处置方法不当，极易造成扑火人员伤亡。特别是火场指挥员如果对火场形势判断失误或未察觉危险情况的来临，往往造成群死、群伤的严重后果。绝不能把扑火作战和安全避险对立起来、一是不要硬打硬拼、不讲科学和忽视安全；另一方面不能消极保安全，稍有险情就回避。处置林火威胁应采取积极防御，主动进攻，消灭林火，才能有效地保存自我。在扑火过程中要充分利用现有装备，采用最佳的扑救策略，最大限度地阻截林火。但面对突如其来的林火变化，因组织指挥失当、灭火技战术运用不当等人为因素而造成人员伤亡的情况也时有发生。

7.1.5.1 指挥失当

在森林火灾扑救过程中，指挥员特别是一线指挥员，对林火行为的发展变化可能造成的险情，由于心理上准备不足或认识上判断有误，致使扑火队伍处于危险境地而造成人员伤亡。其原因主要有以下几个方面。

①指挥员缺乏林火常识，实战经验不足，遇有险情惊慌失措，无法应对，盲目处置。

②对火场侦察不翔实，情况不明，分析判断有误，接近火线时机、路线把握不准和突破点选择失误等。

③通信联络不畅或失去与上级、友邻联系，对整个火场变化掌握不清，失去友邻支援被林火包围。

④指挥员主观臆断，盲目蛮干。

⑤对林火威胁心存侥幸，掉以轻心，预先准备不充分。

7.1.5.2 灭火技战术运用不当

森林火灾扑救过程中，要因时因势采取不同的战术和技术手段。如技战术运用不科学，机具配置不合理，致使灭火效率低，拖延灭火时间，火场情况一旦发生突变，极易造成人员伤亡。灭火技战术运用不当主要表现在以下几个方面。

①对发展迅速、立体燃烧面积大的高强度林火，采用直接灭火手段。

②在灭火人员连续作战，体能消耗较大的情况下强行组织打攻坚战。

③点烧技术运用不合理，点烧位置选择不当，对林火蔓延速度估算不足，对风力风向掌握不准，控制手段、作战能力估计过高等。

④打清配合不紧密，首尾脱节。

⑤扑火力量配置不合理，如扑火队新队员偏多，缺少有实战灭火经验的骨干。

⑥使用风力灭火机在不同植被分布、不同火焰高度灭火时，不按技术要领操作，产生助燃，将火种吹到未燃烧区域产生新的火点或火锋倒向灭火人员一侧等情况。

7.1.5.3 缺乏安全避险经验

指挥员和战斗人员缺乏灭火实战经验和安全避险经验。遇到险情时极度恐慌，心理防线崩溃，导致体能急速下降，失去脱离险境的机会。特别是采取避险方法不当，极易造成人员伤亡。如顺风转移或无准备盲目撤离；在草塘及灌木丛中避险；在火墙厚、火强度大时强行冲越火线或盲目卧倒避火；进入火烧迹地，不采取防护措施直接卧倒；携带装备机具放置身前避险等。

另外，个别灭火人员不服从命令，擅自行动，不按指挥员指令行事；不按规定着装，防护措施不当。如不穿防火服，不戴防火头盔、手套，穿化纤制品内衣等，都可能造成人员伤亡或加重伤害程度。特别是在多支队伍配合作战的火场，灭火人员组成复杂，指挥协调相对困难，在险情发生时，缺乏统一指挥，极易发生人员伤亡甚至是群死群伤事故。

7.1.5.4 具体伤亡原因

(1) 逆风扑打火头或接近火场

逆风扑打火头，就是逆风接近火场扑火。而火头是整个火场中火墙最厚、火强度最高、蔓延速度最快、释放能量最多的部位，因此迎风扑打火头及接近火场都是十分危险的。如1986年3月28日，云南省安宁市青龙乡普达沟发生林火，安宁市组织7 000余人扑火，部分人员逆风接近火场；13:10火场风力增大，林火向山上迅速蔓延，4人迎火冲越火线进入火烧迹地脱险，56人向沟顶撤离，因火速快、强度大，全部遇难于山坡，致使4人受伤，56人死亡。

(2) 翻越山脊线、鞍部接近火场

火向山上燃烧时，由于上坡可燃物受热辐射和热对流的影响，提前预热，短时间即可达到燃点，而形成冲火，还可能产生飞火和轰燃，导致火强度增高，蔓延速度加快。故翻越山脊线、鞍部接近火场易发生伤亡。如1989年3月12日，辽宁省锦州市锦县(现凌海市)果园南山发生林火，锦县组织人员在傍晚将明火扑灭。14日上午，刮起东南风，火场复燃，火迅速蔓延。11:00风速达到6级，驻军从北坡接近火场，当行至山脊翻越鞍部时，造成前面9人伤亡。

(3) 顺风逃生

地表火顺风蔓延速度最高可达8km/h，并能进行连续性燃烧，而人在林内奔跑的速度随着距离的加大，速度会越来越慢，远不如火顺风蔓延的速度快。因此，在火前方顺风逃生很容易造成人员伤亡。如2008年3月2日，湖南省江永县允山镇发生森林火灾，因山冲下方炼山起火，大火突然封住冲口，山上炼山人员没有选择迎风冲越火线的有效逃生方式，而是选择顺风向山上逃生，结果造成5死1伤。

(4) 向山上逃生

在相同的地形和可燃物条件下，上山火的蔓延速度快于火在平地燃烧时的蔓延速度。火向山上燃烧时，坡度越大蔓延速度越快，而坡度越大人上山的速度越慢。所以，在火前方，向山上逃生是极其危险的。如1996年4月14日，黑龙江省绥阳林业局河湾林场发生森林火灾，林火从北部第一道山脊沿南坡向下燃烧。防火办干部带领12人在第二道山坡开设隔离带，当开出300m时，西风突然加大，火越过第一条沟，向第二道山脊蔓延，4人迎风冲出火线，另有2人向东撤离，最后在一块岩石裸露地带卧倒避险，其余人员想翻越山脊撤离，结果全部死亡。

(5) 经鞍部逃生

鞍部因受两侧山头和山体的影响，会形成"漏斗"状的通风口，风从鞍部通过时速度会成倍增加。因此，当大火威胁人身安全时，从鞍部逃生极易发生伤亡。如1986年，在扑救云南玉溪森林火灾中，由于林火瞬间从谷底蔓延到对面山坡形成冲火，迅速冲过隔离带，造成来不及撤离和误从鞍部撤离的人员死亡24人、伤96人，教训极为惨重。

(6) 草塘及灌木丛中避险

草塘是林火蔓延的快速通道。草塘中的草本可燃物属于细小可燃物，释放能量快；灌丛生长茂密容易燃烧，燃烧时火强度大。因而，在草塘及灌丛中避险会造成人员伤亡。

7.1.6 火场危险三角

在扑火中，除以上五大因素外，高温、浓烟和疲劳是对扑火队员的生命安全危害最大的，其他三个要素，也被称为"火场危险三角"。

(1) 高温

高温伤害主要是热烤、烧伤和烧死。最为常见的高温伤害是由于吸入高温气流造成呼吸道神经麻痹导致窒息而伤亡。通常在森林火灾发生时，许多可燃物会产生高达200℃以上的地表温度，并很容易产生1 000℃以上的空气温度，而人体在高于120℃的环境中就会丧失生理功能。高温还会引起扑火人员大量出汗，在极端高温条件下，每小时可消耗2L水分。如果得不到及时补充，或热辐射使体温升高2℃，就可能产生中暑现象，危及人身安全。因此，扑火队员在扑火中要采取有效的方法保护自己，以减少高温的危害，特别是对头部、眼睛、手、脚和身体的保护。扑火时，扑火队员应身穿防火服和防火鞋，戴好防火头盔、护目镜、防火手套。

(2) 浓烟

林火产生的烟尘对扑火人员的生命威胁极大，会使扑火人员迷失方向，看不清逃生的路线；浓烟会造成扑火人员呼吸困难，又往往因浓烟呛倒而被火烧死；呼吸高温的浓烟会使呼吸道充血、水肿使人窒息而死。浓烟对人体伤害最主要的是一氧化碳，一氧化碳是森林火灾发生时产生最多的有害气体。为防烟尘，扑火人员应戴口罩，并尽量避免在下风处作业。逃生时，用湿毛巾或衣服捂口鼻逃避。

(3) 疲劳

扑救森林火灾时，扑火队员经常要长途跋涉才能到达火场，在高温、浓烟中持续数小时或几十小时扑救森林火灾，体力消耗极大，同时精神又极度紧张，很容易使扑火人员精疲力竭。在极度疲劳的情况下灭火，容易出现以下危险情况：一是扑火队员体内大量的糖、盐随汗流失，使灭火队员眼冒金星、四肢无力、呼吸困难、昏迷倒地而被烧伤亡；二是瞬间突发性大火环境，使扑火队员精神失常，不知所措，乱跑、乱窜，行为失控，造成伤亡；三是火场高温作战，烟雾弥漫，扑火队员由于疲劳过度，身体抵抗力弱而中暑、中毒倒在火线上被烧伤亡。

7.2 森林火灾扑救安全措施

森林火灾补救安全措施从以下几个方面加以分析。

7.2.1 森林火灾扑救伤亡特点

①从发生伤亡时间上看，通常，每天的10：00~16：00时段，风干物燥、气温高、相对湿度低、风向风速易变、火场烟尘大、能见度低，是扑救森林大火极其不利的危险时段。特别是13：00左右是高危时段，森林最易燃烧，林火蔓延速度最快，火强度最大，

最不容易扑救,最易造成扑火人员伤亡。火场教训表明,往往扑火队员火场伤亡事故90%以上都发生在此危险时段。在森林防火期中,一般中期发生的森林火灾次数多,燃烧面积大;初期和末期发生的森林火灾次数少、燃烧面积小。根据高温、干燥、大风的高火险天气出现的规律而划定的森林高火险期是扑救森林火灾易发生伤亡的季节。其主要特征是降水量少、空气湿度低、干燥、风大、易发生森林火灾。

②从发生伤亡人员与火场位置上看,接近火场、离开火线或在火场外时易发生伤亡。灭火人员在火线上灭火时,如果大火对人员构成威胁,可迅速进入火烧迹地避险。而离开火线,附近没有安全避险区域,则容易发生伤亡。

③从发生伤亡环节上看,伤亡主要发生在顺风逃生、向山上逃生、经鞍部逃生、翻越山脊接近火场和逆风接近火场。

④从发生伤亡的地域上看,主要发生在阳坡和山谷。

⑤从发生伤亡时的火行为上看,伤亡主要发生在火行为突然变化、火强度增大、蔓延速度加快时。

综上所述,气象变化、谷深坡陡、细小可燃物载量大、人员缺乏避险常识是造成人员伤亡的重要原因。因此,只有了解林火行为,掌握避险常识,才能有效减少或避免人员伤亡。

7.2.2 特殊林火行为

由于气象条件、植被条件和地形条件的不同,森林火灾的燃烧状况不同,在扑救森林火灾的过程中要观察预测火行为,特别要注意火焰高度、火的蔓延速度、飞火和火旋。

①当火焰高度超过人高,此时热辐射强度很大,扑火队员无法靠近火线,故不能进行直接扑打,只能采取间接灭火方法。

②当火的蔓延速度大于2m/min时,就不能采取直接扑打的方法。因为人工扑打火线速度一般在1m/min左右。

③在扑火过程中要时刻注意飞火。一般在4~5级风力时,飞火的距离仅几米或十几米;5~6级风时,飞火的距离可达30~50m;6~7级风时,飞火的距离可达300~500m,甚至更远。飞火很容易使扑火队员处于前后火场的包围之中,造成伤亡,故当发现飞火从头上飞过时,必须尽快撤离火线,转移到安全地带。

④通常在大风的推动下,高速蔓延的火很容易形成火旋,会使附近的扑火队员晕头转向,扑火队员逃跑时产生的负压,会吸引火旋跟随扑火队员跑动的方向旋转过来,发生火追人现象,造成伤亡。故在大风天气扑火时,要时刻注意火旋现象,一旦发生这种现象,扑火队员要尽快转移到安全地带。

⑤在扑火过程中,如果知道附近有火,而看不到火的主体,无法判断火的行为时,要特别提高警惕,防止被火突然袭击。

7.2.3 扑火人员的基本要求

包括对扑火指挥员和对扑火队员的基本要求。

(1) 扑火指挥员的基本要求

①及时掌握火场天气情况;

②正确分析判断火行为变化；
③密切注意可能发生危险的地段；
④接近火场时，要明确撤离路线；
⑤对火场可能出现的各种情况要有充分应急准备；
⑥要适时组织扑火队伍休整，保持旺盛的体力；
⑦时刻保持通信联络畅通，及时掌握扑火队伍行动。

(2) 扑火队员的基本要求

①扑火队员按规定着装，配备必要的安全装备和通信、照明器材及火种等；
②接近火场时，要时刻注意观察三大自然因素(可燃物、地形、气象)和火势的变化，同时要选择安全避险区域或撤离路线，以防不测；
③密切注意观察火场天气变化，尤其要注意午后伤亡事故高发时段的天气情况；
④时刻注意地形的变化，特别注意坡向、坡度、坡位及三面环山、鞍状山谷、狭窄草塘、窄谷和可燃物载量大的阳坡等地带；
⑤一旦陷入危险环境，要保持清醒头脑，积极设法采取自救手段；
⑥遵守火场纪律，服从指挥，不擅自行动。

7.2.4 扑火阶段安全

危险情况的出现一般有一定的规律，当风向、风力、地形及可燃物产生变化后常会出现险情，而出现险情最多的应在扑火人员接近火线或扑打火线时。首先从侧翼接近火线时，如果风向出现变化，原来侧风火线会突然变成火头向扑火队员逼来，严重威胁扑火人员的人身安全；其次是进入火线开始扑火后，本可进行直接扑打的火线，却因风力突然加大，使扑灭地段的林火迅速复燃，加之地形的变化会使由火线外向内灭火的扑火人员被火包围，出现险情；再次是受可燃物、地形、风力、风向的影响，使火场呈不规则发展或产生飞火，扑灭的火线变成内线时，就会使扑火人员被火包围而出现危险。

7.2.4.1 扑救地表火安全措施

接近火线

在整个扑火过程中，扑火人员接近火线时，是整个扑火过程中最危险的时刻，也是最容易造成人员伤亡的阶段。因为，在接近火线时，扑火人员对火场的实际情况掌握不明，扑火人员与火烧迹地之间被火线隔开，如火场火势突然发生变化，扑火人员实施避险较为困难。

(1) 接近火线时的应对措施

①要掌握火场全面情况，如火灾种类、火线位置、风力、风向、火场天气、地形、植被、林火蔓延速度等；②要按正确的路线开进，尽可能地选择利于行走的路线，如植被相对稀疏、通视条件好、坡度缓、距火线距离近、火场的火翼或火尾等相对安全的路线；③越是接近火线，扑火人员越危险，也就越容易出现险情。在逆风、迎着火头等情况下接近火线，此时林火的强度较大、火墙较厚，加之浓烟等使扑火人员很容易被烧伤；④顺风、侧风接近火线；⑤从火尾和两翼接近火线，因火尾和两翼蔓延速度慢、温度低，危险性小；⑥从烟小处接近火线，因烟大时能见度低，对周围情况难以判断，易被烟呛窒息，

被火烧伤。烟小时能见度好，遇险好判断，容易避其危险；⑦点烧接近火线。在没有上述条件的情况下，可在火线外侧适当位置清除植被适时点烧，当点烧火线与原有火线相连接时，要及时进入到火线展开扑打，可减少危险性；⑧等待时机接近火线，提前选好植被稀疏或可利用的地形、小河、山脚等有利于接近火线的地域。

(2) 接近火线时的注意事项

①要随时注意地形变化。地形因坡度、坡向、坡位等的变化可以引起气象因素的变化，影响温度、湿度、风速、风向的变化，土壤干湿的变化，植被种类和生长状况的变化，从而影响林火的变化。坡度越陡，上山火的蔓延速度越快，下山火则相反；坡向不同，发生森林火灾的可能性和燃烧蔓延速度均不一样，灭火的安全程度也不一样。通常情况下的危险程度为南坡大于西坡，西坡大于东坡，东坡大于北坡。在陡峭的峡谷地带、鞍部等部位常常会形成高温、大风、浓烟环境，灭火人员容易被大火包围。因此，在接近火线时，应避开狭窄山谷、陡坡及鞍部地带。②要随时注意可燃物的变化。森林可燃物含水量越低、载量越大，火灾蔓延速度越快。当火从可燃物少的地方蔓延到可燃物多的地方，火蔓延速度和强度就会突然增大，对灭火人员造成威胁。通常，草类最易燃，蔓延速度最快；灌木林地火蔓延速度仅次于草地火，幼林特别易燃。郁闭的中年林，透视性很差，林内火的蔓延速度较慢，当林内火蔓延到林缘或灌木林地、草地，火蔓延速度就会突然加快，不能掉以轻心。因此，在接近火线时，应避开草高且宽大的草塘、大载量可燃物地域和梯形可燃物分布地带。③要随时注意风向、风速变化。火场上主风的风力、风向变化决定着火的发展方向和火的蔓延速度。通常，火场上空主风方向的变化也决定着火场空气、湿度、温度的变化。而湿度和温度的变化，又会直接影响火行为变化。风向突变很可能使火翼或火尾变为火头，加快其蔓延速度，向扑火队伍扑来；风速突变会使火的蔓延速度加快，在扑火队伍缺乏思想准备的情况下导致扑火人员混乱，很难实施有效的避险措施。因此，在接近火线过程中，要时刻注意风向、风速的变化，时刻保持清醒头脑，确保扑火人员安全。

——突破火线

突破火线前，要侦察好地形、植被和火势变化发展情况，指挥员要统一组织，严密实施。选择突破点时要着重考虑以下因素：一是根据扑火队伍机械运输能力，选择扑火队伍可以快速到达的地段；二是根据火场条件，选择有利于向重点目标进攻的地段；三是根据火行为特点，选择在火势较弱可以安全突破火线的地点。采取先突破、再灭火、后跟进、再展开的扑火方式。

通常，扑打火头时应从火头的两翼选择火势较弱地段，采取"一点突破"或"多点突破"，两翼夹击火头，严禁正面迎火头扑打；当火线强度大时，可避开强火打弱火，选择火尾突破，采用多点突进、分兵合围战术，追歼火头，严禁选择在高危险段燃烧的火线侧翼突破火线。

——扑打火线

①扑打火线时要紧贴火线。在火场上，扑火队员贴近火线灭火更为安全，当火势较猛、风向倒转、大火回烧或遇大火突袭时，扑火队员可立即从扑灭的火线处撤入火烧迹地内躲避。

②扑打火线时要坚持"前打后清"。扑打要彻底，清理要认真。扑火人员与清理人员要保持适当距离，距离过大可能在扑打组和清理组之间发生复燃火，距离过小可能在清理组后面发生复燃火。要分批次地对扑打过的火线进行反复巡查清理，发现隐患及时处理。在扑火人员较多的情况下，可将火线分成若干段，指派固定人员分段看守。清理火线时火烧迹地纵深扑打阶段要求距火线不少于10m，使火场不能继续蔓延和扩展；回头清理阶段要求距火线不少于50m，使火线在前打后清的基础上得到进一步巩固；看守清理阶段要求是彻底清理，达到"无烟、无气、无明火"的"三无"标准。

③在扑打上山火时不可直接迎火头扑打上山火头，因为上山火蔓延速度快、强度大，在火头的上方拦截火头，会造成人员伤亡。

④在山脚下扑火时要防止山坡上的滚木、滚石造成伤亡。

⑤扑火间歇休息时，应在被扑灭的火线边缘休息，保证遇有险情可迅速进入火烧迹地避险。严禁在草甸、杂灌、山沟等危险地带宿营休整。

⑥夜间清理火场及返回营地时，应沿火烧迹地边缘返回，以防迷山。

7.2.4.2 扑救树冠火安全措施

树冠火多数是由强烈的地表火引起的，多发生在可燃物垂直分布与水平分布相连的针叶幼龄林或针叶异龄林内。树冠火的火势发展迅猛，燃烧强烈，能量大，伴有飞火发生。扑救树冠火难度大，危险性高。

（1）危险情况

①火蔓延方向突然改变，对扑火队员威胁大；

②火蔓延速度突然加快；

③火头前方有大量飞火，落在扑火队员后面。

（2）预防措施

①要设立观察哨，时刻侦察周围环境和火势，判断火的蔓延方向，估测火的蔓延速度，时刻侦察飞火和火爆的发生；

②抓住一切可利用的时机和条件扑火；

③扑火队员在火的前方开设隔离带时，应建立安全避险区；

④点放迎面火的时机，最好选择在夜间进行。

7.2.4.3 扑救地下火安全措施

地下火的燃烧形式主要有3种：一是表层可燃物燃烧过后，下层可燃物阴燃跟进；二是火线垂直阳燃；三是下层可燃物的蔓延速度快于表层可燃物的蔓延速度。这种火可以烧至矿物层和地下水位的上部，蔓延速度缓慢，仅4~5m/h，昼夜可烧几十米或更多，温度高、破坏力强、持续时间长，一般能烧几天、几个月或更长时间，不易扑救。

（1）危险情况

①地下火因其对树木根系破坏严重，火场内易发生树倒伤人。

②地下火主要发生在有腐质层的原始林区，加之下层可燃物的蔓延速度快于表层可燃物的蔓延速度，易发生扑火人员掉入火坑烧伤的事故。

（2）预防措施

①为了防止扑火人员掉入火坑，要正确判断下层可燃物燃烧的位置，在外线实施

扑救。

②禁止扑火人员在火烧迹地内行走，防止树倒伤人和掉入火坑。

③在枯立木较多区域扑救地下火时，要设立观察哨，时刻观察火场的情况，防止意外发生。

7.2.4.4 间接灭火安全措施

间接灭火是指利用自然依托或人为开设依托，在依托内侧边缘，点放迎面火或开设隔离带拦截林火的一种灭火方法。

(1) 选择正确的隔离带开设位置

不在上山火的上方山坡和山脊线上开设隔离带，应在山的背坡或在地势平坦的地域开设隔离带，否则极易造成人员伤亡。如 1996 年，在云南省玉溪火场，扑火人员在山脊上开设隔离带，12：00 开设隔离带 1 000 m 后，大部分人员转移到侧翼开设隔离带，留下部分人员休息待命。13：00 东南坡的林火烧至谷底后，火瞬间从谷底蔓延到对面山坡形成冲火，伴随着高温、浓烟和轰鸣声，迅速冲过隔离带，造成死亡 24 人、伤 96 人。

(2) 开设隔离带的距离要适当

开设隔离带的距离选择要根据林火蔓延速度和开设隔离带的速度而定，严禁在可燃物载量大的区域近距离开设隔离带。

(3) 开设隔离带时，要确定或开设安全避险区，并明确撤离路线

要将清除的障碍物放到隔离带外侧，防止点火后增加火强度，造成跑火。在可燃物载量大的地段开设隔离带时，清除可燃物后，要挖一锹深、宽的阻火沟并砍断树根，把挖出的土覆盖在靠近隔离带外侧的可燃物上。

(4) 开设隔离带后，应沿隔离带内侧边缘点放迎面火

隔离带开设完成后，应沿着隔离带内侧边缘点放迎面火，不应等待林火烧到隔离带。

7.2.5 火场宿营安全措施

扑救森林火灾是一项艰巨任务，尤其是在扑救重特大森林火灾过程中，扑火队员需要长期生活在野外环境中，为保证扑火队员能够满足扑火任务的需要，充足睡眠和休息是人最基本的生理需求。所以，利用配发的各种宿营装备，或是利用现地有利条件搭建各种临时帐篷就显得尤为重要。扑火队员宿营地的选择是否合适、安全，是关系到火灾扑救能否取得胜利的重要条件之一，如果宿营地选择不当，不仅给完成扑火任务带来困难，还可能出现各种危险。因此，选择宿营地时必须注意安全。

宿营地的选择，通常根据风向在火线的侧后翼、自然条件相对安全、有水有柴、地势平坦、河边、沙滩等利于营地周围开设隔离带的地域或火烧迹地等安全地域。禁止将宿营地设在狭窄草高的小沟塘、山腰处、山凹地带、风口处、高大孤立木或枯树下。

(1) 营地要选择离水源近的地方

这样既能保证做饭、饮用水供应，又能提供洗漱用水。但在深山密林中，水源也是野生动物的出没之地，因此在这里扎营要格外小心注意，避免受到野兽的伤害。

(2) 营地位置的地面应比较平整

选择营地不要存有树根、草根和尖石碎物，也不要有凹凸或斜坡，这样会损坏装备或

刺伤人员，同时也会影响人员的休息质量。

(3) 避免三面环山、鞍状山谷、狭窄草塘沟及大草塘

在三面环山、鞍状山谷、狭窄草塘沟及大草塘中宿营，若遇火灾突袭，危险性大。

(4) 避免无植被、沙土疏松或岩石裸露的陡坡山脚宿营

无植被、沙土疏松或岩石裸露的陡坡上方容易有滚石、滚木，要防止砸伤。

(5) 不在低洼干枯的河床内宿营

不在低洼干枯的河床内宿营，主要是防止突发洪水造成人员伤亡。

(6) 雷雨天不要在孤立的大树下或空旷地上扎营

雷雨天不在孤立的大树下或空旷地上扎营，以免遭到雷击。

(7) 宿营地应尽量建立在过火林地内

如果选择在接近火线的未过火林地或林地边缘，必须进行点烧或人工清理，或在宿营地周围开设一条有效闭合的防火隔离带，宽度视现地情况确定。

(8) 注意防止蛇、蝎、毒虫的侵扰

建立宿营地时要仔细观察营地周围是否有野兽的足迹、粪便和巢穴，不要建在多蛇、多鼠地带，以防伤人或损坏装备设施。应在营地周围遍撒些草木灰，会非常有效地防止蛇、蝎、毒虫的侵扰。

(9) 帐篷内要防止火灾和一氧化碳中毒

不在帐篷内用明火照明或吸烟，防止发生火灾；不用炭火在帐篷内取暖，防止一氧化碳中毒；宿营时，营地内昼夜设哨，负责营地安全。

(10) 注意饮食安全

严格检查给养是否过期变质，不得食用不明野生植物，不得饮用污水，防止食物中毒。

7.3 火场自救与迷山自救

森林火灾是一种自然灾害，具有突发性、动态性和难以预测性。因此，森林火灾扑救是一种高危作业。但只要把握主客观一致的原则，研究掌握林火发生发展及变化的规律，就能在灭火作战过程中。有效地解决应对险情时的紧急避险和自救问题。

7.3.1 紧急避险的概念

火场紧急避险就是为使灭火人员免受突然变化的高强度林火袭击而采取的紧急应对措施，是检验灭火任务完成质量的一个关键，也是实现森林火灾扑救安全高效的重要保证，关系到扑火人员和人民群众的生命安全。当扑火人员遭遇林火袭击、包围，对扑火队员构成威胁时，各级指挥员要沉着冷静，果断处置，采用正确的紧急避险方法，最大限度地降低林火对灭火人员的伤害。

7.3.2 火场紧急避险措施

紧急避险是在大火威胁人身安全时，扑火人员为保存生命所采取的紧急措施。在实施

紧急避险时，扑火人员要时刻保持头脑清醒，坚持做到不盲目指挥、不违规作业、不冒险行动。

7.3.2.1 利用地形避险

利用地形避险主要指在遇到险情时，利用火场附近有利地形避险或利用火场附近公路、铁路等依托，在依托的下风地段点火避险。

(1) 转移避险

转移避险是指在森林火灾扑救过程中，因气象条件、可燃物等的变化，火场瞬间发生突变，对扑火人员构成威胁时，或在扑火人员抵近火场途中，误入危险区域时，快速组织人员转移到安全地域的一种方法。如附近有较宽河流、湖泊、沼泽、耕地、沙石裸露地带、林火前方下坡地带及无植被或植被稀少地域时，扑火人员可向以上有利地形转移避险。

①为确保正常呼吸和避免烟害，尽可能选择相对湿润、无植被或植被稀少的位置卧倒。

②根据地形避险人员要相对分散，不宜过于集中。

③不宜选择细小可燃物密集的地域，防止地表火直接烧伤。

④油桶、灭火机、点火器等易燃装备应放置在距离人员较远的下风处。

(2) 卧倒避险

卧倒避险就是当情况特别紧急，无法实施点火解围和冲越火线避险时，利用附近小地形，如小沟、小块裸地等地形条件，采取就地卧倒避险的一种方法。

①要选择植被相对稀少、地形相对平坦的地带卧倒。

②尽可能用携带水源把衣服浸湿蒙住头部，用湿毛巾捂住口鼻，将水喷洒在避险人员身上和地被物上。

③将风力灭火机、油桶、点火器等装备沿下风方向扔出离避险人员最大距离。

④将两手放在胸前，顺风向卧倒。

⑤待火过后立即起立，视情处置。

7.3.2.2 点火避险

(1) 利用地形点迎面火避险

点迎面火避险就是因火场情况突然发生变化，扑火队伍无法按扑火方案实施灭火行动，林火对人员构成威胁，且无安全避险区域时，就近依托地形，如道路、河流、农田、植被稀少的林地等，有组织地点烧迎面火，人员跟进至火烧迹地内避险的一种方法。

①点迎面火要有可依托的地形条件。

②有一定的时间、距离迅速完成点烧。

③进入火烧迹地避险，用衣服蒙住头部，用湿毛巾捂住口鼻，并将携带水源洒到避险人员的头部和身上。

(2) 点顺风火避险

点顺风火避险就是在没有天然依托条件，或虽有依托，但点烧迎面火的时间和距离都不具备时，迅速点顺风火，并顺势进入火烧迹地内避险的一种方法。

①距大火到来时间间隔较长，且火烧迹地地表温度降低时，可采取顺风卧倒。

②将衣服蒙住头部，扒开生土层，或用湿毛巾捂住口鼻，并将携带水源洒在避险人员头部和身上。

③如时间紧迫，应采用蹲姿，背部朝向迎风一侧。

④避险人员要相对集中在火烧迹地中央偏前位置。

⑤当点火时间晚，烧出的火烧迹地面积小时，不能停留在火烧迹地内，要跟进自己点放的火头向前运动，防止因火烧迹地面积小被大火围烧。

7.3.2.3 爆破避险

在没有可避险的有利地形时，可在火头或火线前方适当位置铺设索状炸药或灭火弹进行爆破，炸出阻火线作为依托，再沿依托点放迎面火避险。或在火前方有利的位置，实施爆破，使火线出现一定宽度的缺口，扑火人员从这一缺口迅速进入火烧迹地避险。

7.3.2.4 冲越火线避险

(1) 冲越火线避险方法

当不具备点火或其他避险条件时，选择地带相对平坦、火焰高度相对低、火墙相对薄的地带，用衣物护住头部，快速逆风冲越火线，进入火烧迹地避险。这种避险方法只是一种没有办法的办法，仅在危急情况下使用。

(2) 冲越火线避险的要求

①要选择地势相对平坦、植被相对稀疏、火强度较弱、火墙较窄的火线进行冲越。

②将易燃物扔出离避险人员最大距离，用衣服蒙住头部，采取跳跃姿势，一口气冲过火线。

③进入火烧迹地内，迅速蹲下，用湿毛巾捂住口鼻；

④冲越火线时，前后人员跟紧，顺势进入火烧迹地避险。

7.3.2.5 预设安全区域避险

(1) 预设安全区域避险方法

预设安全区域避险就是扑火队伍为保护重点目标安全，进入具有一定安全隐患地段展开灭火行动，强行阻击林火蔓延时，指挥员应预先组织扑火队员在指定位置开设安全避险区域，确保在火势突变时，能有效保证灭火人员安全的一种方法。安全区域的开设通常应选择在植被稀少、地势相对平坦、距火线较近且处于上风方向的有利位置。

(2) 预设安全区域避险的要求

①预设安全区域要坚持宁大勿小的原则，切实发挥避险作用，保护避险人员安全。

②清除站杆、倒木地表可燃物和危险可燃物等。

③在扑火展开前，指挥员将进入避险区域的时机、方法和扑火队伍撤至安全避险区域的路线及相关要求通报扑火队伍。

④派出观察员，及时通报火场发展态势，遇有险情，及时报告，并迅速按预案有序组织避险。在气象、地形、植被条件允许的情况下，安全避险区域的开设也可采取点烧和人工清除相结合的方法。

7.3.2.6 避开危险火环境

当然，最安全的办法就是尽量避免将自身置于危险环境。避开危险火环境就是通过对火场勘察，全面了解火场周边地形地貌，做到心中有数，遇有易发生危险的地域、地段、林火种类及危险可燃物分布等情况,如狭窄山脊线、鞍部、山谷、强度大的上山火、急进树冠火、风力较大的中午时段、易燃灌木丛地带等,不直接接近火线,迅速避开危险环境,选择安全区域休整待命或重新选择路线和突破点。这就要求指挥员熟悉着火地点地形、植被情况,对林火态势判断准确,决策科学果断。同时,灭火人员要服从命令,听从指挥。

7.3.3 迷山自救及救援

迷山就是指山地条件下,扑火队员经过一定的时间无法从某一地域到达目的地,又不能返回出发地的情况。为保证扑火队员安全,顺利完成扑火任务,应积极做好迷山自救及救援工作。

7.3.3.1 防止迷山

迷山事故严重影响扑火任务的完成,不仅造成非战斗减员,也会极大地影响扑火人员的心理。为此,我们要切实预防迷山事故的发生。

(1)迷山发生的主要原因

迷山发生的原因有很多,归结起来主要有以下几个。

①准备不充分 在野外行进时,事先应该做好充分准备。要了解清楚火场地域基本的地形、地物情况;要调制行进略图,对行进路线上大的方位物要基本了解。如果从开始就没有确定路线而只是依赖地形及方位行进,就很容易迷失方向。

②原有的参照物发生了变化 由于天气变化,如雨、雪、雾、风或其他因素的影响找不到原选定的参照物,或地形图中原参照物发生变化,致使行进中经常因找不到方位物而迷失方向。

③人的生理特点造成的迷山 在广阔平坦的沙漠、戈壁滩或茫茫的林海中行进,因景致单一,缺乏定向的方位物,人们前进的方向一般不会是直线,通常要向右偏。这是因为一般人的左步较之右步稍大 $0.1 \sim 0.4$ mm,因此在行进中不知不觉地就会转向右侧。步行者通常以 $3 \sim 5$ km 的直径走圆圈,即俗话说的"鬼打墙"。这种情况在生疏地形、无可靠方位物时经常发生。

(2)预防措施

①加强教育,严格纪律 扑火队员一定要加强业务学习,掌握山林知识。在扑火中要严守纪律,切实服从指挥员的指挥。

②加强管理,严格制度 凡在林区扑火、巡护等任务时,一定要 3 人以上同行,其中至少 1 人有野外行进的经验。在徒步执行灭火、巡护任务时,要在出发前定好行进线路和方向,行进过程中要随时校对方向,发现问题时应先冷静考虑,然后再行动;夜间扑火后一定要将所有人员集中后才能返回驻地。出发前要检查电台、对讲机的状态和电池充电情况,带上地形图、指北针、GPS 等,严防集体迷山。

③加强野外训练,熟悉辖区林情 日常训练中要经常有计划、有针对性地进行野外的拉练,使扑火队员熟悉野外行军的方法和步骤,能适应山里情况,妥善处理所遇到的问题。

④提高警惕,防止迷山 在执行灭火作战任务时,扑火队员必须提高警惕,避免因麻

痹大意、过于自信而发生迷山事故。进入森林时，为避免迷失方向，应把当地的地形图研究清楚。特别要注意行进方向两侧可作为指向的线形地物，如河流、公路、山脉、长条形的湖泊等；注意其位置是在行进路线的左方还是右方，是否与路线平行。这些地物可以帮助迷山人员摆脱困境。

（3）注意事项

在野外集体执行任务时，要紧跟队伍。特别是夜间扑火时，不要离开大队伍。扑火返回时大家要互相照顾不要落下人，扑火指挥员一定要清点人数，等人到齐后沿火线返回。严禁穿越火场直接走回驻地。

在特殊情况下，需单人执行任务时，一定要谨慎对待。出发前，根据需完成的任务，确定路线、时间并带足给养。行进中要牢记左右的山形、地势和主要地貌；在穿越密林时，要用刀砍出通过标志，或折断树枝做好标记。完成任务后一定要经原路按时返回，不能按时返回时一定要向直接领导报告情况。

没有经验或不熟悉道路的人，夜间穿行森林一般都会迷路，因而没有特殊情况和任务不要夜行。

7.3.3.2 迷山自救

扑火队员在火场行进中稍有不慎就有迷山的危险。迷山后一定要冷静，不要悲观失望，要凭着坚强的意志走出困境。

（1）迷山初期自救

迷山后首先要能正确判别方向，然后才谈得上自救。判别方向一般可以利用地形图和指北针等器材进行判断。如果没有这些器材时，我们就要学会利用自然界的一些特征来判别方向。

——利用太阳判别方向

①阴天立笔判定　阴天可在地上平放一张白纸，于白纸中心竖一支笔，通过光的反射会在纸上产生阴影，阴影所对应的方向是此刻太阳所在的方向。

②利用太阳判定　自古以来，我国人民就有"日出于东而落于西"的习惯说法。其实，在一年365天中，太阳真正从正东方向升起，从正西方向落下去的时间，却只有春分（3月21日）和秋分（9月23日）两天，其他时间，都不是从正东升起，从正西落下去的。这是地球一方面绕着太阳公转，同时它自身也在旋转的缘故。大体上说，是春秋天太阳出于东方，落于西方；夏天太阳出于东北，落于西北；冬天出于东南，落于西南。根据太阳出没的位置，就能概略地判定方向。

③根据太阳，利用手表判定方位　一般地说，当地时间早晨6：00左右，太阳在东方，12：00在正南方，18：00左右在西方。

如果想更准确一点判定方位，可以先把手表放平，以时针所指时数（以每天24 h计算）的折半位置对向太阳，表盘上数字"12"的指向，就是北方。比如，我们在某地8：00判定方位，其折半位置是4，即以表盘上的"4"字对向太阳，"12"的指向就是北方；若在14：40判定，应以"7：20"对向太阳。即"时数折半对太阳，'12'指向是北方。"

——利用树木特征判别方向

太阳的热能会在自然界中形成一定规律的不同特征，掌握和利用这些特征可以判别方向。

①草本植物判别法　树干及大岩石等物体的南侧草本植物生长高而茂密；秋季山南坡的草枯萎早于北坡。

②树皮判别法　通常情况下，树的南侧树皮光滑，北侧粗糙。此现象在白桦树表现最为明显。白桦树南面的树皮较之北面的颜色淡，而且富有弹性。

③树干判别法　夏季针叶树树干南侧流出的树脂比北侧多，而且结块大；松树树干上覆盖着的次生树皮，北面的较南面形成得早，向上发展较高；雨后北面树皮膨胀发黑现象较为突出。

④树叶判别法　秋季果树朝南的一面枝叶茂密结果多，以苹果、红枣、柿子、山楂、荔枝、柑橘等表现最为明显；果实在成熟时，朝南的一面先染色；树下和灌木附近的蚂蚁窝总是在树和灌木的南面；长在石头上的青苔性喜潮湿不耐阳光，因而青苔通常生长在石头的北面。

⑤树种判别法　我国北方茂密的乔木林多生长在阴坡，而灌木林多生长在阳坡。这是由于阴坡土壤的水分蒸发慢，水土保持好，因此植被恢复比阳坡快，易形成森林。另外，就树木的习性来讲，冷杉、云杉等在北坡生长得好，而马尾松、华山松、杨树等多生长于南坡。草原上的蒙古菊和野莴苣的叶子都是南北指向。

⑥年轮判别法　在林内观察树的年轮，年轮疏的一面为正南，年轮密的一面为正北。

——利用雪融特征判别方向

①山体、土堆判别法　山体、土堆等凸起物体的南侧日照充足，积雪易融化。

②坑穴、沟壑判别法　坑穴、沟壑等凹陷地形的北侧日照充足，积雪易融化。

利用自然界特征判定方位时，要特别注意应具体情况具体分析，千万不要生搬硬套。在辨别方向时，务必注意多种方法综合运用，互相补充、验证。我国地域辽阔，各地区自然条件差异较大，在掌握共同规律的基础上，还要注意各地区的特殊规律，这样才可能得出正确的判断。

——利用北极星判别方向

夜间通常利用北极星判定方向。寻找北极星，首先要找到大熊星座（俗称为北斗星），因为它与北极星总是保持着一定的位置关系不停地旋转。当找到北斗星后，沿着勺边A，B两星的连线向勺口方向延伸，约为A，B两星间隔的5倍处有一颗较明亮的星，就是北极星。

在北纬40°以南的地区，北斗星常会转到地平线以下，特别是冬季的黄昏常常看不到它。此时，应根据与北斗星相对的仙后星座寻找北极星。仙后星座由5颗与北斗星亮度差不多的星组成，形成"W"形。在"W"字缺口中间的前方，约为整个缺口宽度的2倍处，即可找到北极星。

在北纬23°以南地区，上半年可利用南十字星座判定方向。南十字星座主要由4颗明亮的星组成，4颗星对角相连成为十字，沿A，B两星的连线向下延伸，约在两星距离的4.5倍处即为正南方。

——利用月亮判定方向

月亮的起落是有规律的。月亮升起的时间，每天都比前一天晚48~50min。如农历十五的18:00,月亮从东方升起。到了农历的二十,相距5d就迟升4h左右,约22:00于东方天空出现。月亮圆缺的月相变化,也是有规律的。农历十五以前,月亮的亮部在右边;十五以后,月亮的亮部在左边。上半个月称为"上弦月",月中称为"圆月",下半月称为"下弦月"。每个月,月亮都是按上述两个规律升落的。此外,还可以根据月亮从东转到西约需12h、平均每小时约转15°的规律,结合当时的月相、位置和观测时间,大致判定方向。例如,22:00,看见夜空的月盘是右半边亮,便可判明是上弦月;太阳落山是18:00,月亮位于正南。此时,从18时至22时的4个小时内月亮转动了15°×4=60°。因此,将此时月亮的位置向左(东)偏转60°即为正南方。

(2)迷山后期自救

迷失方向时,只要冷静分析,并根据日、月、星辰等自然界的一些特征判定方位,坚定信心,一定会脱离险境。

——团体迷山后的脱困

团体迷山时要防止盲目乱撞或一个人说了算。发现迷失方向后,应先登高远望,判断应该往哪儿走。在山地尤应如此。应先爬到附近大的山脊上观察,然后决定是继续往上爬,还是向下走。若山脉走向分明、山脊坡度较缓,可沿山脊前进;否则应朝地势低的方向走,这样易于碰到水源。顺河而行最为保险,这一点在森林(丛林)中尤为重要。俗话有"水能送人到家"的说法,因为道路、居民点常常是濒水临河而筑的。我国西南边疆丛林地区居住着许多少数民族,他们多习惯砍光寨子附近山上的树木。因此,在这种地区迷路之后,可爬到树上或高处瞭望,如发现某座山上没有树木,那座山的附近往往会有人家。此外,傣族等少数民族的住房多用竹子搭制,人们习惯在寨子边上种大篷竹。因此,有大篷竹的地方,也容易找到山寨。

在森林中行进,如果没有指向物,可利用长时间吹向一个方向的风或迅速朝一个方向飘动的云来确定方向。迎着风、云行走或与其保持一定的角度行进,可在一定时间内保证循着直线前进。也可使用"叠标线法"(每走一段距离,在背后做一个标志,如放石头、插树枝。或在树干上用刀斧把树干周围的皮都刮掉刻制环形标志,在行进中不断回看所走的路线上的标志是否在一条线上,便可以得知是否偏离了方向)到达目标点或返回出发点。在使用"叠标线法"寻找目标时,如果找不到,可折回标志处,再换一个方向重新试行。如果遇到岔路口,首先要明确要去的方向,然后选择正确的道路。若几条道路的方向大致相同,无法判定时,则应选中间那条路,这样可以左右逢源,即使走错了,也不会偏差得太远;同时,还应让专人在每个出发的岔路口做好标志,以便选错道路返回时能确定出发点。

迷山后可能会出现人员思想混乱、情绪低落、众说纷纭的情况,领导者一定不能慌乱,要加强团结,严防分伙,避免小帮派的现象。同时一旦来路或去路判定后,就要向一个方向坚定地走下去,并指定人员记载所经过的山形、地貌、河流等情况,以备未找到目标点时参考。

迷路后,如果天色已晚,应立即选址宿营,不要等到天黑,否则将非常被动。若感到十分疲乏时,也应立即休息,不要走到筋疲力尽后才停止。这一点在冬季尤应注意,过度疲劳和流汗过多,容易冻伤或冻死。对于单个迷山者来说更要注意这个问题。

——个人迷山后的处置

孤身一人在山野行走迷失方向时,首先要有坚定的信念,总体把握的原则是:前进时应朝预先选好的指向物的方向行进,一直走到指向物,然后再行判定方位。在火场内迷失方向时,只要始终保持向一个方向前进,就可以走到火线上,然后沿火线走就可找到灭火队伍。在深山密林中迷失方向时,一定要保持冷静,尽量避免因乱撞而消耗大量的体力。首先要尽可能地利用各种条件判定方位,在判明方向的基础上可利用前面所讲的方法前进。在前进时,白天要尽量走山脊,不要一直走下坡路,同时要注意山路上的各种标志、人、声音等,以便获得求助,及时脱困。

个人迷山后,如果采取各种办法都无法确定方位或没有把握返回驻地时,应该立即停在原地等待,因迷山时间尚短,迷山者距离正确的道路不会太远,所以原地等待便于同伴发现有人走失后的寻找,惊惶失措地乱闯,既不能解决问题,又可能遭遇危险。找不到路时,为了生存,迷山者一定要有较长远的打算,可以选择一个地势开阔背风的地方搭个窝棚住下来。遇到可食之物,吃饱后要再随身携带些以备用。野外过夜时要注意防寒,避开野兽经常出没的地方。经过充分休息后再采取各种方法自救。

——寻求援助

实在无法脱离困境时应设法主动寻求援助。夜间可在高处点燃火堆(最好是3堆);白天可放烟(在火上放上青草,就会发出白烟,每隔十几秒钟放一次青草,正确的方法是每分钟6次),这是世界通用的救难信号。由于桦树声音宏大而且传播很远,因此在森林中可用斧头、棍棒击打桦树,传递救难信息。在开阔的地段,如草地、雪地上可以因地制宜地制作地面标志。或在雪地上踩出或用树木、石块摆放出相应标志,将青草割成SOS的字母等,标志尽可能地要大一些,字的直径至少要有5~10m。

7.3.3.3 迷山救援

发现有迷山者,各级扑火指挥员不要存在侥幸心理,认为迷山者可以自己找回来,必须立即采取救援措施。

(1)救援的组织

——仔细研究救援方案

通过分析迷山者的身体状况和心理承受能力,研究迷山者最后确切所在位置的山形,判断其活动的方向和范围,根据客观情况制订切实可行的方案。

——合理组织救援队伍

在组织搜救迷山者的队伍时,一定要根据山形地理状况,合理安排,每组至少3人以上,且必须有一个向导或熟悉地形的人,并指定会合地点。

——严密组织救援过程

营救迷山者,是一个紧急而又细致的过程。因此,在组织营救时既要强调时效性,又不能忙乱失措,应该尽可能周全地考虑到迷山者可能遇到的情况,在救援过程中妥善处置好,并随时同森林防火指挥部保持联系。

(2)救援的方法

救援的方法主要有地面搜救和空中搜救。地面搜救是主要的搜救方式,针对不同情况可采取辐散式搜救、向心式搜救、拉网式搜救等方法。

——辐散式搜救

知道迷山者最后确切位置时，搜寻人员可采取辐散式搜救的方法，由这一点向外、由小范围到大范围、由近至远地分层搜索，并将观察、搜索到的可疑情况和痕迹详细记载，随时上报。

——向心式搜救

比较确切地知道迷山者所在范围时，可采取向心式搜救方式，由外向内仔细寻找。

——拉网式搜救

当无法知道迷山者失踪的时间、地点等情况时，可采用拉网式搜救方式，划定一定地域一线平推；没有发现时，在相邻地域依次进行。

——注意事项

①搜救时除采用上述的搜救方法外，还可利用在高山上点火、定时、定点鸣枪等方法吸引迷山者。

②如果迷山者失踪地域有河流时，可顺河流寻找。在野兽经常出没的地方寻找时，不但要人多，搜索还一定要细致。如果发现有飞禽集聚的地方一定要详细盘查。

③经过一天以上的寻找，仍未找到迷山者时，为了保证迷山人员的基本生存条件，搜寻人员可采取在迷山者可能经过的地方留下衣服、食物、火柴和指示方位及搜救情况措施的纸条等协助迷山者脱困。一旦迷失方向者找到其中一个，就可以依照这些物品的指示脱离困境。

④搜救时可使用石头、杂草或木棍等物做标志。标志要放在既容易看见又安全的地方，不要放在别人易踩坏的地方。

⑤如果经过一段寻找，仍不见失踪者的行踪，可请求飞机帮助进行空中搜救。

7.4 火场伤病事故处理

由于受到地形、植被、天气条件、火行为及人员素质等各种复杂因素的影响，在森林火灾扑救过程中，难免会有一些意外发生，造成扑火人员烧伤、中毒、骨折、中暑、流血等，如果不及时处理或处理不当，会造成更严重的后果，甚至死亡。反之，如果采取正确急救措施，必将为生命赢得宝贵时间，减少伤残。

7.4.1 第一目击者与现场救护的"生命链"

第一目击者是与伤者距离最近，最短时间内就能接触到伤者的现场人员，由于传统观念，我国目前大多数第一目击者不知如何来有效的抢救伤患，导致大量伤患错失抢救时机，而丧失宝贵的生命。因此，让扑火队员通过救护培训，掌握初步的现场救护技术，从而在他们的参与下能够在黄金时间内展开有效的初步救护，就能为医院的救治创造条件，减少伤残的发生。

"生命链"是近十年来在国际上出现的一个重要的急救专用名词，但它很快被社会、专家和公众所接受。它是"以现场第一目击者"为开始，至专业急救人员到达，进行抢救的一个系列而组成的"链"。"生命链"普及、实施得越广泛,危急病人获救的成功率也就越高。

"生命链"(Chain of survival)有四个互相联系的环节序列。因为对猝死抢救应争分夺秒,越早实施,效果越好。所以这四个环节称为早期(Early),又称四个"E"(E 是 Early 的字头),即:早期通路、早期心肺复苏、早期心脏除颤、早期高级生命支持。

(1) 第一环节——早期通路(E·EMS)

这个环节是指在发现伤者时,早期向救援医疗服务系统(EMS)求救,只有这些机构才能够为病患提供最有力的安全救护。我国目前的 EMS 系统建立不够完善,行动速度有待提高,与国际上一些发达国家和地区存在部分差距。而且森林火灾扑救大部分是在山区,救护车一般很难直接到达现场,这就更加突出了扑火队员参与到抢救过程的重要性。我国的 EMS 通常是 120 急救服务系统或者直接拨打当地医院的电话。

(2) 第二环节——早期心肺复苏(E·CPR)

由于人类大脑的特点,在呼吸心跳停止后,脑组织没有了氧气的供应,在短时间内(4~6min)就会出现不可逆转的损害,缺氧 10min 就会出现大部分脑细胞死亡的现象。在 4~6min 以内立即通过心肺复苏的方法(一种现场可实施的徒手抢救的方法),就能够及时为病人提供氧气,保障病人重要器官不会因缺氧而坏死,从而保障生命得以延续。

(3) 第三环节——早期心脏除颤(E·AED)

当心脏跳动即将停止前,有效心排出量减少,会反射性收起心跳加速运动。85% 的人经过心跳加速后,会出现心肌的颤动现象,早期对病患实施心脏除颤,就能够及时恢复心脏自主的跳动,避免心肌的坏死。不少发达国家的院外急救任务由消防部门承担,为了实现心脏早期除颤的目标,国际消防协会已赞同、支持在美国各个消防单位装备"自动体外除颤器"(automated external defibrillator,AED),该仪器经过较短时间培训即可掌握使用,为社会广泛的现场采用早期心脏除颤,提供了重要的保障。

(4) 第四环节——早期高级生命支持(E·ALS)

对于任何一个心搏骤停的猝死病人,抢救的基本内容都是心脏复苏。在现场经过最早期的"第一目击者"的"基础生命支持"(Basic Life Support,BLS),如果专业救护人员赶到,越早实施"高级生命支持"(Advanced life support,ALS),对病人的存活就越有利。事实上,心脏除颤的早期采用,也是高级生命支持的内容之一。在这个过程中,采用一些其他的急救技术、药物等,使得生命支持的效果更可靠。

7.4.2 心肺复苏(CPR)

7.4.2.1 CPR 的起源和作用

在 20 世纪 60 年代以前,CPR 在现实工作、生活环境中基本上是不存在的。在医院外环境,一旦发生心跳呼吸骤停者,现场民众无从下手,唯有等待医生来后或者将其送往医院救治,抢救时机丧失殆尽。

CPR 既是专业的急救医学,也是现代救护的核心内容,是最重要的急救知识技能。它是在生命垂危时采取的行之有效的急救措施。

1958 年,美国医生彼得·沙法等人,通过研究助产士运用口对口呼吸来复苏新生儿,提出口对口的人工呼吸有确实可靠效果。1960 年,考恩医生等人观察到用力在胸外挤压,可以维持血液循环。彼得·沙法结合上述研究结果，确认了口对口吹气式的人工呼吸和胸外心脏按压术联合应用技术，并且大力进行宣传普及。

急救最基本的目的是挽救生命，而危及生命瞬间的则是心跳、呼吸的骤停。很多原因可以引起心跳呼吸骤停，在森林火灾扑救中，最为常见的是中毒窒息、严重烧伤、摔伤、滚石砸伤等。如果此时争分夺秒，抓住抢救时机，对处在濒死阶段（呼吸、心跳即将停止或刚刚停止），或处在临床死亡阶段（"假死状态"），而并未进入生物学阶段（"真死状态"）的病人，挽救生命（"复苏"）既是可能，也是必须。

7.4.2.2　心肺复苏法

众所周知，人体内是没有氧气储备的。正常的呼吸，将氧送至血液循环到达身体各处。由于心跳、呼吸的突然停止，使得全身重要脏器发生缺血、缺氧，尤其是大脑。大脑一旦缺血缺氧4～6min，脑组织即发生损伤，超过10min即发生不可恢复的损害。因此，在4～6min内、最好是在4min内立即进行心肺复苏，在畅通气道的前提下进行有效的人工呼吸、胸外心脏按压，这样使带有新鲜氧气的血液到达大脑和其他重要脏器。

CPR的意义不仅要使心脏的功能得以恢复，更重要的是恢复大脑功能，避免和减少"植物状态"、"植物人"的发生。所以，CPR必须争分夺秒尽早实施。

心肺复苏法具体操作可参照如下几项。

（1）开放气道，进行口对口人工呼吸

操作前必须先清除病人呼吸道内异物、分泌物或呕吐物，使其仰卧在质地硬的平面上，将其头后仰。抢救者一只手使病人下颌向后上方抬起，另一只手捏住病人的鼻孔，正常呼吸后，缓慢向病人口中吹气，时间应在1s以上，保证有足够的气体进入并使胸廓起伏。对于呼吸停止的无意识患者，应先进行2次人工呼吸后开始胸外心脏按压。存在脉搏但呼吸停止的无反应患者，应给予人工呼吸而无需胸外按压，人工呼吸频率为10～12次/min，对于呼吸停止的无意识患者，应先进行2次人工呼吸后开始胸外心脏按压。

（2）实施胸外心脏按压术

让病人仰卧在平地上，头低足略高，抢救者站立或跪在病人右侧，左手掌根置于病人胸骨下段、剑突以上的区域，右手掌压在左手背上，肘关节伸直，手臂与病人胸骨垂直，有节奏地按压，每次使胸骨下陷4～5cm，每分钟100次。每次按压保证胸廓弹性复位，按下的时间与松开的时间基本相同。按照30∶2的比例进行心脏按压和人工呼吸，即每进行30次心脏按压进行2次人工呼吸，中断时间不应超过10s。

（3）如果现场仅有一人，那么抢救时既要做心脏按压，又要做人工呼吸

如果现场除病人外，有两人或两人以上，那么最好一人施行人工呼吸，另一人做胸外心脏按压，每2min或完成5个周期的心脏按压和人工呼吸（每个周期30次心脏按压和2次人工呼吸）后交换心脏按压者，防止按压者疲劳，保证按压效率（表7-2）。

7.4.2.3　注意事项

①人工呼吸一要在气道开放的情况下进行。

②向病人肺内吹气不能太急太多，仅需胸部略有隆起即可，吹气量不能过大，以免引起胃扩张。

③吹气时间以占一次呼吸周期的1/3为宜。

表 7-2　CPR 各步骤操作时间

时间(s)	程　序	重　点
4~10	判断意识、高声求助、体位	检查时，回忆 CPR 程序
10	A 开放气道、检查呼吸	检查呼吸，必须先畅通气道
5	B 吹气两次的人工呼吸	注意胸部起伏
5~10	C 检查脉搏	不要花费更长时间
30~40	实施胸外心脏按压、人工呼吸 30:2	挤压定位正确
10	检查呼吸、脉搏体征	如无呼吸、脉搏、继续 CPR
	继续 CPR，每五个周期(约 2min)停 10s 检查呼吸、脉搏	

7.4.2.4　CPR 有效表现

如果救护实施 CPR 救护方法正确，又有以下征兆时，表明 CPR 有效。
①面色、口唇由苍白变红润。
②恢复可以探知的脉搏搏动、自主呼吸。
③瞳孔由大变小、对光反射存在。
④病人眼球能活动，手脚抽动，呻吟。

7.4.2.5　CPR 终止条件

现场的 CPR 应坚持连续进行，在 CPR 连续进行期间，即使需要检查呼吸、循环体征的情况下，也不能停止 CPR 超过 10s。何时终止 CPR 是一个涉及医疗、社会、道德等诸方面的问题。现在国际上已有一个明确的规定，包括高级生物支持在内的有效连续抢救超过 30min 以上，病人仍未出现自主循环，则可以停止复苏，如果患者自主呼吸及脉搏恢复或有他人或专业急救人员到场接替，可停止复苏。不能够在现场凭主观判断病人死亡，而放弃抢救。

但是，在某些情况下，如病人身体基本状况较好，也可适当延长 CPR。

7.4.3　现场创伤救护

创伤是致伤因素作用下造成的人体组织损伤和功能障碍，创伤轻者造成体表损伤，引起疼痛或出血；重者导致功能障碍、残疾，甚至死亡。

森林火灾扑救过程中致伤因素有摔伤、砸伤、烧伤等。

森林火灾扑救中的创伤以严重创伤、多发伤和同时多人受伤为特点。严重创伤可造成心、脑、肺和脊髓等重要脏器功能障碍，出血过多会导致休克甚至死亡。创伤现场救护要求快速、正确、有效。正确的现场救护能挽救受伤病人生命、防止损伤加重和减轻病人痛苦。反之，可加重损伤，造成不可挽回的损失，以至危及生命。因此，对扑火队员进行创伤现场救护知识和技术培训十分重要。

7.4.3.1　现场救护的目的

森林火灾扑救人员受伤现场环境复杂，一般伴随大风、高温和浓烟，现场条件差，这些给现场救护带来很大困难。因此，明确现场救护目的，有助于迅速选择救护方法，从而正确救护，防止惊慌失措、延缓抢救。

（1）抢救、延长伤病人的生命

创伤病人由于重要脏器损伤（心、脑、肺、肝、脾及颈部脊髓损伤）及大出血导致休克时，可出现呼吸循环功能障碍。故在循环骤停时，现场救护要立即实施CPR，维持生命，为医院进一步治疗赢得时间。

（2）减少出血，防止休克

严重创伤或大血管损伤出血量大。血是生命的源泉，现场救护要迅速，用一切可能的方法止血，有效的止血是现场救护的基本任务。

①保护伤口　开放性损伤的伤口要妥善包扎。保护伤口能预防和减少伤口污染，减少出血，保护深部组织免受进一步损伤。

②骨折固定　现场救护要用最简单有效的方法固定骨折。骨折固定能减少骨折端对神经、血管等组织结构的损伤，同时能缓解疼痛。如颈椎骨折给予妥善固定，能防止搬运过程中脊髓的损伤，具有重要意义。

（3）防止并发症

现场救护过程中要注意防止脊髓损伤、止血带过紧造成缺血坏死、胸外挤压用力过猛造成肋骨骨折，以及骨折固定不当造成血管神经损伤及皮肤损伤等并发症。

（4）快速转运

可用运兵车、森林航空消防飞机等，用最短的时间将病人安全的转运到就近医院。

7.4.3.2　现场救护原则

创伤在各种突发事件情况下发生，创伤程度多种多样，现场救护要根据现场条件和伤情采取不同的救护措施。尽管如此，创伤的现场救护又有其共同的规律，需要掌握以下原则。

①树立整体意识，全面、重点了解伤情，避免遗漏，注意保护自身和病人的安全。

②先抢救生命，重点判断是否有意识、呼吸、心跳。如呼吸、心搏骤停，首先进行CPR。

③检查伤情，快速、有效止血。

④优先包扎头部、胸部、腹部伤口以保护内脏，然后包扎四肢伤口。

⑤先固定颈部，然后四肢。

⑥操作迅速、平稳，防止损伤加重。

⑦尽可能佩戴个人防护用品，戴上医用手套或用几层纱布、干净布、塑料袋替代。

7.4.3.3　现场检查

创伤现场救护首先要通过快速、简洁的检查对伤情进行正确判断。

①检查伤病人意识。

②伤病人平卧位，救护人双腿跪于伤病人右侧。

③检查呼吸、循环体征。

④检查伤口，观察伤口部位、大小、出血多少。

⑤检查头部，用手轻摸头颅，检查有否出血、骨折、肿胀；注意检查耳道、鼻孔，如有血液或积液流出，则为颅骨骨折。

⑥检查脊柱及脊髓功能。令伤病人活动手指和脚趾,如无反应,则为瘫痪。

⑦保持伤病人平卧位,用手指从上到下按压颈部后正中,询问是否有疼痛,如有,则为颈椎骨折;保持脊柱轴线位,侧翻伤病人,用手指从上到下沿后正中线按压,询问是否有疼痛,如有,则为脊柱骨折。

⑧检查胸部,询问疼痛部位,观察胸部的呼吸运动、胸部形状。救护人双手放在伤病人的胸部两侧,然后稍加用力挤压伤病人胸部,如有疼痛,则为肋骨骨折。

⑨检查腹部,观察有无伤口、内脏脱出及腹部压痛部位。

⑩检查骨盆,询问疼痛部位,双手挤压伤病人的骨盆两侧,如有疼痛,则为骨折。

⑪检查四肢,询问疼痛部位,观察是否有肿胀、畸形,如有,则为骨折。手握腕部或踝部轻动,观察如有异常情况,则为骨折。

7.4.3.4 现场救护程序

现场救护情况错综复杂,尤其是同时有多人受伤,或个人多发伤、复合伤等严重创伤时,现场救护需要加速、有效、有的放失、有条不紊地进行。

①了解致伤因素,如交通伤、突发事件,判断危险是否可以解除。

②及时呼救,拨打急救电话。

③观察救护环境,选择就近、安全、平坦的救护场地。

④按正确的搬运方法使伤病人脱离现场和危险环境。

⑤置伤病人于适合体位。

⑥迅速判断伤情,首先判断神志、呼吸、心跳、脉搏是否正常,是否有大量出血,然后依次判断头、脊柱、胸部、腹部、骨盆、四肢活动情况、受伤部位、伤口大小、出血多少、是否有骨折。如同时有多个伤病人,要做基础的检查分类,分清轻伤、重伤。

⑦有呼吸、心跳停止时先抢救生命立即进行 CPR,如具备吸氧条件,应立即吸氧。

⑧有大血管损伤出血时立即止血。

⑨包扎伤口,优先包扎头部、胸、腹部伤口,然后包扎四肢伤口。

⑩有四肢瘫痪,考虑有颈椎骨折、脱位时,先固定颈部。

⑪固定四肢。

⑫安全、有监护地迅速转运。

7.4.4 其他急救措施

7.4.4.1 中暑

森林火灾扑救过程中,一般都是高温天气,高温环境持续一段时间后,扑火队员易出现中暑现象。

(1)症状

出现全身疲倦、乏力、大汗、口干、注意力不集中,体温升至 37.5℃ 以上,脉搏加快,血压下降,恶心、呕吐。严重时,出现高热、昏厥、昏迷、痉挛。

(2)现场急救措施

迅速离开高温环境,移至阴凉通风的环境;安静休息,用冷水湿敷身体,如有可能喝一些含盐清凉饮料;严重时,马上送医院急救。

7.4.4.2 一氧化碳中毒

在森林火灾扑救过程中,由于可燃物燃烧不充分,往往会产生大量CO,而导致扑火队员CO中毒。

(1) 症状

轻者出现头痛、乏力、头晕、恶心,重者皮肤呈樱桃红色,呼吸困难和昏迷。

(2) 现场急救措施

立即把患者送至空气新鲜的地方,保持呼吸道通畅,纠正缺氧,或送医院继续治疗。

7.4.4.3 烧伤

在森林火灾扑救现场,火场温度高,易造成火焰直接烧伤或高温气流灼烧。

(1) 症状

烧伤后会引起局部皮肤、肌肉等病变、红肿、水疱、坏死,严重时造成合并感染、休克等全身变化。

(2) 现场急救措施

烧伤后立即用干净凉水连续冲洗或湿敷受伤部位,避免受伤部位再损伤及伤口污染,稳定伤者情绪,注意保持呼吸道通畅,尽快送医院积极治疗。

7.4.4.4 毒蛇咬伤

(1) 症状

咬伤后轻度刺痛、略痒、麻木,1~6 h后症状加剧,头晕、乏力、全身不适,呼吸困难、语言障碍、视力模糊、瞳孔散大,严重时致死。

(2) 现场急救措施

迅速停止伤肢活动,并就地取材在伤口上方(向心端)的相应部位紧紧地结扎住,以免毒液窜流;用清水、冷开水、肥皂水、淡盐水冲洗伤口及周围皮肤;结扎肢体的松紧程度,要以既能阻断淋巴、静脉血回流,又不致妨碍动脉血供应为适度,应结扎20~30min后松绑2~3min再结扎,以免肢体坏死,尽快送医院继续诊治。

【本章小结】

本章首先介绍了气象条件、地形、可燃物、危险火行为及人等五大因素对扑火安全的影响及火场的危险三角;其次,介绍了森林火灾扑救过程中易发生伤亡的时间分布、特殊林火行为下应采取的安全措施、扑火指挥员和扑火队员应采取的安全措施、扑火阶段的安全措施及火场宿营安全措施;阐述了不同危险情况下火场紧急避险的措施和迷山自救方法以及火场不同伤病事故的紧急处理措施。

【思考题】

1. 试述气象要素对扑火安全的影响。
2. 简述森林火灾扑救中有哪些危险地形。
3. 简述易发生伤亡的可燃物分布有哪些。

4. 简述易发生伤亡的可燃物类型有哪些。
5. 简述易发生伤亡的植被类型有哪些。
6. 简述易发生伤亡的林火种类和林火行为有哪些。
7. 举例说明森林火灾扑救中具体伤亡原因有哪些。
8. "火场危险三角"指的是什么？为什么？
9. 要保证扑火安全，对扑火指挥员的基本要求有哪些？
10. 要保证扑火安全，对扑火队员的基本要求有哪些？
11. 接近火场时应注意哪些安全？
12. 扑救树冠火应采取哪些安全措施？
13. 扑救地下火应采取哪些安全措施？
14. 采取间接灭火时，应注意哪些安全事项？
15. 火场宿营应采取哪些安全措施？
16. 简述火场紧急避险措施？
17. 简述迷山的原因及如何进行迷山自救？
18. 如何进行心肺复苏(CPR)急救？
19. 扑火队员中暑后应如何急救？
20. 扑火队员一氧化碳中毒应如何处理？
21. 扑火队员骨折应如何急救？
22. 扑火队员中暑应采取哪些急救措施？
23. 扑火队员一氧化碳中毒应采取哪些急救措施？
24. 扑火队员烧伤应采取哪些急救措施？

第 8 章

美国森林火灾扑救指挥系统

20世纪70年代，美国南加州地区因森林火灾应变效率不高而导致森林资源受到严重损失，且扑救耗费巨大。为此，联邦林务局被指定率先发展应变系统。至20世纪80年代，森林火灾扑救指挥系统（Incident Command System，ICS）已经发展成熟，用于各类火灾扑救。历经30多年的发展，已经成为全美事件或灾害应变的共同系统，并转介到其他国家，如加拿大、澳大利亚、西班牙和墨西哥等，中国台湾也引进了ICS，现已推广使用，成效显著。当前世界主要发达国家在应急事务管理上都采用ICS，在2005年澳大利亚召开的世界林火大会上，也提出在全球推广该系统，以便于开展国际间的森林火灾救援，共享森林火灾扑救资源，提高使用效率，减少全球森林火灾的危害。近年来，美国、加拿大、澳大利亚、墨西哥和新西兰等国家间的森林火灾联合救援比较多，在发生森林大火时，经常能看到这些国家分享扑火资源。

8.1 美国森林火灾扑救指挥系统概述

ICS的用途是处理紧急或非紧急事件，无论事件大小，应用ICS的效果都相当不错。ICS的结构相当有弹性，组织规模可随需要不同而改变，是一个经济有效的管理系统。ICS可以用于各种紧急或非紧急状况，如火灾、管辖范围或牵涉多部门的灾害、大面积的搜索及救援行动、各种交通灾害、地区性的天灾处理等。

ICS由行动、计划、后勤和财务/管理四部分组成，根据需要，ICS里的每个主要单位可以分割成更小的单位，组织的大小随着所处理的状况不同而不同。一个基本的准则就是：除非责权经过授权，否则指挥官负全部责任。所以，若事件处理所牵涉的人不多，指挥官（Incident Commander，简称IC）直接指挥所有行动。在大规模的事件，这些工作就必须分割到组织里的不同部门。

8.1.1 指挥官或指挥团队

ICS 组织有正式的等级制度，每个岗位都有其上级，所以指挥权的统一性相当高，这个等级制度在任何时间都有效，没有例外。IC 负责整个事件的管理工作，处理大多数事件时，所有的指挥工作都由 IC 一个人负责。IC 的选择是根据经验及资格。IC 可以有副官，IC 的副官可以是 IC 所属部门的人员，也可以是其他协助/合作机关的人员。在部(section)和分部(branch)层也可以有副官，副官要跟长官一样能胜任其工作，因为随时都有可能要接替其长官的工作。碰到牵涉多部门或者多辖区的事件，要建立一个指挥权统一的组织结构。统一指挥是以管理小组的方式让各个单位相互协调。IC 的主要责任与工作包括：评估目前森林火灾状况或者让前期 IC 做简报以了解目前状况，制定森林火灾管理目标及策略；确定火场扑救优先顺序，首先保证相关人员的安全，其次是尽快控制住森林火场的蔓延态势，并保证扑火管理效率；根据需要构建指挥部，根据需要召开扑火计划会商会议，批准扑火行动计划并监督执行过程，制定适当的安全措施；管理指挥系统的所有活动，与主要工作人员及官员协商和合作，批准扑火资源的增加或报废，让各部门首长了解最新的火灾状态，批准学生、志愿者或其他协助人员加入扑火行动，批准向媒体发布消息，在适当的时候解散扑火指挥系统。一个高效的指挥官需要对森林防火应急系统非常了解，拥有良好的沟通能力和适应能力，是经验丰富的管理者，在决策时积极、果断并优先考虑安全。值得注意的是，近年来媒体获得即时资讯的能力和需求快速提升。所以，在森林火灾扑救过程中，应该有拟定好的程序来管理相关消息的发布，在某些状况下，媒体的报道可能会改变事件的优先顺序。

8.1.2 行动部

行动部的组织结构取决于牵涉到的资源以及管理权限。对于设立行动部的时机，没有一定的准则。如果 IC 认为有必要，行动部可以是第一个设立的部。而在其他情况下，IC 可能不设立行动部，却设立其他的部。行动部包括地面资源和空中资源(直升机及其他飞机)。

许多森林火灾的扑救需要飞机协助地面的扑救行动。在 ICS 架构中，所有空中资源都由行动部管理，包括提供后勤支援的飞机在内。当空中行动的复杂性提高或预期会提高，或者空中资源增加时，行动部可以考虑成立空中行动分部。美国和加拿大等国家扑火基地的资源一般 3min 内就可以出动执行任务。

8.1.3 计划部

计划部负责管理和事件相关的所有资讯。计划部在启用之后由计划部长管理，计划部长为指挥团队的成员之一。计划部负责搜集、评估、处理以及发布资讯。资讯可以用事件行动计划、正式的简报、地图或者状态板形式发布。有些事件可能会需要暂时指派有特殊才能的人员(特别技术人员)到计划部。计划部包括资源单位、状况单位、文书单位、解散单位四个部分。

计划部长视火场指挥的需要决定启动的单位，如果有单位没有启用，则该单位所负责的工作就要由计划部长执行。在 ICS 组织中，所有单位的队长都要负起以下责任，包括向队长做简报、参加火灾扑救会议、确定所在单位当前活动状态、注意各人员或者补给品的出发时间以及所预估的到达时间、为下属指派工作并监督执行、规划并执行有关人员及资源的安全措施、监督组成单位解散过程、保存和管理日志等。

资源单位负责监督林火处置过程中所使用的各项资源的状态。状况单位搜集、处理以及组织各项事件相关资讯，也要准备火场扩展评估、气象信息、地图以及火情报告。文书单位负责管理火灾档案，也负责复印工作。储存火灾档案是基于法律、分析和历史方面的考量。解散单位负责准备扑火行动的解散计划。在处理森林大火时，解散工作很复杂，所以需要另外进行计划。不是所有部门都需要特别的解散计划，在火灾扑救初始时就要开始准备解散计划，尤其是准备人员名单和资源清单时，这样才能有效安全地解散系统。处理某些特殊火灾事件时可能需要用到有特殊专长或经验的特别技术人员。例如，碰到处理有害物质时，需要有害物质专家。

森林大火扑救中常需要的技术人员包括气象专家、可燃物和火行为等方面的专家。

8.1.4 后勤部

火灾扑救中，除了空中支援以外，所有的支援工作都由后勤部负责。空中支援由空中行动分部的空中支援组负责。后勤部由后勤部长管理，部长可以指派副官。当所用器材以及设施数目庞大时，后勤部常常分成服务分部和支援分部。每个分部由分部主任领导，而分部主任听命于后勤部长。成立分部便于较好地组织管理。后勤部包括补给、设施、地面支援、通讯、粮食和医疗六个单位。后勤部长视火场指挥需要而决定启用或停用部分组成单位，没有启用的单位，其工作由后勤部长负责。

补给单位负责申请、接收、处理及保管各项相关器材。如果需要，补给单位将会负责扑火工具的管理，包括所有工具或可携式但不可扩充器材的储存、散发以及保养。设施单位负责设立、维修以及处理扑火事件中除了集结区以外的所有支援性设施，包括临时指挥基地、宿营区和其他关于提供食物、住宿及清洁服务的设施。地面支援单位主要负责所有机动设备及车辆的维修、保养以及加油（飞机除外），也负责相关人员、补给品及设备的地面运输和准备火灾扑救过程中的交通计划。

通讯单位负责准备火灾扑救中通讯设备及设施的使用计划、安装并测试通信设备、管理通讯中心和通讯设备的维修与分发。通讯计划在 ICS 中特别重要，因为火场可能会扩大，牵涉许多部门。选择适宜的无线电网络、确定机关间沟通频率、将通讯能力完全发挥出来，这是非常重要的工作。如果设立事件通信中心，发信人员（Incident Dispatcher）要负责无线电、电话、传真以及网络的信息收发，还要负责提供信息传送服务。

粮食单位负责扑火过程中的粮食补给，包括偏远地点（营区、集结区等），还要负责提供值班人员的食物供给。粮食单位要和计划部合作，预估需要提供食物的人员数量，拟定整个扑救过程中的粮食补给。粮食单位要和设施单位互动以设立提供粮食的固定地点，和补给单位互动处理粮食申请，和地面及空中支援单位互动以便及时运输粮食。

大多数火灾扑救中都会设立医疗单位，为所有工作人员提供医疗服务。医疗单位负责拟定扑救火灾过程中的医疗计划（医疗计划是行动计划的一部分），拟定处理重大、紧急医疗事故的步骤，提供医疗支援以及协助财务/管理部门处理伤亡方面的索赔事项。

8.1.5 财务/管理部

财务/管理部负责管理所有火灾扑救中的财务事项。扑救火灾时未必要设立财务/管理部，只有当负责处理火灾扑救的部门需要财务/管理服务时才成立该部。处理某些森林火灾时只会用到财务/管理部的一两项功能（如花费评估），通常在计划部中安插特别技术人员更有效率。

财务/管理部可以包括时间、采购、酬劳/索赔和花费四个单位。由财务/管理部长决定要启用或停用其组成单位。如果指派到某单位的只有一人，则不启用该单位，而是在计划部安插特别技术人员，如不成立索赔单位，而是把该职能人员安插在计划部作为索赔专家。由于财务/管理部工作的特殊性，该部长可指派副官。

时间单位负责精准地记录工作人员的工作时间、执行部门内的工作时间规定以及管理补给行动，尽可能在各个行动周期内完成人员工作时间记录的搜集整理。

采购单位管理各项采买合约、租约以及会计契约的相关事宜，也负责器材使用时间的记录。采购单位负责寻找当地器材及补给品的来源、管理所有租借器材的租约、处理租借器材以及会计契约的付费，该单位要和当地的会计机关密切合作以提升工作效率。有些机关的采买工作是由后勤部的补给单位负责的，所以这两个单位也要密切合作。

在ICS架构里，伤残酬劳与索赔由酬劳/索赔单位负责。两项工作可以分开指派人员。这些工作在紧急事件处理中越来越重要。伤残酬劳工作包括完成申请工作伤残津贴的所有表单，事件处理中碰到的疾病及伤残也要加以归档，所有证人的证词也要做书面记录。为此，酬劳/索赔单位要跟医疗单位密切合作。索赔工作主要是调查事件中所有器材索赔的案子，这项工作在处理某些状况时也很重要。

花费单位提供火灾扑救中所有的花费分析。该单位需要处理关于器材及人员的付费事宜、记录所有花费资料、分析并预测火灾扑救花费和维护花费记录。花费单位的重要性日益显著，因为计划部常常会需要各项花费评估。

8.2 支持美国森林火灾扑救指挥系统运行的保障条件

8.2.1 标准化的培训体系

ICS配套标准化的培训体系，就培训内容及其要求制定了培训规程，从扑救队员到指挥人员都需要先接受相应级别规范的培训和考核，合格后方能上岗，并且每一次晋级都要接受相应级别的培训和考核。合格证实行有效期，即在有效期内要有一定次数参与实战的经历；注重任职考评，每一次实战扑救和指挥都有上司进行评价，记录在本人的业绩卡上。一般从一个扑火队员晋升到一级指挥，一步不耽搁至少要17~18年。与扑救指挥系统运行相关的行政人员，也要了解ICS的基本知识，志愿者也要接受培训。总之未接受过培训的人员即使是志愿者也不可以上火场。成功的培训确保了ICS运行的高效、经济，也保证了火场的安全。在培训基地实施培训的基础上，采用先进的教学设备，特别是室内模拟野外森林火灾的扑救过程，既用于培训，又用于考核，使培训充分贴近实战，提高了效果。除了在培训基地接受培训，还有很多远程教育的课程可供选择。

8.2.1.1 系统化的分层培训体系

根据 ICS 各级各类岗位的职责，建立系统化的分层培训体系，在各级各类的岗位任职资格认定中规定了必需的培训和后续培训的内容。表 8-1 列举了部分岗位任职资格的培训要求。

表 8-1　ICS 部分岗位任职资格的培训要求

ICS 的岗位	需要接受的培训	后续培训
Ⅰ级火灾扑救指挥官	高级事故处理(S-520) 年度火线安全进修(RT-130)	无
Ⅱ级火灾扑救指挥官	指挥与一般工作人员培训(S-420) 年度火线安全进修(RT-130)	高级火灾扑救指挥系统(I-400) 火灾扑救指挥官(S-400) 火灾管理小组领导(L-480)
Ⅲ级火灾扑救指挥官	火灾扑救指挥官全方位扑救(S-300) 森林火灾行为计算的介绍(S-390) 年度火线安全进修(RT-130)	火灾扑救指挥(L-381)
Ⅳ级火灾扑救指挥官	首次火灾扑救指挥官(S-200) 年度火线安全进修(RT-130)	点火操作规范(S-234) 城乡结合部的火灾操作规范(S-215)
Ⅴ级火灾扑救指挥官	Ⅰ级消防员(S-131) 向下、向上、向周围看(S-133) 年度火线安全进修(RT-130)	森林火灾链锯使用规程(S-212) 便携式水泵和水源的使用(S-211)

8.2.1.2 丰富的培训内容

为了适应 ICS 运行的需要，根据培训规程的要求，使用统一教材。培训不仅仅是传授防火知识和技能，更重要的是传输诸多科学的理念贯穿于培训始终，并直接影响着被培训者以后的消防职业生涯，内化为一种职业理念。此理念主要表现在两个方面：一是"安全第一"的理念。人的生命第一，被保护财产第一，包括森林火灾扑救人员的安全，受灾人员的安全，以及与火灾相关人员的安全；紧接着就是受灾人员的财产安全。二是"考虑成本"的理念。在森林火灾扑救过程中，尤其是各项资源的调配和使用过程，要做到周密计划，严格履行申请程序，尽量提高工作效率，降低开销；将整个开销记录在案，扑救结束后，进行包括成本在内的扑救评估。相应的教学内容贴近实战，不仅仅包括灭火知识和技能，还包括领导和管理科学的理论。灭火实务岗位有相应细致知识和技能点；指挥岗位主要包括管理科学、扑救指挥系统、林火行为和火线安全知识，而且前三项内容分层次与指挥人员的任职级别相对应。课程的时间安排上从数小时到一周不等，可根据需要选择适合的课程。

8.2.1.3 先进的培训方法和考核方式

为了取得良好的培训效果，使用现代化的教学手段，采用模拟教学。计算机、多媒体普遍用于教学。模拟教学有实战模拟和情境模拟，例如，航空训练采用实验室设备模拟各种飞行环境和作业过程；扑救过程、火场状况、资源配置和布兵采用沙盘模拟，形象、生动；扑救指挥系统培训采用角色模拟，即根据 ICS 组织架构给各位学员分派了相应的角色，从指挥官及信息官、安全官、联络官到各个组长，再到小组长，整个培训期间，各人的角色不变。并且要求每个角色了解自己的职责，以及他(她)对上、对下所应有的连接，进而整合成为一个坚强的工作团队，真正发挥系统的整体功能。

培训课上，特别注重教学双方的互动和气氛的活跃，充分激发参训人员的学习热情，尤其利于启发性思维的训练和实战能力的培养。

ICS 培训体系具有细密的资格考核制度，每一种训练都必定有考核。对于技能考核往往是一对一考核，考核点贴近实战，即一个教官考核一个学员，如一个消防水车操作人员要考核其在规定时间内把消防车装满水的操作；一个索(滑)降队员也是由一个教官进行考核，索(滑)降三次，第一次由教官先索(滑)降，对规定动作及其要求进行示范后学员再降；第二、三次是学员先降、教官后降；对指挥官进行室内沙盘考核，一般由五名专家组成考核组对单个学员进行考核，用沙盘给出火场情景，学员模拟相应级别的指挥官进行现场指挥；有时用实战演练对指挥人员和全体工作人员进行考核，点火制造一个火灾现场，启动相应级别的指挥，有考核官在现场按照作业计划对各类人员履职情况进行考核。

8.2.2　先进的技术、装备和基础设施

8.2.2.1　具有强大的空中优势

利用卫星精确监测林区气候、火情，结合计算机迅速准确分析卫星信息，进行火险预测，及时向林区消防部门传递资料。美国联邦林务局林火和航空管理局同时管理林火和航空。在联邦国有林指挥中心和联邦大区域协调中心都建有基地，大的火灾专门设有空中资源区在防火季节供飞机起落、装载扑救物资和运输扑救队员。扑救大的火灾现场专门设有空中资源区域。飞机有空中坦克，专门负责撒阻燃剂；客货两用机，装载扑救队员及其装备；直升机，供索(滑)降扑救队员使用；火情侦察机，可以直接与地面联系，利用高空优势侦察火情，巡护或为指挥扑救提供真实火情。飞机一般为商用，每年签订租用合约。现在不再使用部队退役下来的飞机，以减少事故。

8.2.2.2　先进的设备和装备，健全的基础设施

防扑火设备先进，功能完整。森林消防车、防火推土机、林区巡逻车数量多、功能全。例如，消防车根据载水量多少分为不同的型号类别，以适应在不同林区道路和林地坡度条件下作业；巡逻车配备有地图、通讯设备和消防队员扑救设备包和手工工具。另外，扑救大型火灾还配备指挥车、餐车和淋浴设备。

扑火队员的装备齐全，以确保火场安全和作业的高效。个人装备包括头盔、面罩、目镜、无线电话机、手套、火场逃生罩、挎包、工作背包、消防服和消防皮靴等。头盔的颜色表示角色，黄色为一般扑火队员，红色为队长，白色为指挥人员；无线电话机别在肩部，不用手持，便于随时随地的通话；火场逃生罩供火场危急情况下逃生，使用后必须做好记录，以备事后总结评估；挎包里主要有火场所用手工工具和其他物品，边上有 4 瓶水，共 4kg，有时还有一顿干粮；多周期的作业消防队员需要准备好替换的纯棉质内衣，

一般要够 14 天使用，装在一个红色大背包中，防火季节执行其他任务时也必须随行携带，随时准备接受派遣，赶赴火场投入扑救作业；消防服用耐火材料制成，每次只要有损坏就要上交，由专门研究和制作机构进行性能改进；消防皮靴用特殊材料制作，其阻燃性、防火性、防穿刺性、防滑性、防辐射热等各项性能都极好，消防人员工作期间无论冬夏都必须穿着，虽然每双重 4kg，但穿在脚下也显得非常轻便。

每一个扑救单位都有一定数量的设备和装备库存，仓库内的物资都摆放得整洁有序。平时特别注重检修保养，登记造册，名目清晰，保证物资随时处于可使用状态。

林中道路、直升机停机坪、瞭望观察台、林火气象观测站、防火告示牌等基础设施健全。

8.2.3 有效的资源管理

处理任何事件，都考虑是否可以有效地管理各项资源。在 ICS 里，资源指的是所有的工作人员以及主要可用（以及有可能可用）的器材，器材资源也包括其所需的操作人员。资源用种类或者型别来描述，并将各种资源的工作能力清楚地列出。

事件指挥的过程也是资源管理的过程。要有选择合适资源的能力才能正确地完成任务，确保资源的安全及降低花费。安全有效地管理资源在整个紧急事件处理中扮演极为重要的角色。主要考虑安全、人事责任、管理考核、适当地保留战斗力与开销等事项。资源管理过程必须遵守严格的程序和相关规定。

(1) 建立资源需求

在制定资源需求计划的基础上，随着事件的发展，亦不断地调整组织及指挥体系。提供资源指派的基本依据如下：依据经验、技能及以往的工作表现，人力资源将被指派到本系统各个部门；装备资源包含装备及操作人员，并包含飞行器具。

(2) 资源请求

由灾害现场提出请求，分以下 3 种情况：一是在小型灾害且一般幕僚尚未就任时，由指挥官亲自向本部派遣中心请求；二是当后勤组成立时，则由后勤组长得到事故指挥官批准后为之；三是当大型事故后勤组之支援小组成立后，由支援小组为之，但所有的需求或解除资源均必须经过指挥官的批准。

(3) 接受资源

系统资源有一个简单而有效的接受程序。此项工作一般由资源小组负责，资源小组未启动时，由指挥官或计划组负责，正式的资源接受是用正式的表格（ICS 表 211）由被指派至各个资源接受站的资源登录人员登录各项资源，并适时回报资源管理单位。

(4) 资源运用

按需合理分配资源，并进行绩效评估、监督、评估及调整组织及其成员的表现，以确保所有的努力均能有效地完成既定的目标。小组可因需要而建立，亦可于不需要时裁撤。应避免任何不必要的组织扩充，任何的作业区（群）的扩充均应通知资源小组，以赋予适当的职责。

(5) 解除资源

在整个灾害处理过程中，指挥官及其一般管理人员必须考虑随时将完成任务的资源尽快地释放以减低开支或便于指派其他的任务。在大型灾害中，解除资源计划必须在解除行动开始前拟妥，个别情况下可另行规划，如动员的过程从作业组开始，当战术资源的需求性不存在时，其相关的组织也可一并裁撤。

【本章小结】

本章介绍了美国森林火灾扑救指挥系统的指挥官或指挥团队、行动部、计划部、后勤部、财务/管理部的设立条件及职能；阐述了支持美国森林火灾扑救指挥系统运行的保障条件，并就标准化培训体系、先进的技术装备和基础设施、有效的资源管理这三个保障条件进行了详细介绍，对美国森林火灾扑救指挥系统与我国森林防火工作实际相结合有一定的指导意义。

【思考题】

1. 简述美国森林火灾扑救指挥系统的组成。
2. 简述美国森林火灾扑救指挥系统中行动部的职责。
3. 简述美国森林火灾扑救指挥系统中计划部的职责。
4. 简述美国森林火灾扑救指挥系统中后勤部的职责。
5. 简述美国森林火灾扑救指挥系统中财务/管理部的职责。
6. 简述支持美国森林火灾扑救指挥系统运行的保障体系。
7. 简述支持美国森林火灾扑救指挥系统运行的系统化分层培训体系。
8. 简述支持美国森林火灾扑救指挥系统运行的有效资源管理体系。
9. 简述 ICS 如何与中国森林防火相结合。

参考文献

陈鹏宇,舒立福,文东新,等.2014.国内外森林火灾扑救中以水灭火技术与设备研发[J].林业机械与木工设备(1):9-12.

高巨虎.2006.美国加州防控森林火灾的做法及启示[M].北京:中国林业出版社.

国家减灾委员会办公室编.2010.森林火灾紧急救援手册[M].北京:中国社会出版社.

国家林业局.2006.LY/T 1679—2006 森林火灾扑救技术规程[S].北京:中国标准出版社.

国家森林防火指挥部办公室.2009.森林火灾扑救安全[M].哈尔滨:东北林业大学出版社.

国家森林防火指挥部办公室编.2009.森林航空消防[M].哈尔滨:东北林业大学出版社.

国家森林防火指挥部办公室编.2009.森林火灾扑救[M].哈尔滨:东北林业大学出版社.

国家森林防火指挥部,国家林业局编.2009.《森林防火条例》解读[M].北京:中国林业出版社.

胡海清.2011.林火生态与管理(修订版)[M].北京:中国林业出版社.

胡志东.2003.森林防火[M].北京:中国林业出版社.

姜晨龙,丛静华,汪东.2014.地面大型森林消防装备发展现状研究[J].安徽农业科学,42(12):3595-3597.

雷加富.2010.林火预防扑救36法[M].北京:中国林业出版社.

李建华,黄郑华.2012.火灾扑救[M].北京:化学工业出版社.

林其钊,舒立福.2003.林火概论[M].合肥:中国科学技术大学出版社.

刘成林.2008.美国的森林火灾扑救指挥系统[M].北京:中国林业出版社.

刘成林.2009.美国森林火灾扑救指挥系统及借鉴[J].林业资源管理(05):115-121.

刘丹锋，卢永民．2014．森林火灾扑救类型划分及其特点研究[J]．陕西林业科技（1）：65-67．

刘德晶，翟洪波．2010．森林火灾扑救指挥及战术系统开发与示范[M]．北京：中国林业出版社．

骆介禹．1991．森林燃烧能量学[M]．哈尔滨：东北林业大学出版社．

裴建元．2009．我国航空护林现状及江西航空护林事业发展[J]．江西林业科技（3）：47-49．

朴金波．2002．森林部队灭火作战组织指挥[M]．哈尔滨：黑龙江科学技术出版社．

史永林，吴卫红．2013．我国南方森林航空消防现状及对发展通用航空的建议[J]．森林防火（3）：42-46．

王立伟，岳金柱．2006．实用森林灭火组织指挥与战术技术读本[M]．北京：中国林业出版社．

姚树人，韩焕金．2009．安全扑救森林火灾常识[M]．北京：中国林业出版社．

姚树人，文定元．2002．森林消防管理学[M]．北京：中国林业出版社．

张戬茹，毕永才．2011．水泵分队灭火战术运用初探[J]．森林防火（1）：57-59．

张丽霞．2009．美国加州的森林防火经验及其借鉴[J]．森林防火（2）：59-62．

张运生，张思玉．2010．林火蔓延模拟研究进展[J]．安徽农业科学，38(32)：18208-18209．

张志春．2011．消防指挥心理学[M]．沈阳：辽宁科学技术出版社．

甄学宁，李小川．2010．森林消防理论与技术[M]．北京：中国林业出版社．

郑怀兵．2007．如何制定规范的森林火灾扑救应急预案[J]．森林防火（2）：33-36．

郑怀兵，张南群．2006．森林防火[M]．北京：中国林业出版社．

郑焕能，邸雪颖，姚树人．1993．中国林火[M]．哈尔滨：东北林业大学出版社．

武警云南省森林总队司令部．2014．浅谈云南高山林区灭火作战[J]．云南林业（01）：48．

中华人民共和国公安部消防局编．2006．中国消防手册（第十卷火灾扑救）[M]．上海：上海科学技术出版社．

中华人民共和国国家质量监督检验检疫总局 中国国家标准化管理委员会．2009．GB 10282—2008 林业机械 便携式风力灭火机使用安全规程[S]．北京：中国标准出版社．

附Ⅰ 国家森林草原火灾应急预案

(2020年10月26日)

1 总则

1.1 指导思想

以习近平新时代中国特色社会主义思想为指导，深入贯彻落实习近平总书记关于防灾减灾救灾的重要论述和关于全面做好森林草原防灭火工作的重要指示精神，按照党中央、国务院决策部署，坚持人民至上、生命至上，进一步完善体制机制，依法有力有序有效处置森林草原火灾，最大程度减少人员伤亡和财产损失，保护森林草原资源，维护生态安全。

1.2 编制依据

《中华人民共和国森林法》、《中华人民共和国草原法》、《中华人民共和国突发事件应对法》、《森林防火条例》、《草原防火条例》和《国家突发公共事件总体应急预案》等。

1.3 适用范围

本预案适用于我国境内发生的森林草原火灾应对工作。

1.4 工作原则

森林草原火灾应对工作坚持统一领导、协调联动，分级负责、属地为主，以人为本、科学扑救，快速反应、安全高效的原则。实行地方各级人民政府行政首长负责制，森林草原火灾发生后，地方各级人民政府及其有关部门立即按照任务分工和相关预案开展处置工作。省级人民政府是应对本行政区域重大、特别重大森林草原火灾的主体，国家根据森林草原火灾应对工作需要，及时启动应急响应、组织应急救援。

1.5 灾害分级

按照受害森林草原面积、伤亡人数和直接经济损失，森林草原火灾分为一般森林草原火灾、较大森林草原火灾、重大森林草原火灾和特别重大森林草原火灾四个等级，具体分级标准按照有关法律法规执行。

2 主要任务

2.1 组织灭火行动
科学运用各种手段扑打明火、开挖(设置)防火隔离带、清理火线、看守火场，严防次生灾害发生。

2.2 解救疏散人员
组织解救、转移、疏散受威胁群众并及时妥善安置和开展必要的医疗救治。

2.3 保护重要目标
保护民生和重要军事目标并确保重大危险源安全。

2.4 转移重要物资
组织抢救、运送、转移重要物资。

2.5 维护社会稳定
加强火灾发生地区及周边社会治安和公共安全工作，严密防范各类违法犯罪行为，加强重点目标守卫和治安巡逻，维护火灾发生地区及周边社会秩序稳定。

3 组织指挥体系

3.1 森林草原防灭火指挥机构
国家森林草原防灭火指挥部负责组织、协调和指导全国森林草原防灭火工作。国家森林草原防灭火指挥部总指挥由国务院领导同志担任，副总指挥由国务院副秘书长和公安部、应急部、国家林草局、中央军委联合参谋部负责同志担任。指挥部办公室设在应急部，由应急部、公安部、国家林草局共同派员组成，承担指挥部的日常工作。必要时，国家林草局可以按程序提请以国家森林草原防灭火指挥部名义部署相关防火工作。

县级以上地方人民政府按照"上下基本对应"的要求，设立森林(草原)防(灭)火指挥机构，负责组织、协调和指导本行政区域(辖区)森林草原防灭火工作。

3.2 指挥单位任务分工
公安部负责依法指导公安机关开展火案侦破工作，协同有关部门开展违规用火处罚工作，组织对森林草原火灾可能造成的重大社会治安和稳定问题进行预判，并指导公安机关协同有关部门做好防范处置工作；森林公安任务分工"一条不增、一条不减"，原职能保持不变，业务上接受林草部门指导。应急部协助党中央、国务院组织特别重大森林草原火灾应急处置工作；按照分级负责原则，负责综合指导各地区和相关部门的森林草原火灾防控工作，开展森林草原火灾综合监测预警工作，组织指导协调森林草原火灾的扑救及应急救援工作。国家林草局履行森林草原防火工作行业管理责任，具体负责森林草原火灾预防相关工作，指导开展防火巡护、火源管理、日常检查、宣传教育、防火设施建设等，同时负责森林草原火情早期处理相关工作。中央军委联合参谋部负责保障军委联合作战指挥中心对解放军和武警部队参加森林草原火灾抢险行动实施统一指挥，牵头组织指导相关部队抓好遂行森林草原火灾抢险任务准备，协调办理兵力调动及使用军用航空器相关事宜，协调做好应急救援航空器飞行管制和使用军用机场时的地面勤务保障工作。国家森林草原防灭火指挥部办公室发挥牵头抓总作用，强化部门联动，做到高效协同，增强工作合力。国家森林草原防灭火指挥部其他成员单位承担的具体防灭火任务按《深化党和国家机构改革方案》、"三定"规定和《国家森林草原防灭火指挥部工作规则》执行。

3.3 扑救指挥

森林草原火灾扑救工作由当地森林(草原)防(灭)火指挥机构负责指挥。同时发生3起以上或者同一火场跨两个行政区域的森林草原火灾，由上一级森林(草原)防(灭)火指挥机构指挥。跨省(自治区、直辖市)界且预判为一般森林草原火灾，由当地县级森林(草原)防(灭)火指挥机构分别指挥；跨省(自治区、直辖市)界且预判为较大森林草原火灾，由当地设区的市级森林(草原)防(灭)火指挥机构分别指挥；跨省(自治区、直辖市)界且预判为重大、特别重大森林草原火灾，由省级森林(草原)防(灭)火指挥机构分别指挥，国家森林草原防灭火指挥部负责协调、指导。特殊情况，由国家森林草原防灭火指挥部统一指挥。

地方森林(草原)防(灭)火指挥机构根据需要，在森林草原火灾现场成立火场前线指挥部，规范现场指挥机制，由地方行政首长担任总指挥，合理配置工作组，重视发挥专家作用；有国家综合性消防救援队伍参与灭火的，最高指挥员进入火场前线指挥部，参与决策和现场组织指挥，发挥专业作用；根据任务变化和救援力量规模，相应提高指挥等级。参加前方扑火的单位和个人要服从火场前线指挥部的统一指挥。

地方专业防扑火队伍、国家综合性消防救援队伍执行森林草原火灾扑救任务，接受火灾发生地县级以上地方人民政府森林(草原)防(灭)火指挥机构的指挥；执行跨省(自治区、直辖市)界森林草原火灾扑救任务的，由火场前线指挥部统一指挥；或者根据国家森林草原防灭火指挥部明确的指挥关系执行。国家综合性消防救援队伍内部实施垂直指挥。

解放军和武警部队遂行森林草原火灾扑救任务，对应接受国家和地方各级森林(草原)防(灭)火指挥机构统一领导，部队行动按照军队指挥关系和指挥权限组织实施。

3.4 专家组

各级森林(草原)防(灭)火指挥机构根据工作需要会同有关部门和单位建立本级专家组，对森林草原火灾预防、科学灭火组织指挥、力量调动使用、灭火措施、火灾调查评估规划等提出咨询意见。

4 处置力量

4.1 力量编成

扑救森林草原火灾以地方专业防扑火队伍、应急航空救援队伍、国家综合性消防救援队伍等受过专业培训的扑火力量为主，解放军和武警部队支援力量为辅，社会救援力量为补充。必要时可动员当地林区职工、机关干部及当地群众等力量协助做好扑救工作。

4.2 力量调动

根据森林草原火灾应对需要，应首先调动属地扑火力量，邻近力量作为增援力量。

跨省(自治区、直辖市)调动地方专业防扑火队伍增援扑火时，由国家森林草原防灭火指挥部统筹协调，由调出省(自治区、直辖市)森林(草原)防(灭)火指挥机构组织实施，调入省(自治区、直辖市)负责对接及相关保障。

跨省(自治区、直辖市)调动国家综合性消防救援队伍增援扑火时，由火灾发生地省级人民政府或者应急管理部门向应急部提出申请,按有关规定和权限逐级报批。

需要解放军和武警部队参与扑火时,由国家森林草原防灭火指挥部向中央军委联合参谋部提出用兵需求,或者由省级森林(草原)防(灭)火指挥机构向所在战区提出用兵需求。

5 预警和信息报告

5.1 预警

5.1.1 预警分级

根据森林草原火险指标、火行为特征和可能造成的危害程度,将森林草原火险预警级别划分为四个等级,由高到低依次用红色、橙色、黄色和蓝色表示,具体分级标准按照有关规定执行。

5.1.2 预警发布

由应急管理部门组织,各级林草、公安和气象主管部门加强会商,联合制作森林草原火险预警信息,并通过预警信息发布平台和广播、电视、报刊、网络、微信公众号以及应急广播等方式向涉险区域相关部门和社会公众发布。国家森林草原防灭火指挥部办公室适时向省级森林(草原)防(灭)火指挥机构发送预警信息,提出工作要求。

5.1.3 预警响应

当发布蓝色、黄色预警信息后,预警地区县级以上地方人民政府及其有关部门密切关注天气情况和森林草原火险预警变化,加强森林草原防火巡护、卫星林火监测和瞭望监测,做好预警信息发布和森林草原防火宣传工作,加强火源管理,落实防火装备、物资等各项扑火准备,当地各级各类森林消防队伍进入待命状态。

当发布橙色、红色预警信息后,预警地区县级以上地方人民政府及其有关部门在蓝色、黄色预警响应措施的基础上,进一步加强野外火源管理,开展森林草原防火检查,加大预警信息播报频次,做好物资调拨准备,地方专业防扑火队伍、国家综合性消防救援队伍视情对力量部署进行调整,靠前驻防。

各级森林(草原)防(灭)火指挥机构视情对预警地区森林草原防灭火工作进行督促和指导。

5.2 信息报告

地方各级森林(草原)防(灭)火指挥机构按照"有火必报"原则,及时、准确、逐级、规范报告森林草原火灾信息。以下森林草原火灾信息由国家森林草原防灭火指挥部办公室向国务院报告:

(1)重大、特别重大森林草原火灾;

(2)造成3人以上死亡或者10人以上重伤的森林草原火灾;

(3)威胁居民区或者重要设施的森林草原火灾;

(4)火场距国界或者实际控制线5公里以内,并对我国或者邻国森林草原资源构成威胁的森林草原火灾;

(5)经研判需要报告的其他重要森林草原火灾。

6 应急响应

6.1 分级响应

根据森林草原火灾初判级别、应急处置能力和预期影响后果，综合研判确定本级响应级别。按照分级响应的原则，及时调整本级扑火组织指挥机构和力量。火情发生后，按任务分工组织进行早期处置；预判可能发生一般、较大森林草原火灾，由县级森林（草原）防（灭）火指挥机构为主组织处置；预判可能发生重大、特别重大森林草原火灾，分别由设区的市级、省级森林（草原）防（灭）火指挥机构为主组织处置；必要时，应及时提高响应级别。

6.2 响应措施

火灾发生后，要先研判气象、地形、环境等情况及是否威胁人员密集居住地和重要危险设施，科学组织施救。

6.2.1 扑救火灾

立即就地就近组织地方专业防扑火队伍、应急航空救援队伍、国家综合性消防救援队伍等力量参与扑救，力争将火灾扑灭在初起阶段。必要时，组织协调当地解放军和武警部队等救援力量参与扑救。

各扑火力量在火场前线指挥部的统一调度指挥下，明确任务分工，落实扑救责任，科学组织扑救，在确保扑火人员安全情况下，迅速有序开展扑救工作，严防各类次生灾害发生。现场指挥员要认真分析地理环境、气象条件和火场态势，在扑火队伍行进、宿营地选择和扑火作业时，加强火场管理，时刻注意观察天气和火势变化，提前预设紧急避险措施，确保各类扑火人员安全。不得动员残疾人、孕妇和未成年人以及其他不适宜参加森林草原火灾扑救的人员参加扑救工作。

6.2.2 转移安置人员

当居民点、农牧点等人员密集区受到森林草原火灾威胁时，及时采取有效阻火措施，按照紧急疏散方案，有组织、有秩序地及时疏散居民和受威胁人员，确保人民群众生命安全。妥善做好转移群众安置工作，确保群众有住处、有饭吃、有水喝、有衣穿、有必要的医疗救治条件。

6.2.3 救治伤员

组织医护人员和救护车辆在扑救现场待命，如有伤病员迅速送医院治疗，必要时对重伤员实施异地救治。视情派出卫生应急队伍赶赴火灾发生地，成立临时医院或者医疗点，实施现场救治。

6.2.4 保护重要目标

当军事设施、核设施、危险化学品生产储存设施设备、油气管道、铁路线路等重要目标物和公共卫生、社会安全等重大危险源受到火灾威胁时，迅速调集专业队伍，在专业人员指导并确保救援人员安全的前提下全力消除威胁，组织抢救、运送、转移重要物资，确保目标安全。

6.2.5 维护社会治安

加强火灾受影响区域社会治安、道路交通等管理，严厉打击盗窃、抢劫、哄抢救灾物资、传播谣言、堵塞交通等违法犯罪行为。在金融单位、储备仓库等重要场所加强治安巡逻，维护社会稳定。

6.2.6 发布信息

通过授权发布、发新闻稿、接受记者采访、举行新闻发布会和通过专业网站、官方微博、微信公众号等多种方式、途径，及时、准确、客观、全面向社会发布森林草原火灾和应对工作信息，回应社会关切。加强舆论引导和自媒体管理，防止传播谣言和不实信息，及时辟谣澄清，以正视听。发布内容包括起火原因、起火时间、火灾地点、过火面积、损失情况、扑救过程和火案查处、责任追究情况等。

6.2.7 火场清理看守

森林草原火灾明火扑灭后，继续组织扑火人员做好防止复燃和余火清理工作，划分责任区域，并留足人员看守火场。经检查验收，达到无火、无烟、无汽后，扑火人员方可撤离。原则上，参与扑救的国家综合性消防救援力量、跨省（自治区、直辖市）增援的地方专业防扑火力量不担负后续清理和看守火场任务。

6.2.8 应急结束

在森林草原火灾全部扑灭、火场清理验收合格、次生灾害后果基本消除后，由启动应急响应的机构决定终止应急响应。

6.2.9 善后处置

做好遇难人员的善后工作，抚慰遇难者家属。对因扑救森林草原火灾负伤、致残或者死亡的人员，当地政府或者有关部门按照国家有关规定给予医疗、抚恤、褒扬。

6.3 国家层面应对工作

森林草原火灾发生后，根据火灾严重程度、火场发展态势和当地扑救情况，国家层面应对工作设定Ⅳ级、Ⅲ级、Ⅱ级、Ⅰ级四个响应等级，并通知相关省（自治区、直辖市）根据响应等级落实相应措施。

6.3.1 Ⅳ级响应

6.3.1.1 启动条件

（1）过火面积超过 500 公顷的森林火灾或者过火面积超过 5000 公顷的草原火灾；

（2）造成 1 人以上 3 人以下死亡或者 1 人以上 10 人以下重伤的森林草原火灾；

（3）舆情高度关注，中共中央办公厅、国务院办公厅要求核查的森林草原火灾；

（4）发生在敏感时段、敏感地区，24 小时尚未得到有效控制、发展态势持续蔓延扩大的森林草原火灾；

（5）发生距国界或者实际控制线 5 公里以内且对我国森林草原资源构成一定威胁的境外森林火灾；

（6）发生距国界或者实际控制线 5 公里以外 10 公里以内且对我国森林草原资源构成一定威胁的境外草原火灾；

（7）同时发生 3 起以上危险性较大的森林草原火灾。

符合上述条件之一时，经国家森林草原防灭火指挥部办公室分析评估，认定灾情达到启动标准，由国家森林草原防灭火指挥部办公室常务副主任决定启动Ⅳ级响应。

6.3.1.2 响应措施

(1)国家森林草原防灭火指挥部办公室进入应急状态,加强卫星监测,及时连线调度火灾信息;

(2)加强对火灾扑救工作的指导,根据需要预告相邻省(自治区、直辖市)地方专业防扑火队伍、国家综合性消防救援队伍做好增援准备;

(3)根据需要提出就近调派应急航空救援飞机的建议;

(4)视情发布高森林草原火险预警信息;

(5)根据火场周边环境,提出保护重要目标物及重大危险源安全的建议;

(6)协调指导中央媒体做好报道。

6.3.2 Ⅲ级响应

6.3.2.1 启动条件

(1)过火面积超过1000公顷的森林火灾或者过火面积超过8000公顷的草原火灾;

(2)造成3人以上10人以下死亡或者10人以上50人以下重伤的森林草原火灾;

(3)发生在敏感时段、敏感地区,48小时尚未扑灭明火的森林草原火灾;

(4)境外森林火灾蔓延至我国境内;

(5)发生距国界或实际控制线5公里以内或者蔓延至我国境内的境外草原火灾。

符合上述条件之一时,经国家森林草原防灭火指挥部办公室分析评估,认定灾情达到启动标准,由国家森林草原防灭火指挥部办公室主任决定启动Ⅲ级响应。

6.3.2.2 响应措施

(1)国家森林草原防灭火指挥部办公室及时调度了解森林草原火灾最新情况,组织火场连线、视频会商调度和分析研判;根据需要派出工作组赶赴火场,协调、指导火灾扑救工作;

(2)根据需要调动相关地方专业防扑火队伍、国家综合性消防救援队伍实施跨省(自治区、直辖市)增援;

(3)根据需要调派应急航空救援飞机跨省(自治区、直辖市)增援;

(4)气象部门提供天气预报和天气实况服务,做好人工影响天气作业准备;

(5)指导做好重要目标物和重大危险源的保护;

(6)视情及时组织新闻发布会,协调指导中央媒体做好报道。

6.3.3 Ⅱ级响应

6.3.3.1 启动条件

(1)过火面积超过10000公顷的森林火灾或者过火面积超过15000公顷的草原火灾;

(2)造成10人以上30人以下死亡或者50人以上100人以下重伤的森林草原火灾;

(3)发生在敏感时段、敏感地区,72小时未得到有效控制的森林草原火灾;

(4)境外森林草原火灾蔓延至我国境内,72小时未得到有效控制。

符合上述条件之一时,经国家森林草原防灭火指挥部办公室分析评估,认定灾情达到启动标准并提出建议,由担任应急部主要负责同志的国家森林草原防灭火指挥部副总指挥决定启动Ⅱ级响应。

6.3.3.2 响应措施

在Ⅲ级响应的基础上，加强以下应急措施：

（1）国家森林草原防灭火指挥部组织有关成员单位召开会议联合会商，分析火险形势，研究扑救措施及保障工作；会同有关部门和专家组成工作组赶赴火场，协调、指导火灾扑救工作；

（2）根据需要增派地方专业防扑火队伍、国家综合性消防救援队伍跨省（自治区、直辖市）支援，增派应急航空救援飞机跨省（自治区、直辖市）参加扑火；

（3）协调调派解放军和武警部队跨区域参加火灾扑救工作；

（4）根据火场气象条件，指导、督促当地开展人工影响天气作业；

（5）加强重要目标物和重大危险源的保护；

（6）根据需要协调做好扑火物资调拨运输、卫生应急队伍增援等工作；

（7）视情及时组织新闻发布会，协调指导中央媒体做好报道。

6.3.4 Ⅰ级响应

6.3.4.1 启动条件

（1）过火面积超过100000公顷的森林火灾或者过火面积超过150000公顷的草原火灾（含入境火），火势持续蔓延；

（2）造成30人以上死亡或者100人以上重伤的森林草原火灾；

（3）国土安全和社会稳定受到严重威胁，有关行业遭受重创，经济损失特别巨大；

（4）火灾发生地省级人民政府已经没有能力和条件有效控制火场蔓延。

符合上述条件之一时，经国家森林草原防灭火指挥部办公室分析评估，认定灾情达到启动标准并提出建议，由国家森林草原防灭火指挥部总指挥决定启动Ⅰ级响应。必要时，国务院直接决定启动Ⅰ级响应。

6.3.4.2 响应措施

国家森林草原防灭火指挥部组织各成员单位依托应急部指挥中心全要素运行，由总指挥或者党中央、国务院指定的负责同志统一指挥调度；火场设国家森林草原防灭火指挥部火场前线指挥部，下设综合协调、抢险救援、医疗救治、火灾监测、通信保障、交通保障、社会治安、宣传报道等工作组；总指挥根据需要率工作组赴一线组织指挥火灾扑救工作，主要随行部门为副总指挥单位，其他随行部门根据火灾扑救需求确定。采取以下措施：

（1）组织火灾发生地省（自治区、直辖市）党委和政府开展抢险救援救灾工作；

（2）增调地方专业防扑火队伍、国家综合性消防救援队伍，解放军和武警部队等跨区域参加火灾扑救工作；增调应急航空救援飞机等扑火装备及物资支援火灾扑救工作；

（3）根据省级人民政府或者省级森林（草原）防（灭）火指挥机构的请求，安排生活救助物资，增派卫生应急队伍加强伤员救治，协调实施跨省（自治区、直辖市）转移受威胁群众；

（4）指导协助抢修通信、电力、交通等基础设施，保障应急通信、电力及救援人员和物资交通运输畅通；

（5）进一步加强重要目标物和重大危险源的保护，防范次生灾害；

（6）进一步加强气象服务，紧抓天气条件组织实施人工影响天气作业；

（7）建立新闻发布和媒体采访服务管理机制，及时、定时组织新闻发布会，协调指导中央媒体做好报道，加强舆论引导工作；

（8）决定森林草原火灾扑救其他重大事项。

6.3.5 启动条件调整

根据森林草原火灾发生的地区、时间敏感程度，受害森林草原资源损失程度，经济、社会影响程度，启动国家森林草原火灾应急响应的标准可酌情调整。

6.3.6 响应终止

森林草原火灾扑救工作结束后，由国家森林草原防灭火指挥部办公室提出建议，按启动响应的相应权限终止响应，并通知相关省（自治区、直辖市）。

7 综合保障

7.1 输送保障

增援扑火力量及携行装备的机动输送，近距离以摩托化方式为主，远程以高铁、航空方式投送，由铁路、民航部门下达输送任务，由所在地森林（草原）防（灭）火指挥机构、国家综合性消防救援队伍联系所在地铁路、民航部门实施。

7.2 物资保障

应急部、国家林草局会同国家发展改革委、财政部研究建立集中管理、统一调拨，平时服务、战时应急，采储结合、节约高效的应急物资保障体系。加强重点地区森林草原防灭火物资储备库建设，优化重要物资产能保障和区域布局，针对极端情况下可能出现的阶段性物资供应短缺，建立集中生产调度机制。科学调整中央储备规模结构，合理确定灭火、防护、侦通、野外生存和大型机械等常规储备规模，适当增加高技术灭火装备、特种装备器材储备。地方森林（草原）防（灭）火指挥机构根据本地森林草原防灭火工作需要，建立本级森林草原防灭火物资储备库，储备所需的扑火机具、装备和物资。

7.3 资金保障

县级以上地方人民政府应当将森林草原防灭火基础设施建设纳入本级国民经济和社会发展规划，将防灭火经费纳入本级财政预算，保障森林草原防灭火所需支出。

8 后期处置

8.1 火灾评估

县级以上地方人民政府组织有关部门对森林草原火灾发生原因、肇事者及受害森林草原面积和蓄积、人员伤亡、其他经济损失等情况进行调查和评估。必要时，上一级森林（草原）防（灭）火指挥机构可发督办函督导落实或者提级开展调查和评估。

8.2 火因火案查处

地方各级人民政府组织有关部门对森林草原火灾发生原因及时取证、深入调查，依法查处涉火案件，打击涉火违法犯罪行为，严惩火灾肇事者。

8.3 约谈整改

对森林草原防灭火工作不力导致人为火灾多发频发的地区，省级人民政府及其有关部门应及时约谈县级以上地方人民政府及其有关部门主要负责人,要求其采取措施及时整改。必要时,国家森林草原防灭火指挥部及其成员单位按任务分工直接组织约谈。

8.4 责任追究

为严明工作纪律,切实压实压紧各级各方面责任,对森林草原火灾预防和扑救工作中责任不落实、发现隐患不作为、发生事故隐瞒不报、处置不得力等失职渎职行为,依据有关法律法规追究属地责任、部门监管责任、经营主体责任、火源管理责任和组织扑救责任。有关责任追究按照《中华人民共和国监察法》等法律法规规定的权限、程序实施。

8.5 工作总结

各级森林(草原)防(灭)火指挥机构及时总结、分析火灾发生的原因和应吸取的经验教训,提出改进措施。党中央、国务院领导同志有重要指示批示的森林草原火灾和特别重大森林草原火灾,以及引起社会广泛关注和产生严重影响的重大森林草原火灾,扑救工作结束后,国家森林草原防灭火指挥部向国务院报送火灾扑救工作总结。

8.6 表彰奖励

根据有关规定,对在扑火工作中贡献突出的单位、个人给予表彰奖励;对扑火工作中牺牲人员符合评定烈士条件的,按有关规定办理。

9 附则

9.1 涉外森林草原火灾

当发生境外火烧入或者境内火烧出情况时,已签订双边协定的按照协定执行;未签订双边协定的由国家森林草原防灭火指挥部、外交部共同研究,与相关国家联系采取相应处置措施进行扑救。

9.2 预案演练

国家森林草原防灭火指挥部办公室会同成员单位制定应急演练计划并定期组织演练。

9.3 预案管理与更新

预案实施后,国家森林草原防灭火指挥部会同有关部门组织预案学习、宣传和培训,并根据实际情况适时组织进行评估和修订。县级以上地方人民政府应急管理部门结合当地实际编制森林草原火灾应急预案,报本级人民政府批准,并报上一级人民政府应急管理部门备案,形成上下衔接、横向协同的预案体系。

9.4 以上、以下、以内、以外的含义

本预案所称以上、以内包括本数,以下、以外不包括本数。

9.5 预案解释

本预案由国家森林草原防灭火指挥部办公室负责解释。

9.6 预案实施时间

本预案自印发之日起实施。

附Ⅱ 森林防火条例

(1988年1月16日国务院发布
2008年11月19日国务院第36次常务会议修订通过)

第一章 总 则

第一条 为了有效预防和扑救森林火灾，保障人民生命财产安全，保护森林资源，维护生态安全，根据《中华人民共和国森林法》，制定本条例。

第二条 本条例适用于中华人民共和国境内森林火灾的预防和扑救。但是，城市市区的除外。

第三条 森林防火工作实行预防为主、积极消灭的方针。

第四条 国家森林防火指挥机构负责组织、协调和指导全国的森林防火工作。

国务院林业主管部门负责全国森林防火的监督和管理工作，承担国家森林防火指挥机构的日常工作。

国务院其他有关部门按照职责分工，负责有关的森林防火工作。

第五条 森林防火工作实行地方各级人民政府行政首长负责制。

县级以上地方人民政府根据实际需要设立的森林防火指挥机构，负责组织、协调和指导本行政区域的森林防火工作。

县级以上地方人民政府林业主管部门负责本行政区域森林防火的监督和管理工作，承担本级人民政府森林防火指挥机构的日常工作。

县级以上地方人民政府其他有关部门按照职责分工，负责有关的森林防火工作。

第六条 森林、林木、林地的经营单位和个人，在其经营范围内承担森林防火责任。

第七条 森林防火工作涉及两个以上行政区域的，有关地方人民政府应当建立森林防火联防机制，确定联防区域，建立联防制度，实行信息共享，并加强监督检查。

第八条 县级以上人民政府应当将森林防火基础设施建设纳入国民经济和社会发展规划，将森林防火经费纳入本级财政预算。

第九条 国家支持森林防火科学研究，推广和应用先进的科学技术，提高森林防火科技水平。

第十条 各级人民政府、有关部门应当组织经常性的森林防火宣传活动，普及森林防火知识，做好森林火灾预防工作。

第十一条 国家鼓励通过保险形式转移森林火灾风险，提高林业防灾减灾能力和灾后自我救助能力。

第十二条　对在森林防火工作中作出突出成绩的单位和个人，按照国家有关规定，给予表彰和奖励。

对在扑救重大、特别重大森林火灾中表现突出的单位和个人，可以由森林防火指挥机构当场给予表彰和奖励。

第二章　森林火灾的预防

第十三条　省、自治区、直辖市人民政府林业主管部门应当按照国务院林业主管部门制定的森林火险区划等级标准，以县为单位确定本行政区域的森林火险区划等级，向社会公布，并报国务院林业主管部门备案。

第十四条　国务院林业主管部门应当根据全国森林火险区划等级和实际工作需要，编制全国森林防火规划，报国务院或者国务院授权的部门批准后组织实施。

县级以上地方人民政府林业主管部门根据全国森林防火规划，结合本地实际，编制本行政区域的森林防火规划，报本级人民政府批准后组织实施。

第十五条　国务院有关部门和县级以上地方人民政府应当按照森林防火规划，加强森林防火基础设施建设，储备必要的森林防火物资，根据实际需要整合、完善森林防火指挥信息系统。

国务院和省、自治区、直辖市人民政府根据森林防火实际需要，充分利用卫星遥感技术和现有军用、民用航空基础设施，建立相关单位参与的航空护林协作机制，完善航空护林基础设施，并保障航空护林所需经费。

第十六条　国务院林业主管部门应当按照有关规定编制国家重大、特别重大森林火灾应急预案，报国务院批准。

县级以上地方人民政府林业主管部门应当按照有关规定编制森林火灾应急预案，报本级人民政府批准，并报上一级人民政府林业主管部门备案。

县级人民政府应当组织乡(镇)人民政府根据森林火灾应急预案制定森林火灾应急处置办法；村民委员会应当按照森林火灾应急预案和森林火灾应急处置办法的规定，协助做好森林火灾应急处置工作。

县级以上人民政府及其有关部门应当组织开展必要的森林火灾应急预案的演练。

第十七条　森林火灾应急预案应当包括下列内容：

(一)森林火灾应急组织指挥机构及其职责；

(二)森林火灾的预警、监测、信息报告和处理；

(三)森林火灾的应急响应机制和措施；

(四)资金、物资和技术等保障措施；

(五)灾后处置。

第十八条　在林区依法开办工矿企业、设立旅游区或者新建开发区的，其森林防火设施应当与该建设项目同步规划、同步设计、同步施工、同步验收；在林区成片造林的，应当同时配套建设森林防火设施。

第十九条　铁路的经营单位应当负责本单位所属林地的防火工作，并配合县级以上地方人民政府做好铁路沿线森林火灾危险地段的防火工作。

电力、电信线路和石油天然气管道的森林防火责任单位,应当在森林火灾危险地段开设防火隔离带,并组织人员进行巡护。

第二十条 森林、林木、林地的经营单位和个人应当按照林业主管部门的规定,建立森林防火责任制,划定森林防火责任区,确定森林防火责任人,并配备森林防火设施和设备。

第二十一条 地方各级人民政府和国有林业企业、事业单位应当根据实际需要,成立森林火灾专业扑救队伍;县级以上地方人民政府应当指导森林经营单位和林区的居民委员会、村民委员会、企业、事业单位建立森林火灾群众扑救队伍。专业的和群众的火灾扑救队伍应当定期进行培训和演练。

第二十二条 森林、林木、林地的经营单位配备的兼职或者专职护林员负责巡护森林,管理野外用火,及时报告火情,协助有关机关调查森林火灾案件。

第二十三条 县级以上地方人民政府应当根据本行政区域内森林资源分布状况和森林火灾发生规律,划定森林防火区,规定森林防火期,并向社会公布。

森林防火期内,各级人民政府森林防火指挥机构和森林、林木、林地的经营单位和个人,应当根据森林火险预报,采取相应的预防和应急准备措施。

第二十四条 县级以上人民政府森林防火指挥机构,应当组织有关部门对森林防火区内有关单位的森林防火组织建设、森林防火责任制落实、森林防火设施建设等情况进行检查;对检查中发现的森林火灾隐患,县级以上地方人民政府林业主管部门应当及时向有关单位下达森林火灾隐患整改通知书,责令限期整改,消除隐患。

被检查单位应当积极配合,不得阻挠、妨碍检查活动。

第二十五条 森林防火期内,禁止在森林防火区野外用火。因防治病虫鼠害、冻害等特殊情况确需野外用火的,应当经县级人民政府批准,并按照要求采取防火措施,严防失火;需要进入森林防火区进行实弹演习、爆破等活动的,应当经省、自治区、直辖市人民政府林业主管部门批准,并采取必要的防火措施;中国人民解放军和中国人民武装警察部队因处置突发事件和执行其他紧急任务需要进入森林防火区的,应当经其上级主管部门批准,并采取必要的防火措施。

第二十六条 森林防火期内,森林、林木、林地的经营单位应当设置森林防火警示宣传标志,并对进入其经营范围的人员进行森林防火安全宣传。

森林防火期内,进入森林防火区的各种机动车辆应当按照规定安装防火装置,配备灭火器材。

第二十七条 森林防火期内,经省、自治区、直辖市人民政府批准,林业主管部门、国务院确定的重点国有林区的管理机构可以设立临时性的森林防火检查站,对进入森林防火区的车辆和人员进行森林防火检查。

第二十八条 森林防火期内,预报有高温、干旱、大风等高火险天气的,县级以上地方人民政府应当划定森林高火险区,规定森林高火险期。必要时,县级以上地方人民政府可以根据需要发布命令,严禁一切野外用火;对可能引起森林火灾的居民生活用火应当严格管理。

第二十九条 森林高火险期内,进入森林高火险区的,应当经县级以上地方人民政府批准,严格按照批准的时间、地点、范围活动,并接受县级以上地方人民政府林业主管部门的监督管理。

第三十条 县级以上人民政府林业主管部门和气象主管机构应当根据森林防火需要,建设森林火险监测和预报台站,建立联合会商机制,及时制作发布森林火险预警预报信息。

气象主管机构应当无偿提供森林火险天气预报服务。广播、电视、报纸、互联网等媒体应当及时播发或者刊登森林火险天气预报。

第三章 森林火灾的扑救

第三十一条 县级以上地方人民政府应当公布森林火警电话,建立森林防火值班制度。

任何单位和个人发现森林火灾,应当立即报告。接到报告的当地人民政府或者森林防火指挥机构应当立即派人赶赴现场,调查核实,采取相应的扑救措施,并按照有关规定逐级报上级人民政府和森林防火指挥机构。

第三十二条 发生下列森林火灾,省、自治区、直辖市人民政府森林防火指挥机构应当立即报告国家森林防火指挥机构,由国家森林防火指挥机构按照规定报告国务院,并及时通报国务院有关部门:

(一)国界附近的森林火灾;
(二)重大、特别重大森林火灾;
(三)造成3人以上死亡或者10人以上重伤的森林火灾;
(四)威胁居民区或者重要设施的森林火灾;
(五)24小时尚未扑灭明火的森林火灾;
(六)未开发原始林区的森林火灾;
(七)省、自治区、直辖市交界地区危险性大的森林火灾;
(八)需要国家支援扑救的森林火灾。

本条第一款所称"以上"包括本数。

第三十三条 发生森林火灾,县级以上地方人民政府森林防火指挥机构应当按照规定立即启动森林火灾应急预案;发生重大、特别重大森林火灾,国家森林防火指挥机构应当立即启动重大、特别重大森林火灾应急预案。

森林火灾应急预案启动后,有关森林防火指挥机构应当在核实火灾准确位置、范围以及风力、风向、火势的基础上,根据火灾现场天气、地理条件,合理确定扑救方案,划分扑救地段,确定扑救责任人,并指定负责人及时到达森林火灾现场具体指挥森林火灾的扑救。

第三十四条 森林防火指挥机构应当按照森林火灾应急预案,统一组织和指挥森林火灾的扑救。

扑救森林火灾,应当坚持以人为本、科学扑救,及时疏散、撤离受火灾威胁的群众,并做好火灾扑救人员的安全防护,尽最大可能避免人员伤亡。

第三十五条 扑救森林火灾应当以专业火灾扑救队伍为主要力量;组织群众扑救队伍

扑救森林火灾的，不得动员残疾人、孕妇和未成年人以及其他不适宜参加森林火灾扑救的人员参加。

第三十六条 武装警察森林部队负责执行国家赋予的森林防火任务。武装警察森林部队执行森林火灾扑救任务，应当接受火灾发生地县级以上地方人民政府森林防火指挥机构的统一指挥；执行跨省、自治区、直辖市森林火灾扑救任务的，应当接受国家森林防火指挥机构的统一指挥。

中国人民解放军执行森林火灾扑救任务的，依照《军队参加抢险救灾条例》的有关规定执行。

第三十七条 发生森林火灾，有关部门应当按照森林火灾应急预案和森林防火指挥机构的统一指挥，做好扑救森林火灾的有关工作。

气象主管机构应当及时提供火灾地区天气预报和相关信息，并根据天气条件适时开展人工增雨作业。

交通运输主管部门应当优先组织运送森林火灾扑救人员和扑救物资。

通信主管部门应当组织提供应急通信保障。

民政部门应当及时设置避难场所和救灾物资供应点，紧急转移并妥善安置灾民，开展受灾群众救助工作。

公安机关应当维护治安秩序，加强治安管理。

商务、卫生等主管部门应当做好物资供应、医疗救护和卫生防疫等工作。

第三十八条 因扑救森林火灾的需要，县级以上人民政府森林防火指挥机构可以决定采取开设防火隔离带、清除障碍物、应急取水、局部交通管制等应急措施。

因扑救森林火灾需要征用物资、设备、交通运输工具的，由县级以上人民政府决定。扑火工作结束后，应当及时返还被征用的物资、设备和交通工具，并依照有关法律规定给予补偿。

第三十九条 森林火灾扑灭后，火灾扑救队伍应当对火灾现场进行全面检查，清理余火，并留有足够人员看守火场，经当地人民政府森林防火指挥机构检查验收合格，方可撤出看守人员。

第四章 灾后处置

第四十条 按照受害森林面积和伤亡人数，森林火灾分为一般森林火灾、较大森林火灾、重大森林火灾和特别重大森林火灾：

（一）一般森林火灾：受害森林面积在1公顷以下或者其他林地起火的，或者死亡1人以上3人以下的，或者重伤1人以上10人以下的；

（二）较大森林火灾：受害森林面积在1公顷以上100公顷以下的，或者死亡3人以上10人以下的，或者重伤10人以上50人以下的；

（三）重大森林火灾：受害森林面积在100公顷以上1 000公顷以下的，或者死亡10人以上30人以下的，或者重伤50人以上100人以下的；

（四）特别重大森林火灾：受害森林面积在1 000公顷以上的，或者死亡30人以上的，或者重伤100人以上的。

本条第一款所称"以上"包括本数,"以下"不包括本数。

第四十一条 县级以上人民政府林业主管部门应当会同有关部门及时对森林火灾发生原因、肇事者、受害森林面积和蓄积、人员伤亡、其他经济损失等情况进行调查和评估,向当地人民政府提出调查报告;当地人民政府应当根据调查报告,确定森林火灾责任单位和责任人,并依法处理。

森林火灾损失评估标准,由国务院林业主管部门会同有关部门制定。

第四十二条 县级以上地方人民政府林业主管部门应当按照有关要求对森林火灾情况进行统计,报上级人民政府林业主管部门和本级人民政府统计机构,并及时通报本级人民政府有关部门。

森林火灾统计报告表由国务院林业主管部门制定,报国家统计局备案。

第四十三条 森林火灾信息由县级以上人民政府森林防火指挥机构或者林业主管部门向社会发布。重大、特别重大森林火灾信息由国务院林业主管部门发布。

第四十四条 对因扑救森林火灾负伤、致残或者死亡的人员,按照国家有关规定给予医疗、抚恤。

第四十五条 参加森林火灾扑救的人员的误工补贴和生活补助以及扑救森林火灾所发生的其他费用,按照省、自治区、直辖市人民政府规定的标准,由火灾肇事单位或者个人支付;起火原因不清的,由起火单位支付;火灾肇事单位、个人或者起火单位确实无力支付的部分,由当地人民政府支付。误工补贴和生活补助以及扑救森林火灾所发生的其他费用,可以由当地人民政府先行支付。

第四十六条 森林火灾发生后,森林、林木、林地的经营单位和个人应当及时采取更新造林措施,恢复火烧迹地森林植被。

第五章 法律责任

第四十七条 违反本条例规定,县级以上地方人民政府及其森林防火指挥机构、县级以上人民政府林业主管部门或者其他有关部门及其工作人员,有下列行为之一的,由其上级行政机关或者监察机关责令改正;情节严重的,对直接负责的主管人员和其他直接责任人员依法给予处分;构成犯罪的,依法追究刑事责任:

(一)未按照有关规定编制森林火灾应急预案的;
(二)发现森林火灾隐患未及时下达森林火灾隐患整改通知书的;
(三)对不符合森林防火要求的野外用火或者实弹演习、爆破等活动予以批准的;
(四)瞒报、谎报或者故意拖延报告森林火灾的;
(五)未及时采取森林火灾扑救措施的;
(六)不依法履行职责的其他行为。

第四十八条 违反本条例规定,森林、林木、林地的经营单位或者个人未履行森林防火责任的,由县级以上地方人民政府林业主管部门责令改正,对个人处 500 元以上 5 000 元以下罚款,对单位处 1 万元以上 5 万元以下罚款。

第四十九条 违反本条例规定,森林防火区内的有关单位或者个人拒绝接受森林防火检查或者接到森林火灾隐患整改通知书逾期不消除火灾隐患的,由县级以上地方人民政府林业主管部门责令改正,给予警告,对个人并处 200 元以上 2 000 元以下罚款,对单位并处 5 000 元以上 1 万元以下罚款。

第五十条 违反本条例规定,森林防火期内未经批准擅自在森林防火区内野外用火的,由县级以上地方人民政府林业主管部门责令停止违法行为,给予警告,对个人并处 200 元以上 3 000 元以下罚款,对单位并处 1 万元以上 5 万元以下罚款。

第五十一条 违反本条例规定,森林防火期内未经批准在森林防火区内进行实弹演习、爆破等活动的,由县级以上地方人民政府林业主管部门责令停止违法行为,给予警告,并处 5 万元以上 10 万元以下罚款。

第五十二条 违反本条例规定,有下列行为之一的,由县级以上地方人民政府林业主管部门责令改正,给予警告,对个人并处 200 元以上 2 000 元以下罚款,对单位并处 2 000 元以上 5 000 元以下罚款:

(一)森林防火期内,森林、林木、林地的经营单位未设置森林防火警示宣传标志的;

(二)森林防火期内,进入森林防火区的机动车辆未安装森林防火装置的;

(三)森林高火险期内,未经批准擅自进入森林高火险区活动的。

第五十三条 违反本条例规定,造成森林火灾,构成犯罪的,依法追究刑事责任;尚不构成犯罪的,除依照本条例第四十八条、第四十九条、第五十条、第五十一条、第五十二条的规定追究法律责任外,县级以上地方人民政府林业主管部门可以责令责任人补种树木。

第六章 附 则

第五十四条 森林消防专用车辆应当按照规定喷涂标志图案,安装警报器、标志灯具。

第五十五条 在中华人民共和国边境地区发生的森林火灾,按照中华人民共和国政府与有关国家政府签订的有关协定开展扑救工作;没有协定的,由中华人民共和国政府和有关国家政府协商办理。

第五十六条 本条例自 2009 年 1 月 1 日起施行。